第二版

React 學習手冊

建構現代的 React 應用

SECOND EDITION

Learning React

Modern Patterns for Developing React Apps

Alex Banks and Eve Porcello 著

李旭峰 譯

目錄

前言

你想要同時學習 React 以及現代的 JavaScript 開發技巧嗎？本書正是為此而生的！成為一個 JavaScript 開發者是一件如此快樂的事：這個生態系正蓬勃地發展出新工具、語法以及各種解決問題的最佳實作模式。在本書中，我們將解說其中最棒的技巧，使你可以快速地使用 React 開發應用。不僅如此，我們還將深入探討 React 的各項機制，例如狀態管理、路由、測試、伺服器端渲染等等——本書絕不會淺談即止，使你在閱讀後仍必須花精力盲目摸索。

本書預設的讀者不需要具備 React 基礎；也不需要熟悉「最新」的 JavaScript 語法——我們會在本書的第 2 章中為您介紹。然而，我們預設讀者已經掌握了基本的 HTML、CSS 以及 JavaScript。

本書中所有的範例程式碼都已經上傳至 GitHub（*https://github.com/moonhighway/learning-react*）。如果有需要，歡迎讀者自行下載練習。

本書編排範例

本書採用以下字型與字體慣例：

斜體字（*Italic*）

　用以標註新名詞、網址、email、檔案名稱、副檔名。中文以楷體表示。

定寬字（`Constant width`）

用於程式碼區塊。若在段落中，則用於標注程式碼中的元件，例如變數、函式名稱、資料庫、資料型別、環境變數、狀態、關鍵字。

定寬粗體字（**`Constant width bold`**）

用以標示那些應該由您自行填入的客製化指令或文字。

這個圖示代表小提醒或建議。

這個圖示代表通用的附註。

這個圖示代表警告或小心。

使用範例程式碼

本書中所有的範例程式碼都已經上傳至 GitHub（*http://github.com/moonhighway/learning-react*）如果有需要，歡迎讀者自行下載練習。

如果你有技術問題，或關於範例程式的使用問題，可寄 email 至 *bookquestions@oreilly.com*。

本書的目的在於協助讀者理解 React。一般來說，讀者可以隨意在自己的程式或文件中使用本書的程式碼，但若是要重製程式碼的重要部份，則需要聯絡我們以取得授權許可。舉例來說：設計一個程式並使用數段來自本書的程式碼，並不需要許可；但是販賣或散布 O'Reilly 書中的範例，則需要許可。又比如說：引用本書中的程式碼來回答問題，並不需要許可；但是把書中的程式碼大量納入自己的產品文件，則需要許可。

此外，我們很感激引用者註明出處，但這通常並非必要舉措。註明出處時，照慣例需要包括書名、作者、出版商與 ISBN。例如：「*Learning React* by Alex Banks and Eve Porcello (O'Reilly). Copyright 2020 Alex Banks and Eve Porcello, 978-1-492-05172-5」。

如果你覺得自己使用程式範例的程度超出上述的許可範圍，歡迎與我們聯絡：*permissions@oreilly.com*。

致謝

我們之所以走上 React 的旅途其實包含了許多幸運的巧合。在更久之前，我們在為 Yahoo 內部訓練開設全端 JavaScript 課程時，其實是使用 YUI 函式庫來製作教材的。然而，在 2014 年 8 月，YUI 宣布停止更新，導致我們必須思考前端的替代選項，而 React 成為了我們的答案。我們並沒有立刻就愛上 React；相反地，還花了幾個小時才開始逐漸欣賞它。我們發現 React 有改變一切的潛力——我們很早就發現這點，這也是最大的幸運。

非常感謝 Angela Rufino 以及 Jennifer Pollock 在本書第二版製作中提供的協助；我們也要致意 Ally MacDonald 在第一版時編輯上的投入；最後，也要答謝技術校閱群：Scott Iwako、Adam Rackis、Brian Sletten、Max Firtman 以及 Chetan Karande。

沒有 Sharon Adams 與 Marilyn Messineo，就不會有這本書——他們為作者 Alex 購買了人生中第一台電腦：一台彩色版的 Tandy TRS 80。此外，如果沒有 Jim、Lorri Porcello、Mike 以及 Sharon Adams 的愛、支持與鼓勵，本書也無法完成。

最後，我們也要感謝在加州 Tahoe 市的咖啡店 Coffee Connexion（它提供了完成本書所需的咖啡），以及那位給予我們至理名言般建議的老闆：「是一本程式設計的書嗎？聽起來超級無聊！」

譯者序

學習程式或許是我生命中最快樂的知識體驗。

在從商學院畢業後，我踏入了遊戲營運與研發的領域。因為工作上的需求，開始自學程式。那時的網路學習環境尚未完全成熟，因此書籍仍然是最重要的資訊來源。在這個過程裡，碁峰與 O'Reilly 的出版物於我而言便是技術書籍的品質保證。即便至今，我還是常常購買它們的書。

經過十年的奮鬥，也再次回到校園完成了資管碩士的學位，終於對自己的知識與經驗稍具信心。在機緣巧合之下，便接下了本書的翻譯。下班後兼職翻譯的生活其實非常疲倦，但我總會想起剛畢業時的自己：那個對於技術充滿憧憬，寫起 code 來不眠不休，但所知卻極為有限的年輕人。

這一路上我讀了許多令自己痛哭流涕的好書，偶爾也買到不知所云的瞎書。每當翻譯的過程稍有敷衍馬虎的念頭，我便如此探問：這本書，難道不該幫到當年的那個年輕人嗎？那個月入三萬、在台北租屋，卻仍勉力擠出五百、一千元在重慶南路上買書的孩子。

思及「我希望它是一本好書」，便又有了動力。

翻譯最終能順利完成，承蒙許多人的支持。雖然俗套，但我仍想在此感謝家裡的老爹老娘（謝謝他們贊助我完成了碩士學業）；感謝在我翻譯得走火入魔時一直陪伴我照顧我的噗噗豬；謝謝總是陪我討論與教導我技術的冠言（雖然 PyCharm 的生產力優於 Vim 是鐵打的事實）；奇妙的樹洞海豚；謝謝給我極大寫作自由的編者 Tony；謝謝一千零一樓數位的創辦人希堯、雅惠以及我職涯中的導師 Tim——記得某年我的產品業績達標，公司別出心裁地贈送了我一年份的付費程式課程，那大概是我一生中收過最實用的禮物吧。

第一章

歡迎來到 React

什麼指標可以代表一個好的 JavaScript 函式庫？是 GitHub 上的星星數量嗎？是 npm 上的下載次數嗎？是推特上那些意見領袖的討論頻率嗎？我們究竟該如何選擇最佳的工具來建構專案？又要如何確認這些工具值得花時間研究？又要如何知道它能否勝任呢？

React 團隊的 Pete Hunt 寫了一篇文章〈*Why React？*〉——這篇文章希望讀者可以在批評 React 的設計理念太惡搞前，先給 React 五分鐘。

你擔心的沒錯，React 只是一個相對小型的函式庫，它可能沒有包含所有你需要的功能——但是你可以先給 React 五分鐘嗎？

你擔心的沒錯，在 React 中，你會在 JavaScript 裡寫出看起來像是 HTML 的標籤；你擔心的沒錯，那些 HTML 標籤必須經過預處理（Preprocessing）才可以在瀏覽器中運作；此外，你可能還需要一個像是 webpack 的建構工具來進行預處理——但是你可以先給 React 五分鐘嗎？

儘管你可能存在許多疑慮，但事實證明，隨著 React 問世將滿十年，許多團隊都一致承認它真的很棒——因為他們願意給 React 五分鐘。這些團隊包含了像是 Uber、Twitter 與 Airbnb 這種等級的軟體巨頭。在試用過後，他們相信 React 可以用更快的速度，創造出更好的產品。

這不就是我們在這裡討論 React 的原因嗎？不是因為 GitHub 上的星星或下載數。重點在於：我們想要使用自己喜愛的工具，創造出連自己都愛不釋手的產品，並驕傲地宣稱本人正是產品的開發者。

如果你有這樣的目標，你將很有可能愛上 React。

堅實的基礎

不論你是全然的 React 新手，或只是想要學習 React 最新的功能，我們希望這本書能為你建構堅實的 React 基礎。我們設計了一個有效的學習途徑，避免你自行摸索可能產生的困惑。

然而，在開始探討 React 前，你必須先瞭解 JavaScript——你不需要對所有語法都瞭若指掌，但至少要熟悉陣列、物件與函式的語法。

在下一個章節中，我們將會帶你熟悉 JavaScript 的最新語法與功能——尤其是那些 React 中經常使用的部分。接著，我們會為你介紹函式導向的 JavaScript——這是 React 賴以建構的基礎。在探索 React 的過程中，你也會逐漸領悟到如何透過更好的設計模式，來創造出高可讀性、可重用且可測試的程式碼，進而成為一個更厲害的 JavaScript 工程師。

接著，我們要探討如何使用 React 元件（Component）建構出使用者介面，並在其上架構邏輯、屬性（Property）與狀態（State）。我們還會介紹 React Hook——這將使我們可以重複使用元件中的狀態與邏輯。

在前述的基礎上，我們將創建一個調色應用，讓使用者可以新增、編輯以及刪除顏色，並透過 Hook 與 Suspense 語法來取用資料。在建構應用的過程中，我們將會介紹各種工具組，來處理軟體開發中常見的問題，包含路由、測試以及後端渲染（Server-side Rendering）。

我們希望這樣的教學順序能使你快速且深入地掌握 React，並創建出具有實務價值的應用程式。

React 的過去與未來

React 的創造者是 Facebook 的工程師 Jordan Walke。React 在 2011 年被納入 Facebook 的塗鴉牆專案中；接著用於 2012 年被收購的 Instagram。在 2013 年的 JavaScript 研討會（JSConf）中 React 公開了原始碼，正式成為前端領域百家爭鳴中的一員。同時期的競爭對手包含了 jQuery、Angular、Dojo、Meteor 等等。在這個時期，React 仍被認為只是專用於處理使用者介面（也就是 MVC 模式中的 View）的 JavaScript 工具。

在開源後，社群開始著手改造 React。2015 年 1 月，Netflix 宣布他們正在使用 React 來架構使用者介面；幾個月後，用以創造行動應用程式的 React Native 問世了；稍後，臉書公開了 ReactVR，使得 React 的渲染功能跨出了使用者介面以外的範疇；在 2015 年至 2016 年間，更多更泛用的工具被公開發表，例如用以處理路由功能的 React Router，以及用於狀態管理的 Redux 以及 Mobx。此後，React 逐漸被認定成一個用以創造一系列特定功能的「函式庫」，而非一個固定結構的「框架」。

2017 年推出的 Fiber 是 React 發展史上另一個重大事件。Fiber 以一種近似魔幻的實作手法改寫了 React 的渲染引擎，這個改動雖然沒有影響大部分已公開的程式介面，卻從內部徹底改變了 React 的運作邏輯。這一切的目的在於：使 React 的效能更好，且更符合現代應用程式設計需求。

在 2019 年，React 推出了 Hook，用以在元件之間新增或共用狀態邏輯。同時期也推出了 Suspense，用以最佳化非同步的資料存取行為。

在未來，我們可以預見 React 仍會持續改動。React 的成功源自於背後強大且有經驗的開發團隊。他們兼具進取與謹慎，在前瞻思考的同時，也能仔細考量各種變動可能對既有使用者帶來的影響。

既然改動不會停止，本書所提供的範例程式碼亦有可能受到影響。為了讓讀者可以放心地操作這些範例，我們會在 *pakcage.json* 檔案中加入明確的版本資訊，請依照正確的版本號碼安裝模組即可。

除了本書外，你也可以追蹤 React 的官方部落格（*https://facebook.github.io/react/blog*）以取得最新資訊。當新版本發佈時，團隊也會在此發文說明更新的內容。這個部落格支援多國語言，即便你的母語不是英文，仍然可以閱讀翻譯後的文件（*https://reactjs.org/languages*）。

《React 學習手冊》第二版更動說明

這是《*React 學習手冊*》的第二版。有鑒於 React 進化迅速，我們必須將此書自第一版改寫。我們將專注於探討那些被 React 團隊倡導的現代最佳化的實作模式，但也會提供一些舊有的語法作為參考，以協助你維護那些舊有的專案。

使用範例檔案

在本段落中，我們將介紹如何使用本書提供的範例檔案，以及一些有用的 React 工具。

GitHub 儲存庫

本書的所有檔案皆已上傳至 GitHub 儲存庫（*https://github.com/moonhighway/learning-react*）。

React Developer Tools

我們強烈建議你安裝 React 開發者工具（React Developer Tools）來輔助開發。你可以在 Chrome 以及 Firefox 中找到瀏覽器插件，或是下載獨立的應用程式（這適用於 Safari、IE 以及本地端的 React）。安裝完畢後，你可以透過 React Developer Tools 來檢視 React 元件樹；瀏覽各項屬性與狀態；甚至可以得知哪一個網站是使用 React 製作的——這將大幅提升你的除錯效率，並且協助你從實務網站中學習如何建構專案。

你可以透過以下網址來安裝瀏覽器插件。

- GitHub 頁面（*https://oreil.ly/5tizT*）
- Chrome（*https://oreil.ly/Or3pH*）
- Firefox（*https://oreil.ly/uw3uv*）

安裝完成後，只要網址列旁邊的 React 圖示亮起（見圖 1-1），就代表這個頁面正在使用 React。

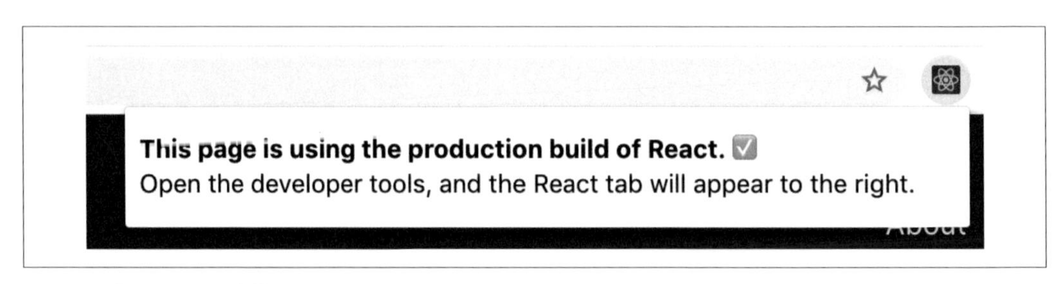

圖 1-1　在 Chrome 中使用 React Developer Tools

此時，只要打開瀏覽器的開發者工具，你會看到一個名為 React 的新標籤（見圖 1-2）。點擊該標籤將會顯示當前頁面的元件結構。

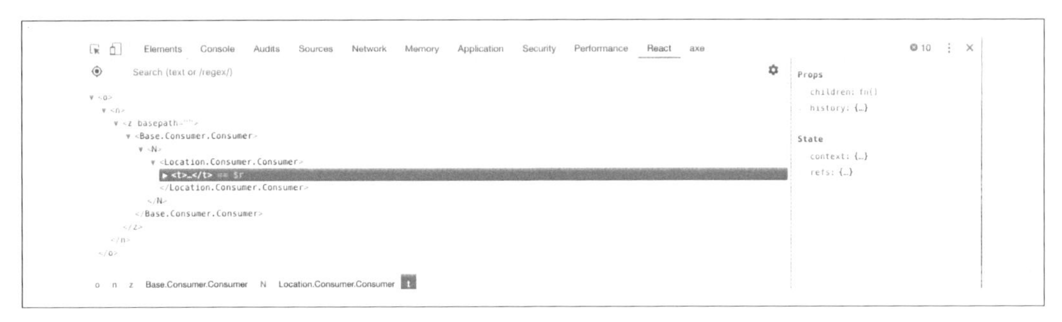

圖 1-2　使用 React 開發者工具檢視 DOM 模型

安裝 Node.js

Node.js 是一個 JavaScript 的執行環境，可用來建構包含前端到後端的應用。Node 不僅開源，也可以在絕大多數的作業系統上運作，例如 Windows、macOS 以及 Linux。我們將在第 12 章中使用 Node 來建構 Express 伺服器。

你必須要先安裝好 Node（但開發 React 應用並不需要精通 Node）。如果你不確定自己的系統是否已經安裝 Node，可以在命令列中輸入：

```
node -v
```

執行該命令後，你會見到目前安裝的 Node 版本號碼——這個數字必須大於 8.6.2。如果回報的是諸如「Command not found（指令不存在）」等錯誤，則代表系統尚未安裝 Node。你可以透過官方網站（*http://nodejs.org*）來安裝 Node。依照指示完成後，請再次使用 `node -v` 指令來確認版本號碼。

npm

在安裝 Node.js 時，你也同時安裝了 Node 的套件管理程式 npm。在 JavaScript 社群中，為了避免重複開發已存在的框架、函式庫或是各種工具函式，開發者會將原始碼開源並彼此共享——React 本身即是 npm 中的一個開源函式庫。在本書中，我們將透過 npm 來安裝套件。

大部分 JavaScript 專案都包含了一系列分類過的檔案以及一個 *package.json* 檔。它記載了該專案的各項資訊以及其相依性套件（dependencies）。當你在含有 *package.json* 的資料夾中執行 `npm install` 時，npm 將會自動安裝所有被條列出來的函式庫。

如果你打算從零開始建立專案並納入相依性套件，只需要執行：

```
npm init -y
```

這個指令會初始化專案並建立 *package.json* 檔。此後，你就可以透過 npm 管理相依性套件。可以透過以下指令安裝特定套件：

```
npm install package-name
```

或是透過以下指令移除套件：

```
npm remove package-name
```

Yarn

Yarn 是 npm 的替代選項。Facebook 在 2016 年將其公開，其他參與開發的公司還包含了 Google、 Exponent 以及 Tilde。如果你已經熟悉了 npm，使用 Yarn 將不會是件難事。首先，必須使用 npm 安裝 Yarn：

```
npm install -g yarn
```

接著，當你要安裝 *package.json* 中指定的相依性套件時，可以使用 `yarn` 來取代 `npm install`：

```
yarn add package-name
```

你可以透過以下指令來移除套件：

```
yarn remove package-name
```

Facebook 在他們的實務專案中使用了 Yarn；其他專案諸如 React、React Native 以及 Create React App 也納入了 Yarn。如果你在專案資料夾中發現了名為 *yarn.lock* 的檔案，代表著該專案採用了 Yarn。正如 `npm install` 指令一樣，你可以透過 `yarn` 指令來安裝所有使用到的套件。

討論到這裡，代表你已經設定好開發環境，可以開始學習 React 了。在下一章中，我們將為你介紹最現代、且 React 最常使用到的 JavaScript 語法。

第二章

JavaScript 與 React

JavaScript 發表於 1995 年，一路上經歷了許多變動。起初，開發者使用 JavaScript 在網頁中建構互動性的元素，例如按鈕點擊、游標懸停與表單檢查等等；接著，JavaScript 在 DHTML 以及 AJAX 等應用模式上逐漸成熟；在現代，隨著 Node.js 的問世，JavaScript 正式成為一個泛用的程式語言，可用於建構從前端到後端的各式應用——JavaScript 無所不在。

軟體公司、瀏覽器開發商以及開發者社群都影響了 JavaScript 的演化。ECMA（European Computer Manufacturers Association，歐洲電腦製造商協會）是主導 JS 變革的領頭羊，而修正提案則由開發者社群驅動——任何人都可以向 ECMA 的委員會遞交提案（*https://tc39.github.io/process-document*），委員會為其排出優先順序，並決定何者將被正式採用。

第一版的 ECMAScript（ECMAScript1）發佈於 1997 年；緊接著 ECMAScript2 發佈於 1998 年；ECMAScript3 則於 1999 年問世——該版本新增了正規表達式以及字串處理等功能；ECMAScript4 的協議過程則陷入了種種政治糾葛以及巨大的混亂中，因此從未正式發佈。在 2009 年，ECMAScript5（ES5）終於問世，並帶來了多種新功能，例如擴充的陣列方法、物件屬性以及支援 JSON 的函式庫。

在此之後，JavaScript 仍然充滿活力。在 ECMAScript6（發表於 2015 年，因此又稱 ES2015）後，JS 維持著一年一次的更新頻率。任何被 ECMA 委員會採用並進入計畫階段（Stage Proposal）的新提案都統稱為 ESNext——這個名詞讓我們得以簡單地指涉那些未來即將落地的功能。

所有新提案都將經歷五個清楚的工作階段（Stage）。最低的是階段零（Stage 0），代表全新的提議；最高的則是階段四（Stage 4），代表已經規劃完成的計畫。當一個計畫受到青睞時，將由瀏覽器開發商（例如 Chrome 以及 Firefox）來負責實作。

以 const 為例，在舊版的 JavaScript 中，我們總是使用 var 來宣告變數。然而，ECMA 委員會決定納入新的關鍵字 const 用以宣告常數（相關細節將於本章中詳述）。在 const 剛被社群提案時，你無法在瀏覽器腳本中使用 const。然而在此刻，因為 ECMA 委員會早已正式接納 const 並完成了該提案，各大瀏覽器也完成了支援的實作，因此該功能就可以順利運作了。

本章節將討論的許多功能都已被最新的瀏覽器支援，但我們還是會介紹如何「編譯」JavaScript 程式碼。透過編譯，我們可以將某些支援度較低的新語法轉化為支援度較高的舊語法。*kangax* **相容性表格**（*https://oreil.ly/oe7la*）詳細呈現了最新 JavaScript 語法在各大瀏覽器中的支援狀態。

在接下來的內容中，我們將介紹本書中常用到的 JavaScript 新版語法。如果你尚未熟悉這些新功能，可以藉此奠定良好的學習基礎；但如果你已經相當熟練，請直接閱讀下一章即可。

宣告變數

在 ES2015 前，使用 var 是宣告變數唯一的方式。現在，我們擁有更多不同功能的選項。

關鍵字：const

常數（Constant）是無法被覆寫的變數，一旦宣告，你將無法修改它的值。在 JavaScript 中，許多變數理論上是不該被修改的，因此我們會頻繁地使用 const。常數的概念早已被許多語言採納，而 JavaScript 則到 ES6 才開始支援。

ES2015 之前，我們只能使用 var 來宣告變數，且無法限制值的修改：

```
var pizza = true;
pizza = false;
console.log(pizza); // false
```

我們無法重設 const 變數的值——如果堅持這麼做，將會產生錯誤（見圖 2-1）。

```
const pizza = true;
pizza = false;
```

```
▶Uncaught TypeError: Assignment to constant variable.
```

圖 2-1　為 const 變數指派新的值將會回報錯誤

關鍵字：let

現代的 JavaScript 實作了**語法變數域**（*Lexical Variable Scope*；又稱靜態變數域）。使用大括號 { } 會創建一個程式碼區塊（Code Block）。在函式的宣告裡，由大括號所創建的程式碼區塊會產生一個新的**變數作用域**（Variable Scope）隔開內部與外部透過 var 宣告的變數。然而，當我們使用 if/else 語法時，大括號卻不會如同函式一般，產生區隔 var 變數域的效果。如果你熟悉其他程式語言，這應該會讓你感到相當困惑——這樣的問題直到 let 關鍵字問世後才得以解決。

在以下範例中，if/else 的程式碼區塊內宣告的變數，其作用域並沒有被侷限在大括號中。

```
var topic = "JavaScript";

if (topic) {
  var topic = "React";          // <= 注意這行使用 var
  console.log("block", topic); // 會印出 block React
}

console.log("global", topic);  // 會印出 global React
```

然而，只要使用 let 關鍵字，我們就可以將變數侷限於程式碼區塊內，避免取用或修改到全域變數：

```
var topic = "JavaScript";

if (topic) {
  let topic = "React";          // <= 注意這行使用 let
  console.log("block", topic); // 會印出 block React
}

console.log("global", topic);  // 會印出 global JavaScript
```

另舉一個 for 迴圈的例子示範，大括號並無法隔開 var 變數的作用域：

```
var div,
  container = document.getElementById("container");

for (var i = 0; i < 5; i++) {
  div = document.createElement("div");
  div.onclick = function() {
    alert("This is box #" + i);
  };
  container.appendChild(div);
}
```

在以上程式碼中，我們建構了五個 div 色塊並將之新增於 container 中。每個 div 色塊都被指派了一個點擊事件的處理器（Onclick Event Handler），會觸發警告視窗並顯示色塊的編號。在 for 迴圈中我們宣告了全域變數 i，並持續遞增 i 直到 5 為止。然而，不論點擊哪一個色塊，警告視窗都會回報 #5——因為全域變數 i 最後的值是 5（見圖 2-2）。

圖 2-2　每一個色塊都會回報 #5

反之，如果在 for 迴圈中使用 let 取代 var 用以宣告 i，這會使 i 的變數域侷限於迴圈的程式碼區塊中。如此一來，在我們點擊色塊時，警告視窗將會回報迴圈區塊內部的 i 值，也就是色塊各自的編號（見圖 2-3）。

```
const container = document.getElementById("container");
let div;
for (let i = 0; i < 5; i++) {
  div = document.createElement("div");
  div.onclick = function() {
    alert("This is box #: " + i);
```

```
    };
    container.appendChild(div);
  }
```

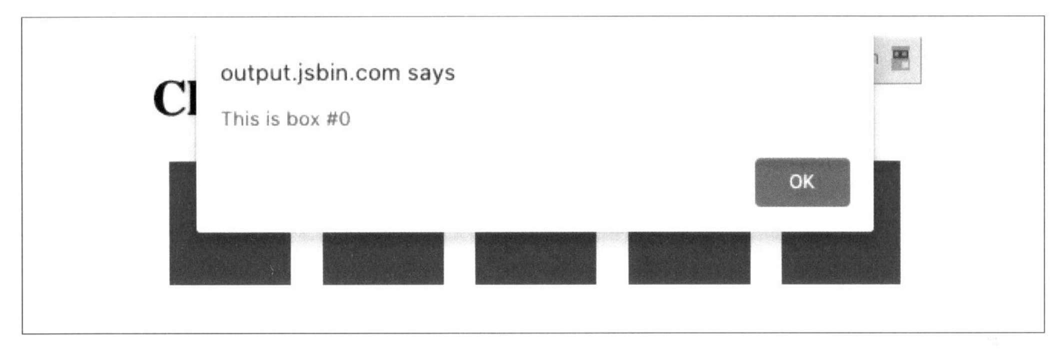

圖 2-3　使用 let 限縮 i 的變數域

樣板字串

樣板字串（*Template String*）提供了一個新的連結字串的方法，使我們得以將變數嵌入字串中。它在英文裡又被稱作 Template Literal 或是 String Template。

在傳統的語法裡，我們會使用加號 + 來連結字串與變數：

```
console.log(lastName + ", " + firstName + " " + middleName);
```

現在，我們可以建構一個樣板字串並將變數包覆於 ${ } 之中，直接將值嵌入：

```
console.log(`${lastName}, ${firstName} ${middleName}`);
```

我們也可以在樣板字串中透過 ${ } 呼叫任何具有回傳值的函式。

樣板字串能舒服地顯示空白字元，這使我們得以透過簡潔的語法，建立像是電子郵件草稿、程式碼範例、任何頻繁使用到空白字元的文字或是一個具有多個換行字元的段落，卻不會弄髒程式碼：

```
const email = `
Hello ${firstName},

Thanks for ordering ${qty} tickets to ${event}.

Order Details
```

```
${firstName} ${middleName} ${lastName}
     ${qty} x $${price} = $${qty*price} to ${event}

You can pick your tickets up 30 minutes before
the show.

Thanks,

${ticketAgent}
`
```

在樣板字串問世前，使用 JavaScript 編寫包含 HTML 語法的字串是很痛苦的，因為我們必須將其全部擠在同一行內。現在，因為樣板字串對空白與換行字元良好的支援，開發者可以優雅地編寫出高可讀性且內嵌變數的程式碼：

```
document.body.innerHTML = `
<section>
  <header>
      <h1>The React Blog</h1>
  </header>
  <article>
      <h2>${article.title}</h2>
      ${article.body}
  </article>
  <footer>
      <p>copyright ${new Date().getYear()} | The React Blog</p>
  </footer>
</section>
`;
```

創建函式

函式可以用來執行重複的任務。在本節中，我們將檢視幾種不同建構函式的語法，並逐一解析。

函式宣告

在透過函式宣告來建構函式時，我們會以 function 關鍵字起手，並提供函式名稱（在本例中為 logCompliment），其餘陳述句則放在大括號之中：

```
function logCompliment() {
  console.log("You're doing great!");
}
```

宣告完成後，可以透過呼叫來執行函式：

```
function logCompliment() {
  console.log("You're doing great!");
}

logCompliment();
```

執行以上程式碼之後，我們會見到主控台印出一段文字。

函式表達式

另一個建構函式的方式是使用**函式表達式**（Function Expression）——我們先創建一個函式，再將之指派給變數：

```
const logCompliment = function() {
  console.log("You're doing great!");
};

logCompliment();
```

以上程式碼將產生和前例一樣的效果，主控台會印出一段文字。

以上我們示範了兩種創建函式的方法，值得注意的是：函式宣告會被**提吊**（Hoist），但函式指派則不會。換言之，在使用函式宣告時，你可以在函式的語法區塊**之前**就呼叫它；然而，如果你使用函式表達式，則一定要在函式的語法區塊**之後**才能呼叫它——如果違反這個規則，將會產生錯誤。

```
// OK！在函式宣告區塊之前就呼叫
hey();

// 函式宣告
function hey() {
  alert("hey!");
}
```

以上程式碼可以正常運作，你會順利看到警告視窗。這樣的語法之所以合法，是因為 JavaScript 將函式「提吊」了——它實際上被移動到檔案上方的區域。然而，如果我們使用表達式建構函式，則會得到錯誤：

```
// Error！在函式宣告區塊之前就呼叫
hey();
// 函式指派
const hey = function() {
  alert("hey!");
```

```
};
TypeError: hey is not a function
```

這樣的差異也許很微小，但在引入檔案或函式時往往會造成非預期的 TypeError。如果見到類似的情形，可以考慮使用函式宣告的語法將程式碼進行重構。

傳遞引數

之前建構的 logCompliment 函式並沒有接受任何的引數（Argument）。如果我們希望函式可以接受動態的輸入值，可以在小括號中命名一個或多個參數（Parameter）。以下範例示範了如何新增 firstName 作為函式的參數：

```
const logCompliment = function(firstName) {
  console.log(`You're doing great, ${firstName}`);
};

logCompliment("Molly");
```

如此一來，當我們在呼叫函式時，控制台印出的訊息將會依照輸入的人名而有所不同。

我們可以繼續為函式新增 message 參數。這麼一來，就不必再將訊息寫死：

```
const logCompliment = function(firstName, message) {
  console.log(`${firstName}: ${message}`);
};

logCompliment("Molly", "You're so cool");
```

函式回傳值

目前的 logCompliment 函式會將訊息印出至控制台中，然而在大部分的使用情境中，我們會使用 return 關鍵字讓函數回傳一個值。為了表明程式碼的意圖，可以將原本的函式改名為 createCompliment：

```
const createCompliment = function(firstName, message) {
  return `${firstName}: ${message}`;
};

createCompliment("Molly", "You're so cool");
```

如果想要確認結果，可以使用 console.log 函式將回傳結果印出：

```
console.log(createCompliment("You're so cool", "Molly"));
```

為參數提供預設值

在 C++ 與 Python 中，開發者可以為參數提供預設的值——當函式被呼叫，卻沒有傳入值時，就會自動使用預設值進行運算。JavaScript 在 ES6 也補上了這個功能。

舉例來說，我們可以為以下函式的 `name` 以及 `activity` 提供預設的字串：

```
function logActivity(name = "Shane McConkey", activity = "skiing") {
  console.log(`${name} loves ${activity}`);
}
```

當我們呼叫 `logActivity` 卻沒有傳入引數時，預設值將會被自動帶入——預設值可以是任何資料型別，不侷限於字串：

```
const defaultPerson = {
  name: {
    first: "Shane",
    last: "McConkey"
  },
  favActivity: "skiing"
};

function logActivity(person = defaultPerson) {
  console.log(`${person.name.first} loves ${person.favActivity}`);
}
```

箭頭函式

箭頭函式（*Arrow Function*）是 ES6 中提供的新功能。有了它，我們可以在不使用 `function` 關鍵字的情況下創建函式。在某些狀況中，甚至連 `return` 也可以省略。以下我們將創建一個函式，它接受 `firstName` 並回傳一段加工過後的字串：

```
const lordify = function(firstName) {
  return `${firstName} of Canterbury`;
};

console.log(lordify("Dale")); // Dale of Canterbury
console.log(lordify("Gail")); // Gail of Canterbury
```

使用箭頭函式，我們可以將以上語法大幅簡化：

```
const lordify = firstName => `${firstName} of Canterbury`;
```

在以上程式碼中，我們將所有語法濃縮成一行。既沒有使用 function 關鍵字；也沒有使用 return——語法中的箭頭直接指向了應當被回傳的值。此外，如果函式只使用一個參數，我們可以不必使用小括號。

如果箭頭函式包含了一個以上的參數，我們必須使用小括號 () 將之包覆：

```
// 使用標準的函式語法
const lordify = function(firstName, land) {
  return `${firstName} of ${land}`;
};

// 使用箭頭函式語法
const lordify = (firstName, land) => `${firstName} of ${land}`;

console.log(lordify("Don", "Piscataway")); // Don of Piscataway
console.log(lordify("Todd", "Schenectady")); // Todd of Schenectady
```

在以上程式碼中，因為函式只包含一個陳述句，我們仍然可以透過箭頭函式將語法壓縮在一行之內。如果你想設計的功能沒有這麼單純。你可以使用大括號 {} 來包覆多行程式碼：

```
const lordify = (firstName, land) => {
  if (!firstName) {
    throw new Error("A firstName is required to lordify");
  }

  if (!land) {
    throw new Error("A lord must have a land");
  }

  return `${firstName} of ${land}`;
};

console.log(lordify("Kelly", "Sonoma")); // Kelly of Sonoma
console.log(lordify("Dave")); // ! JAVASCRIPT ERROR
```

以上函式包含了多個陳述句，因此必須使用大括號包覆起來。儘管如此，箭頭函式的語法仍然較傳統的寫法簡潔不少。

回傳物件

如果我們想要令箭頭函式回傳一個物件，該怎麼做呢？想像有一個名為 person 的函式，它接收參數 firstName 以及 lastName 並回傳一個物件：

```
const person = (firstName, lastName) =>
    {
        first: firstName,
        last: lastName
    }

console.log(person("Brad", "Janson"));
```

如果我們執行以上程式碼，將會得到錯誤 `Uncaught SyntaxError: Unexpected token ':'`。要修正這個問題，只需要使用小括號包覆物件語法即可：

```
const person = (firstName, lastName) => ({
  first: firstName,
  last: lastName
});

console.log(person("Flad", "Hanson"));
```

這個小錯誤常常在 JavaScript 與 React 中發生，值得留意。

箭頭函式的作用域

標準函式並不會靜態地決定 `this` 的作用域（Scope）。請參考以下範例，程式碼中 `setTimeout` 的回呼函式中的 `this` 實際上並不是 `tahoe` 物件：

```
const tahoe = {
  mountains: ["Freel", "Rose", "Tallac", "Rubicon", "Silver"],
  print: function(delay = 1000) {
    setTimeout(function() { // <= 標準函式作為回呼，this 是動態決定的
      console.log(this.mountains.join(", "));
    }, delay);
  }
};

tahoe.print(); // Uncaught TypeError: Cannot read property 'join' of undefined
```

以上程式碼的錯誤意味著：`this` 物件並不具有 `.join` 方法。如果我們試著印出 `this`，會發現它其實是 Window 物件：

```
console.log(this); // Window {}
```

要解決這個問題，我們可以使用箭頭函式，使 `this` 被固定在靜態的作用域中。

```
const tahoe = {
  mountains: ["Freel", "Rose", "Tallac", "Rubicon", "Silver"],
  print: function(delay = 1000) {
```

```
    setTimeout(() => { // <= 箭頭函式作為回呼，this 是靜態決定的
      console.log(this.mountains.join(", "));
    }, delay);
  }
};

tahoe.print(); // Freel, Rose, Tallac, Rubicon, Silver
```

在以上程式碼中，print 方法會如預期般地運作，印出 mountains 陣列中文字的結合。在使用 JavaScript 時，時時留心作用域的概念是很重要的。

值得注意的是，箭頭函式並沒有自己的 this 作用域：

```
const tahoe = {
  mountains: ["Freel", "Rose", "Tallac", "Rubicon", "Silver"],
  print: (delay = 1000) => { // <= 箭頭函式作為物件方法
    setTimeout(() => {
      console.log(this.mountains.join(", "));
    }, delay);
  }
};

tahoe.print(); // Uncaught TypeError: Cannot read property 'join' of undefined
```

在以上程式碼中，使用箭頭函式作為物件方法會導致 this 指向 Window（也就是 tahoe 作用域中的 this）[譯註 1]。

編譯 JavaScript

當新的 JavaScript 提案得到支持且順利成案，開發者社群往往希望在瀏覽器廣泛支援前就可以先行使用。要滿足這個需求，唯一的方法就是將新版的程式碼轉換成較舊但支援度較佳的語法——這個過程稱為**編譯**（*Compile*）。Babel（*http://www.babeljs.io*）是其中最受歡迎的工具。

Babel 所執行的「編譯」並不是傳統概念上像 C 語言那般的編譯——我們的 JavaScript 程式碼並沒有被編寫成二進位碼；而只是被轉換成舊版的 JS 語法。

舉例來說，以下語法使用了箭頭函式加上預設參數：

```
const add = (x = 5, y = 10) => console.log(x + y);
```

[譯註 1] JavaScript 的作用域以及 this 本身就是一個糾葛的議題，本書的主題是 React，礙於篇幅無法完整地著墨。如果讀者想要更完整地了解，可以參見 MDN Web Docs 中對 this 的專文說明。

使用 Babel 編譯後，會得到以下結果：

```
"use strict";

var add = function add() {
  var x =
    arguments.length <= 0 || arguments[0] === undefined ? 5 : arguments[0];
  var y =
    arguments.length <= 1 || arguments[1] === undefined ? 10 : arguments[1];
  return console.log(x + y);
};
```

在以上編譯結果中，Babel 新增了 `use strict` 宣告；`x` 與 `y` 參數也成了 `arguments` 陣列的成員（你也許有學過類似的技巧）。編譯後的程式碼可以確保最廣泛的支援度。

如果你想要深入了解 Babel 的工作原理，可以參考官方網站的 REPL（Read-Eval-Print Loop，互動式程式設計環境）工具（*https://babeljs.io/repl*）：只要在介面左側輸入程式碼，就可以在右側對照編譯結果。

在實務中，編譯的過程通常會透過諸如 webpack 或是 Parcel 等工具加以自動化，我們會在稍後的章節內詳細討論。

物件與陣列

自 ES2016 起，JavaScript 支援了一些新穎的語法，用以拆解物件與陣列中的資料。這些語法被廣泛地用在 React 的開發中。以下我們將介紹幾個最常見的用例，包含物件解構（Object Destructuring）、物件語法強化（Object Literal Enhancement）以及延展運算子（Spread Operator）。

物件解構

解構賦值（Destructuring Assignment）使我們可以從物件中拆解出特定欄位的值並指派給變數。舉例來說，以下 `sandwich` 物件具有四個鍵值，但我們只需要其中的 `bread` 以及 `meat`：

```
const sandwich = {
  bread: "dutch crunch",
  meat: "tuna",
  cheese: "swiss",
  toppings: ["lettuce", "tomato", "mustard"]
};
```

```
const { bread, meat } = sandwich;

console.log(bread, meat); // dutch crunch tuna
```

以上程式碼將 bread 以及 meat 從物件中取出並創建了新的變數。

```
const sandwich = {
  bread: "dutch crunch",
  meat: "tuna",
  cheese: "swiss",
  toppings: ["lettuce", "tomato", "mustard"]
};

let { bread, meat } = sandwich;

bread = "garlic";
meat = "turkey";

console.log(bread); // garlic
console.log(meat); // turkey

console.log(sandwich.bread, sandwich.meat); // dutch crunch tuna
```

我們也可以將函式的引數解構。以下為例，箭頭函式將印出某人的姓氏，但是採用了傳統的物件取值的作法，語法相當冗長：

```
const lordify = regularPerson => {
  console.log(`${regularPerson.firstname} of Canterbury`);
};

const regularPerson = {
  firstname: "Bill",
  lastname: "Wilson"
};

lordify(regularPerson); // Bill of Canterbury
```

透過物件解構，我們可以直接將 firstname 從物件中「解構」出來，而不需進行標準的物件取值：

```
const lordify = ({ firstname }) => {
  console.log(`${firstname} of Canterbury`);
};

const regularPerson = {
  firstname: "Bill",
```

```
  lastname: "Wilson"
};

lordify(regularPerson); // Bill of Canterbury
```

物件解構還可以有更複雜的用法。以下為例，regularPerson 是一個巢狀的物件結構，其中 spouse 是物件中的物件[譯註 2]：

```
const regularPerson = {
  firstname: "Bill",
  lastname: "Wilson",
  spouse: {
    firstname: "Phil",
    lastname: "Wilson"
  }
};
```

如果我們想要解構出 spouse 的 firstname，可以使用雙重的大括號 {} 以及冒號：將函式的參數修改如下：

```
const lordify = ({ spouse: { firstname } }) => {
  console.log(`${firstname} of Canterbury`);
};

lordify(regularPerson); // Phil of Canterbury
```

陣列解構

我們也可以從陣列中解構出值。以下為例，只取出陣列的第一個值，並將之指派給變數：

```
const [firstAnimal] = ["Horse", "Mouse", "Cat"];
console.log(firstAnimal); // Horse
```

還可以透過逗號來略過不需要的值。以下為例，只取用陣列中的第三個值，並使用逗號略過前兩個：

```
const [, , thirdAnimal] = ["Horse", "Mouse", "Cat"];
console.log(thirdAnimal); // Cat
```

在後續的範例中，我們將進一步展示如何結合陣列解構以及延展運算子，來編寫出簡練的程式碼。

[譯註 2] spouse 是配偶的意思。

物件語法強化

物件語法強化（*Object Literal Enhancement*）是物件解構的反向操作——它使我們可以透過精簡的語法，將變數重組為物件：

```
const name = "Tallac";
const elevation = 9738;

const funHike = { name, elevation };

console.log(funHike); // {name: "Tallac", elevation: 9738}
```

在以上程式碼中，`funHike` 物件具備了 `name` 以及 `elevation` 的鍵與值。

我們也可以透過物件強化語法來賦予物件方法：

```
const name = "Tallac";
const elevation = 9738;
const print = function() {
  console.log(`Mt. ${this.name} is ${this.elevation} feet tall`);
};

const funHike = { name, elevation, print };

funHike.print(); // Mt. Tallac is 9738 feet tall
```

值得注意的是，在以上程式碼中，我們可以透過 `this` 來取用物件的屬性。

有了物件語法強化，在創建物件方法時將不再需要使用 `function` 關鍵字：

```
const name = "Tallac";
const sound = "roar";

// 舊語法
var skier = {
  name: name,
  sound: sound,
  powderYell: function() {
    var yell = this.sound.toUpperCase();
    console.log(`${yell} ${yell} ${yell}!!!`);
  },
  speed: function(mph) {
    this.speed = mph;
    console.log("speed:", mph);
  }
};
```

```
// 新語法（物件語法強化）
const skier = {
  name,
  sound,
  powderYell() {
    let yell = this.sound.toUpperCase();
    console.log(`${yell} ${yell} ${yell}!!!`);
  },
  speed(mph) {
    this.speed = mph;
    console.log("speed:", mph);
  }
};
```

在以上程式碼中，透過物件語法強化，我們將全域變數 name 以及 sound 納入物件，並簡化了方法的宣告。

延展運算子

延展運算子（*Spread Operator*）由三個半形句點（...）組成，它具備多種功能。首先，延展運算子可以協助我們結合兩個陣列，產生一個新的陣列：

```
const peaks = ["Tallac", "Ralston", "Rose"];
const canyons = ["Ward", "Blackwood"];
const tahoe = [...peaks, ...canyons];譯註 3

console.log(tahoe.join(", ")); // Tallac, Ralston, Rose, Ward, Blackwood
```

在以上程式碼中，peaks 以及 canyons 的成員都被加入了新的陣列 tahoe。

接著探討延展運算子的另一個功能：假設我們想從 peaks 陣列中取出最後一個成員，可以使用 Array.reverse 將陣列反轉，並結合之前提到的陣列解構語法：

```
const peaks = ["Tallac", "Ralston", "Rose"];
const [last] = peaks.reverse();  // reverse 修改了原本的陣列

console.log(last); // Rose
console.log(peaks.join(", ")); // Rose, Ralston, Tallac
```

在以上實作中，雖然我們得到了想要的結果，但是 peaks 陣列卻被修改了。如果改為使用延展運算子，就可以在不變動 peaks 的前提下，透過複製出另一個陣列來達成目的：

譯註 3 作者此處是以美國的地景作為示範。Peak 是山峰；Canyon 則是峽谷；Tahoe 是舊金山的一個淡水湖。

```
const peaks = ["Tallac", "Ralston", "Rose"];
const [last] = [...peaks].reverse(); // 先複製陣列再反轉，原本陣列不變

console.log(last); // Rose
console.log(peaks.join(", ")); // Tallac, Ralston, Rose
```

延展運算子也可以用於取得陣列中剩餘的成員：

```
const lakes = ["Donner", "Marlette", "Fallen Leaf", "Cascade"];

const [first, ...others] = lakes;

console.log(others.join(", ")); // Marlette, Fallen Leaf, Cascade
```

三個半形句點也可以將函式的參數集合成一個陣列，我們稱之為**其餘參數**（*rest Parameters*）。在下例中，我們使用 `...args` 建構一個接受 *n* 個引數的函式，並印出一些訊息：

```
function directions(...args) {
  let [start, ...remaining] = args;
  let [finish, ...stops] = remaining.reverse();

  console.log(`drive through ${args.length} towns`); // 開車經過 ${args.length} 城鎮
  console.log(`start in ${start}`); // 起點：${start}
  console.log(`the destination is ${finish}`); // 目的：${finish}
  console.log(`stopping ${stops.length} times in between`); // 途中暫停 ${stops.length} 次
}

directions("Truckee", "Tahoe City", "Sunnyside", "Homewood", "Tahoma");
```

在上例中，`directions` 函式接受數個引數，其中第一個成員被指派給 `start`；最後一個成員則透過 `Array.reverse` 被指派給 `finish`；接著，我們透過引數陣列的長度去推算途經的城市數量。這樣的語法使函式得以接收不同長度的引數，提供了開發者絕佳的彈性，

延展運算子亦可用於物件中（*https://oreil.ly/kCpEL*），以下範例展示了物件的結合——其語法與陣列結合高度相似，只是目標改為陣列：

```
const morning = {
  breakfast: "oatmeal",
  lunch: "peanut butter and jelly"
};

const dinner = "mac and cheese";

// 使用延展運算子結合 morning 物件與 dinner 變數
```

```
const backpackingMeals = {
  ...morning,
  dinner
};

console.log(backpackingMeals);

// {
//   breakfast: "oatmeal",
//   lunch: "peanut butter and jelly",
//   dinner: "mac and cheese"
// }
```

延展運算子亦可用於物件的解構賦值：

```
let obj = {x:1, y:2, a:6, b:7};
let {x, y, ...z} = obj;
console.log(z); // {a:6, b:7}
```

非同步的 JavaScript

到目前為止，本書所示範的操作都是同步（Synchronous）的：這意味著我們交付了一系列命令，並依序將之執行。舉例來說，當我們希望透過 JavaScript 來操作 DOM，其指令大致如下：

```
const header = document.getElementById("heading");
header.innerHTML = "Hey!";
```

這就像是在說：「嗨！請幫我找到 `heading` 元素；接著，將它的 `innerHTML` 屬性設定為 *Hey*」。這是典型的「同步」操作——當某個指令正在執行時，不會有其他的事情同時發生。

在現代的 Web 應用中，我們常常必須執行**非同步**（*Asynchronous*）的任務。這些任務往往必須等待某事完成後，才能接著往下執行。舉例來說，我們可能需要連接資料庫、展開聲音或影音串流、從 API 取得資料……非同步的任務不會阻塞（Block）主執行緒（Main Thread），這意味著 JavaScript 在等待回應時可以自由地去執行其他指令，直到像是 API 回傳資料為止。在過去幾年，JavaScript 持續演化，力求適應非同步程式設計的潮流。在以下章節裡，我們將探索其中幾個重要的功能。

fetch 函式與簡單的 Promise

對 REST API 發送請求曾經是件麻煩事，我們必須撰寫二十餘行的程式碼，才能取得資料並將其整合入應用。fetch 函式的出現大幅簡化了這個流程——在此必須要感恩讚嘆 ECMAScript 委員會。

我們將示範如何自 randomuser.me 取得資料。這支 API 提供了諸如 email 地址、姓名、電話號碼、位置等測試用的假資料。fetch 函式只有一個 URL 參數：

```
console.log(fetch("https://api.randomuser.me/?nat=US&results=1"));
```

在以上程式碼中，當我們印出執行結果時，會得到一個等待中的 Promise 物件。Promise 提供了一個絕佳的示範，讓我們得以探究 JavaScript 中非同步的行為。Promise 物件共有三個狀態：等待中（Pending）、完成（Fulfilled）與失敗（Rejected）——你可以想像瀏覽器正和你說：「嗨！我會盡力取得資料；不論成功和失敗，我都會告訴你。」

等待中的 Promise 物件代表資料尚未取得的狀態。我們可以使用 .then() 方法將之串聯，並提供一個回呼函式（Callback Function），一旦 Promise 成功取得資料後，回呼函式就會被執行。白話地說就是告訴瀏覽器：請取得資料；在等待的期間請先去做其他事；如果成功得到回應，則執行回呼函式。

在以下範例中，我們透過 fetch 函式取得資料，得到回應後，則將之轉換成 JSON 格式：

```
fetch("https://api.randomuser.me/?nat=US&results=1")
  .then(res => res.json)
```

在以上程式碼中，fetch 函式接受一個由箭頭函式構成的回呼函式。任何回呼函式回傳的結果都會成為下一個回呼函式的輸入。因此，我們可以將多個處理步驟串接起來：

```
fetch("https://api.randomuser.me/?nat=US&results=1")
  .then(res => res.json())
  .then(json => json.results)
  .then(console.log)
  .catch(console.error);
```

在前例中，我們先是透過 fetch() 對 randomuser.me 發出 GET 請求；如果成功得到回應，則將其轉換成 JSON 格式；接著，取出回應結果 .results 並將之傳遞給 console.log 函式。萬一 fetch 因為種種原因無法順利取得資料時，最後一個 .catch() 的回呼函式負責處理善後——在此，我們提供 console.error 作為回呼函式，將錯誤印出至控制台。

非同步函式：async 以及 await

另一個常見的處理 Promise 的手法是使用**非同步函式**（Async Function）。許多開發者偏好這種語法，因為這會使程式碼看起來更好懂、更像是平常的同步操作。不同於前例，我們透過 `.then()` 串接多個回呼函式作為處理器；非同步函式會自動等待 Promise 物件解析（Resolve），接著才往下執行：

```
const getFakePerson = async () => {
  let res = await fetch("https://api.randomuser.me/?nat=US&results=1");
  let { results } = await res.json();
  console.log(results);
};

getFakePerson();
```

在以上程式碼中，`getFakePerson` 在第一行使用了 `async` 進行宣告，因此它是一個非同步函式。`await` 關鍵字用於 Promise 相關的呼叫之前，這會使函式暫停於此，直到 Promise 物件解析之後才往下進行。雖然語法差異很大，這段程式碼的功能與前一個使用 `.then()` 的範例相同，只是缺少錯誤處理的部分：

```
const getFakePerson = async () => {
  try {
    let res = await fetch("https://api.randomuser.me/?nat=US&results=1");
    let { results } = await res.json();
    console.log(results);
  } catch (error) {
    console.error(error);
  }
};

getFakePerson();
```

在以上程式碼中，我們為非同步函式補上了錯誤處理的功能：如果 `fetch()` 執行成功，則印出結果於控制台中；反之，則印出錯誤訊息。在使用非同步函式處理例外情境時，你必須將與 Promise 相關的呼叫放在 `try` 區塊中；並在 `catch` 區塊裡處理 Promise 失敗的狀態。

建構 Promise 物件

非同步請求有兩種結果：成功；或是發生意外而失敗。事實上，請求資料的過程有無限多種可能性，但最終都可歸納回這兩者[譯註 4]。Promise 物件也使用了這樣的邏輯：將無限的可能歸納為成功或失敗。

[譯註 4] 例如 401 錯誤代表著網路通訊成功，但存取權限不足，這也會被歸類為失敗。

以下 getPeople 函式會回傳一個 Promise 物件，該物件會對 API 發出請求，如果成功，則載入資料；反之，則載入發生的錯誤：

```
const getPeople = count =>
  new Promise((resolves, rejects) => {
    const api = `https://api.randomuser.me/?nat=US&results=${count}`;
    const request = new XMLHttpRequest();
    request.open("GET", api);
    request.onload = () =>
      request.status === 200
        ? resolves(JSON.parse(request.response).results)
        : reject(Error(request.statusText));
    request.onerror = err => rejects(err);
    request.send();
  });
```

在前例中，Promise 物件尚未被實際使用。我們可以透過呼叫 getPeople 函式並傳入想要的資料筆數來建立 Promise，接著便可使用 .then() 來串接後續的成功操作。當 Promise 物件被解析為失敗狀態時，錯誤物件會被傳遞傳給 .catch() 中的回呼函式（或是非同步函式中的 catch 區塊）：

```
getPeople(5)
  .then(members => console.log(members))
  .catch(error => console.error(`getPeople failed: ${error.message}`))
);
```

Promise 物件使得執行非同步請求更加簡單，這非常可喜。因為我們會頻繁地在 JavaScript 中使用到非同步的概念，任何當代的 JS 工程師都必須對 Promise 有扎實的理解才行。

類別

在 ES2015 之前，JavaScript 並沒有正式的類別（Class）語法。當類別語法首次問世時，多數人都非常振奮於其與正統物件導向語言（例如 Java 與 C++）間極高的相似程度。在過去幾年裡，React 函式庫也曾高度倚賴類別語法來建構使用者介面中的各種元件。然而在現代，React 已經逐漸改用函式（而非類別）來打造應用。儘管如此，你仍然會看到大量的類別語法——尤其是在舊有的 React 專案，乃至整個 JavaScript 世界裡。在此，我們將快速地為你介紹它們。

在過去，JavaScript 採用了名為**原型繼承**（prototypical inheritance）的機制，這個機制被用以創造類似物件導向的資料結構。舉例來說，我們可以創建一個 Vacation 建構子，該建構子可使用 new 進行呼叫：

```
function Vacation(destination, length) {
  this.destination = destination;
  this.length = length;
}

Vacation.prototype.print = function() {
  console.log(this.destination + " | " + this.length + " days");
};

const maui = new Vacation("Maui", 7);

maui.print(); // Maui | 7 days
```

以上程式碼創建了一個行為模式近似於物件導向語言的自定義類別 Vacation。該類別具有屬性（destination 與 length）也具有方法（print）。物件實體（Instance）maui 其實是透過原型 prototype 才得以繼承 print 方法——如果你是一個習慣於標準物件導向語言的開發者，你也許會非常抓狂……

為了弭平這樣的怒火，ES2015 推出了類別宣告與 class 關鍵字，然而可鄙的事實是：JavaScript 仍在背後做一樣的事——物件就是函式，而繼承就是透過原型去達成。class 關鍵字不過就是個原型概念外的語法糖（Syntactic Sugar）而已：

```
class Vacation {
  constructor(destination, length) {
    this.destination = destination;
    this.length = length;
  }

  print() {
    console.log(`${this.destination} will take ${this.length} days.`);
  }
}
```

我們通常會將類別名稱的首個字母大寫。完成宣告後，你可以透過 new 關鍵字來創建新的物件實體，並呼叫其方法：

```
const trip = new Vacation("Chile", 7);

trip.print(); // Chile will take 7 days.
```

類別一旦宣告完成，你可以任意將之實體化。類別可以被繼承（Extend），子類別會預設繼承父類別的方法與屬性——當然，你也可以在子類別上重新設定繼承來的方法與屬性。

你也可以將 Vacation 當作抽象類別（Abstract Class），並往下實作多種適合被實體化的子類別，例如 Expedition：

```
class Expedition extends Vacation {
  constructor(destination, length, gear) {
    super(destination, length);
    this.gear = gear;
  }

  print() {
    super.print();
    console.log(`Bring your ${this.gear.join(" and your ")}`);
  }
}
```

以上程式碼示範了一個簡單的繼承：子類別繼承了父類別的屬性與方法，並新增了自己的 this.gear 屬性並擴寫了 print 方法。而實體化物件的語法依然不變，使用關鍵字 new 並將之指派給變數[譯註 5]：

```
const trip = new Expedition("Mt. Whitney", 3, [
  "sunglasses",
  "prayer flags",
  "camera"
]);

trip.print();

// Mt. Whitney will take 3 days.
// Bring your sunglasses and your prayer flags and your camera
```

[譯註 5] 在物件導向的世界裡，抽象類別意指那些只能被繼承，但不能被實體化的類別（Java 提供了最完整的支援）。抽象類別最常見的範例就是「動物」——因為動物是一個太過模糊的概念，你無法實體化一個動物，但是動物之間具有身高體重等共用屬性；也有奔跑或睡覺等共用方法，可提供下層子類別（例如猩猩或鯨魚）繼承並實作細節。

在範例中，作者使用了假期（Vacation）作為抽象父類別；並使用探險（Expedition）作為眾多假期選項的其中一個子類別。

ES6 模組

模組是一段可重複使用的程式碼，它可以輕鬆地被整合進既有的程式，卻不致產生變數的命名衝突。JavaScript 的模組會被整合成獨立的檔案，在創建與匯出模組時，我們通常有兩個選項：一個模組匯出多個 JS 物件；或是一個模組只匯出一個 JS 物件。

在以下 *text-helpers.js* 檔案中，我們匯出（Export）兩個函式：

```
export const print=(message) => log(message, new Date())

export const log=(message, timestamp) =>
  console.log(`${timestamp.toString()}: ${message}`)
```

`export` 關鍵字可用來匯出任何 JavaScript 中的資料型別。在上例中，我們匯出的是函式——除了這兩個被匯出的函式之外，檔案中其餘的變數都只會在原本的模組中作用。

如果你的模組只要想要匯出唯一的一個主要變數，可以使用 `export default`。舉例來說，以下的 *mt-freel.js* 檔案匯出了某個 `Expedition` 的實體：

```
export default new Expedition("Mt. Freel", 2, ["water", "snack"]);
```

別忘了，不論使用 `export deafult` 或是 `export`，你都可以匯出任何一種資料型別（例如整數、物件、陣列、函式……）

完成模組後，我們可以透過 `import` 關鍵字將其導入上層的程式碼中。如果你在模組中使用了多個 `export` 語法，那麼可以透過物件解構的語法導入；另外，如果你使用了 `export default` 語法，那麼可以提供任意的變數名稱來導入：

```
import { print, log } from "./text-helpers";
import freel from "./mt-freel";

print("printing a message");
log("logging a message");

freel.print();
```

或是將模組中的變數重新命名為本地變數：

```
import { print as p, log as l } from "./text-helpers";

p("printing a message");
l("logging a message");
```

你也可以使用星號 * 來導入全部 export 中的項目至一個獨立的命名空間（namespace）當中：

```
import * as fns from './text-helpers`
```

值得注意的是，以上提到的匯入 / 匯出語法未必被所有的瀏覽器以及 Node 版本支援。然而，就像所有新的 JavaScript 語法一般，我們可以透過 Babel 來處理支援度的問題——這意味著，你可以在原始碼中自由地使用這些語法，然後 Babel 會想辦法幫你找到模組並將之編譯。

CommonJS

CommonJS 是一套針對模組行為的規範，且被所有 Node.js 版本支援——詳見 Node.js 的文件（*https://oreil.ly/CN-gA*）。你至今仍然可以使用 CommonJS 的模組並透過 Babel 以及 Webpack 來管理專案。在 CommonJS 中，模組的內容可以透過 module.exports 進行匯出：

```
const print = (message) => log(message, new Date());

const log = (message, timestamp) =>
console.log(`${timestamp.toString()}: ${message}`)

module.exports = {print, log}
```

CommonJS 使用 require() 而非 import 函式進行導入：

```
const { log, print } = require("./txt-helpers");
```

JavaScript 仍以極高的速度持續演化以回應開發者的需求，瀏覽器也正陸續支援各種規格。如果你想知道最新的支援狀態，可以參考 ESNext 的相容性表格（*https://oreil.ly/rxTcg*）。近年來，許多支援函式導向程式設計（Functional Programming）的新語法陸續被納入 JavaScript 中。在函式導向程式設計中，我們將程式碼拆解成一系列的函式，再透過這些函式來建構起應用。在下一章，我們將深入探討這些技巧，以及需要發展函式導向的原因。

第三章

函式導向程式設計與 JavaScript

當你開始探索 React，會發現**函式導向程式設計**（*Functional Programming*）這個議題不斷被提起。此外，越來越多 JavaScript 專案——尤其是 React，廣泛地採用了相關的技巧。

然而，你可能早就寫過函式導向風格的程式碼，只是沒有意識到而已。舉例來說，如果你曾經使用過陣列的 `.map()` 或是 `.reduce()`，那代表你早就已經踏上函式導向的旅途了。函式導向編程不只是 React 的核心，它也是眾多 React 生態系內的函式庫的核心。

函式導向的風潮起源於 1930 年代的數學理論 *Lambda* **演算**（*Lambda Calculus*，或是 λ-calculus[1]）。而早在十七世紀微積分興起時，函式便已被納為理論的一部分。函式可以被當作引數（Argument）傳入另一個函式；或是被另一個函式輸出作為結果。我們將那些接受或回傳函式的函式，稱為**高階函式**（*Higher-order Function*）。在 1930 年代，普林斯頓大學的數學家 Alonzo Church 便是透過研究高階函式來完成 Lambda 演算理論的。

在 1950 年代，John McCarthy 將 Lambda 演算實作成一門程式語言 Lisp。Lisp 實作了高階函式，並將函式視作**一級成員**（First-class Member，或是 First-class Citizen）——這意味著函式可以被宣告為變數；傳遞給另一個函式作為引數；甚至是作為另一個函式的回傳值。

在本章中，我們將為你介紹幾個函式導向程式設計的核心概念，以及這些概念在 JavaScript 中的實作技巧。

1 Dana S. Scott, "λ-Calculus: Then & Now"（*https://oreil.ly/k0EpX*）。

何謂函式導向

JavaScript 支援函式導向程式設計，因為函式在 JS 中是「一級成員」——這意味著函式具有變數的特質。在近年的新語法中，JS 完善了對函式導向的支援，這包含了箭頭函式（Arrow Function）、Promise 物件以及延展運算子（Spread Operator）。

在 JavaScript 中，函式本身即是一種資料：我們可以使用 var、let 與 const 關鍵字來宣告函式——就像我們對待字串、數字、或是任何其他資料型別一樣。

```
var log = function(message) {
  console.log(message);
};

log("In JavaScript, functions are variables");

// In JavaScript, functions are variables
```

我們也可以使用箭頭函式來做到一樣的事。在函式導向程式設計裡，我們會透過箭頭函式來編寫很多小型的函式：

```
const log = message => {
  console.log(message);
};
```

因為函式就是變數，我們可以將之加入物件：

```
const obj = {
  message: "They can be added to objects like variables",
  log(message) {
    console.log(message);
  }
};

obj.log(obj.message);

// They can be added to objects like variables
```

前述兩個範例做了同樣的事：它們都將函式指派給名為 log 的變數；此外，使用 const 關鍵字進行宣告可以避免變數被修改。

我們甚至可以把函數加入陣列中：

```
const messages = [
  "They can be inserted into arrays",
  message => console.log(message),
```

```
  "like variables",
  message => console.log(message)
];

messages[1](messages[0]); // They can be inserted into arrays
messages[3](messages[2]); // like variables
```

就像變數一樣，函式可以作為引數傳入另一個函式：

```
const insideFn = logger => {
  logger("They can be sent to other functions as arguments");
};

insideFn(message => console.log(message));

// They can be sent to other functions as arguments
```

同樣的道理，函式也可以作為回傳值：

```
const createScream = function(logger) {
  return function(message) {
    logger(message.toUpperCase() + "!!!");
  };
};

const scream = createScream(message => console.log(message));

scream("functions can be returned from other functions");
scream("createScream returns a function");
scream("scream invokes that returned function");

// FUNCTIONS CAN BE RETURNED FROM OTHER FUNCTIONS!!!
// CREATESCREAM RETURNS A FUNCTION!!!
// SCREAM INVOKES THAT RETURNED FUNCTION!!!
```

如果一個函式接受或回傳另一個函式，我們將其稱為高階函式。在前兩個例子中，`insideFn` 以及 `createScream` 都是高階函式。當然，我們仍然可以使用箭頭函式來宣告高階函式：

```
const createScream = logger => message => {
  logger(message.toUpperCase() + "!!!");
};
```

如以上程式碼所示：如果你在一組函式宣告中見到一個以上的箭頭，那代表你正在宣告一個高階函式。

因為很重要所以必須再次總結：我們之所以宣稱 JavaScript「支援」函式導向程式設計，那是因為 JS 的函式被視作一級成員——函式就是資料，可以像變數一般被宣告、存取與傳遞。

命令式 vs. 宣告式

函式導向屬於**宣告式程式設計**（*Declarative Programming*）的一個分支。宣告式程式設計是一種程式碼的風格，注重於表達「**該做何事**（*What*）」優先於「**如何達成**（*How*）」。

為了理解宣告式程式設計，我們可以將之與**命令式程式設計**（*Imperative Programming*）進行對照。舉例來說，為了使得 URL 更容易被閱讀，我們常常希望將空格替換成連字號。以下為命令式編程的實作方式：

```
const string = "Restaurants in Hanalei";
const urlFriendly = "";

for (var i = 0; i < string.length; i++) {
  if (string[i] === " ") {
    urlFriendly += "-";
  } else {
    urlFriendly += string[i];
  }
}

console.log(urlFriendly); // "Restaurants-in-Hanalei"
```

在以上程式碼中，我們使用 `for` 迴圈逐一檢查字串中的字母；當發現空格時，則將之替換。命令式風格關注的重點在於程式該「如何」達成這個目的。然而，作為一個局外人，如果只閱讀其中的 `for` 以及 `if` 等邏輯，通常不太容易了解程式的抽象目的。因此，命令式風格必須仰賴大量註解，才得以維持語法的可讀性。

同樣的問題，如果透過宣告式的風格實作呢？

```
const string = "Restaurants in Hanalei";
const urlFriendly = string.replace(/ /g, "-");

console.log(urlFriendly);
```

在以上程式碼中，我們使用了 `string.replace()` 以及正規表達式（Regular Expression）來尋找並取代空白。透過呼叫 `.replace()`，我們實際上描述了該做何事（What）；然而，該任務的實作細節（How）卻因此被隱藏在 `.replace()` 的抽象層之下，無從得知。

對讀者而言，宣告式的語法通常較容易理解。因為它描述了程式碼究竟做了什麼事，而非任務的細節。舉例來說，以下程式碼描述了從 API 取得多筆會員資料後的處理流程：

```
const loadAndMapMembers = compose(
  combineWith(sessionStorage, "members"),
  save(sessionStorage, "members"),
  scopeMembers(window),
  logMemberInfoToConsole,
  logFieldsToConsole("name.first"),
  countMembersBy("location.state"),
  prepStatesForMapping,
  save(sessionStorage, "map"),
  renderUSMap
);

getFakeMembers(100).then(loadAndMapMembers);
```

宣告式編程能使程式碼具備良好的可讀性，因為眾多實作細節會被隱藏在函式內部。所有函式都經過妥善命名再被組裝在一起，清楚地描述了資料的處置與流動，因此不需要太多註解。只要程式碼容易被理解，那麼團隊協作也會更加輕鬆愉快。如果你想了解更多關於函式導向編程的細節，可以參閱 Declarative Programming Wiki（*https://oreil.ly/7MbkB*）。

再舉一個例子：假設我們想要建構一個 DOM（Document Object Model）。命令式編程的實作如下：

```
const target = document.getElementById("target");
const wrapper = document.createElement("div");
const headline = document.createElement("h1");

wrapper.id = "welcome";
headline.innerText = "Hello World";

wrapper.appendChild(headline);
target.appendChild(wrapper);
```

在以上範例中，程式碼逐步完成目標：先是建構元素；接著設定屬性；最後將之加入 DOM 中。你可以想像，這樣的程式碼必然難以作出修改、增加功能或是擴充至一萬行這樣級別的規模。

接著，我們將示範如何透過宣告式的 React 元件來建構 DOM：

```
const { render } = ReactDOM;

const Welcome = () => (
  <div id="welcome">
    <h1>Hello World</h1>
  </div>
);

render(<Welcome />, document.getElementById("target"));
```

在以上程式碼中，`Welcome` 描述了我們想要建構的元素；接著 `render()` 呼叫 `Welcome` 建構出元素並加入 DOM；卻隱藏了所有操作巢狀結構的實作細節——我們的目的在程式碼中顯而易見，就是把 `Welcome` 的內容添加到 ID 為 `target` 的節點中[譯註 1]。

函式的概念

我們已經討論了何謂函式導向編程，並對照了「命令式」與「宣告式」的差別。接著，我們要來探討更細節的概念，這包含了：不可變性、純函式、資料變形、高階函式以及遞迴。

不可變性

在英文中，Mutate 一詞意味著變動，*Immutable* 亦即「不可變動的」。在函式導向編程中，所有的資料都是不可變動（Immutable）的。

請想像一個情境：你因為某種目的需要公開身分證件，但不希望特定的隱私資料（例如完整的身分證字號）曝光。你有兩種選擇：直接在身分證上把號碼塗掉；或是先將身分證影印或拍照後，再把副本的號碼塗掉。顯然地，後者看起來合理多了——你既可以對資料進行修正，同時也保持了正本的完整性。

這其實就是「資料不可變動」的概念：我們不直接修改資料，而是修改資料的副本。

譯註 1　以上 `Welcome` 使用了許多 React 家族的工具來建構 DOM。如果這樣的語法令你感到困惑，請別擔心，我們會在第五章中詳細說明。

再舉一個程式中的例子示範何謂「變動資料」。假設有一個物件 lawn，它代表了草皮的顏色：

```
let color_lawn = {
  title: "lawn",
  color: "#00FF00",
  rating: 0
};
```

接著我們創建一個函式 rateColor，用修改顏色的評價屬性 .rating：

```
function rateColor(color, rating) {
  color.rating = rating;
  return color;
}

console.log(rateColor(color_lawn, 5).rating); // 5
console.log(color_lawn.rating); // 5
```

在 JavaScript 中，函式接受的引數會直接參照至資料的本體，設定物件的屬性其實便意味著修改資料。想像你因為某種業務需要而必須提交身分證給某間公司，當收回正本時，卻發現他們為了隱私考量而把部分證件用簽字筆塗黑了 —— 你應該會期待他們至少有點基本常識，先製作副本然後塗改在副本上對吧？同樣的邏輯，我們可以改寫 rateColor 函式，使它不要修改到原有資料：

```
const rateColor = function(color, rating) {
  return Object.assign({}, color, { rating: rating });
};

console.log(rateColor(color_lawn, 5).rating); // 5
console.log(color_lawn.rating); // 0
```

在上例中，我們改用 Object.assign 來添加 .rating 屬性。Object.assign 就像是一台影印機，它接受一個空白的物件；複製 color 物件至空白物件上；最後再修改 rating 屬性。如此一來，我們便有了一個修改過的物件副本，且保持原物件的完整。

我們還可以使用箭頭函式以及延展運算子（Spread Operator）將之改寫。在新的函式中，第二行的 ...color 複製了傳入的物件；再使用 rating 覆蓋原本的屬性：

```
const rateColor = (color, rating) => ({
  ...color,
  rating
});
```

以上程式碼中的箭頭函式與前一個標準函式完全相同：它將傳入的資料視為不可變動的物件，只是語法更精簡，且閱讀起來更清楚。請注意我們使用小括號 () 包覆了回傳的物件，這是使用箭頭函式回傳物件時必要的語法。

再舉一個例子：我們有一個包含多種顏色的陣列：

```
let list = [{ title: "Rad Red" }, { title: "Lawn" }, { title: "Party Pink" }];
```

接著，我們建立一個函式，可以增加新的顏色至陣列中：

```
const addColor = function(title, colors) {
  colors.push({ title: title });
  return colors;
};

console.log(addColor("Glam Green", list).length); // 4
console.log(list.length); // 4
```

然而，Array.push() 其實修改了原有的資料。為了確保傳入的 colors 陣列是不可變動的，我們必須使用 Array.concat：

```
const addColor = (title, array) => array.concat({ title });

console.log(addColor("Glam Green", list).length); // 4
console.log(list.length); // 3
```

Array.concat() 會串接兩個陣列，並回傳一個新的陣列。在以上程式碼中，.concat() 接受一個新的顏色物件，並將其與複製的陣列串接起來。

我們也可以使用延展運算子來達到一樣的目的。在 JavaScript 中，你會越來越常看到類似的語法：

```
const addColor = (title, list) => [...list, { title }];
```

總而言之，為了確保資料是不可變的，我們會先複製一個副本，再針對副本進行修改。

純函式

當一個函式的輸出結果只受到輸入值影響時，我們稱之為**純函式**（*Pure Function*）。純函式接受一個或以上的引數；必定回傳某個值或是另一個函式；此外，純函式不會產生任何副作用（Side Effect），諸如設定全域變數，或是修改應用程式的狀態等等——因為它們將輸入的引數視為不可變動的。

為了更好地理解純函式，以下程式碼示範了一個「不純」的函式：

```
const frederick = {
  name: "Frederick Douglass",
  canRead: false,
  canWrite: false
};

function selfEducate() {
  frederick.canRead = true;
  frederick.canWrite = true;
  return frederick;
}

selfEducate();
console.log(frederick);

// {name: "Frederick Douglass", canRead: true, canWrite: true}
```

以上的 `selfEducate` 就不是純函式：它既不接受引數；也不返還值；此外，它還修改了全域變數 `ferderick`。這意味著一旦我們呼叫了這個函式，世界也隨之改變，因此具有嚴重的「副作用」：

```
const frederick = {
  name: "Frederick Douglass",
  canRead: false,
  canWrite: false
};

const selfEducate = person => {
  person.canRead = true;
  person.canWrite = true;
  return person;
};

console.log(selfEducate(frederick));
console.log(frederick);

// {name: "Frederick Douglass", canRead: true, canWrite: true}
// {name: "Frederick Douglass", canRead: true, canWrite: true}
```

在以上程式碼中，箭頭函式 **selfEducate** 仍然不是純函式，因為它會產生副作用：改變傳入的物件。讓我們試著將其修改如下：

```
const frederick = {
  name: "Frederick Douglass",
  canRead: false,
  canWrite: false
};

const selfEducate = person => ({
  ...person,
  canRead: true,
  canWrite: true
});

console.log(selfEducate(frederick));
console.log(frederick);

// {name: "Frederick Douglass", canRead: true, canWrite: true}
// {name: "Frederick Douglass", canRead: false, canWrite: false}
```

終於，selfEducate() 現在是純函式了：它依據傳入的 person 產生結果；回傳一個新的物件副本且不變動原本物件，因此也沒有副作用。

純函式利於測試

純函式本質上就是**可測試的**（*Testable*）：因為它不倚賴且不改變執行環境與全域變數，因此不需要繁複的預設定（Setup）以及拆解（Teardown）。當測試時，所有傳入的引數組合都對應至一個唯一的結果，簡單明瞭。

我們再來看一個修改 DOM 的非純函式：

```
function Header(text) {
  let h1 = document.createElement("h1");
  h1.innerText = text;
  document.body.appendChild(h1);
}

Header("Header() caused side effects");
```

以上 Header 函式創造了一個標題元素；設定文字；並將其加入 DOM 中。它不回傳值因此不是純函式，且因為修改了 DOM 而具有副作用。

在 React 中，使用者介面的元素都是透過純函式的形式來表達。在下一個例子中，Header 被改成一個用來創造 h1 元素的純函式；此外，它並沒有去改變 DOM，因此不具備副作用。簡言之，這個函式只負責創造元素，並且倚賴應用中其他的組件去修改 DOM：

```
const Header = props => <h1>{props.title}</h1>;
```

總而言之，純函式是函式導向程式設計的核心概念。純函式不會對全局產生副作用，因此能讓開發者有效掌握程式碼的行為。編寫純函式時，請注意以下重點：

1. 純函式至少接受一個以上的引數。
2. 純函式不修改引數。
3. 純函式回傳一個值，或是另一個函數。

資料變形

如果資料是不可變動的，那我們要如何讓應用程式動起來呢？答案是：函式導向程式設計會讓資料不斷地變形（Transformation）。透過函式，我們持續製造不同型態的資料副本。使用眾多函式意味著程式碼將更具有宣告式的風格，因此更容易理解。

你不需要一個特殊的套件或是框架才能做到資料變形。事實上，JavaScript 早就內建了這類函式：Array.map 以及 Array.reduce 是其中最重要的兩個範例。如果你想要精通 JS 的函式導向模式，就必須精通它們才行。

在這個段落中，我們將探討幾個最重要的、有關資料變形的函式。

第一個案例，假設我們有一個學校的陣列：

```
const schools = ["Yorktown", "Washington & Liberty", "Wakefield"];
```

透過 Array.join 方法，我們可以將陣列「變形」成逗點分隔的字串：

```
console.log(schools.join(", "));

// "Yorktown, Washington & Liberty, Wakefield"
```

第二個案例，假設我們想創建一個函式，該函式會回傳一個新的學校陣列，其中的所有元素皆必須以字母 W 開頭。為了達成這樣的功能，我們可使用 Array.filter 函式：

```
const wSchools = schools.filter(school => school[0] === "W");

console.log(wSchools);
// ["Washington & Liberty", "Wakefield"]
```

Array.filter 是 JavaScript 內建的函式，它會基於原陣列建構一個新的回傳陣列。Array.filter 只接受一個引數 *predicate*：這是一個只回傳 true 或是 false 的函式。Array.filter 會將原陣列中的每一個成員傳入 predicate 之中，如果得到 true 則將之納入即將回傳的新陣列中（反之則略過）。在以上程式碼中，我們以箭頭函式作為 predicate，執行「學校名稱開頭是否為字母 W」的判斷。

在函式導向中，當我們想要從陣列裡排除某些元素時，我們應該使用 Array.filter 而不是使用諸如 Array.pop 或是 Array.splice 等等函式——因為後兩者會改動到原陣列。在下一個案例中，cutSchool 函式會過濾掉某個特定的校名，並回傳一個新的陣列：

```
const cutSchool = (cut, list) => list.filter(school => school !== cut);

console.log(cutSchool("Washington & Liberty", schools).join(", "));

// "Yorktown, Wakefield"

console.log(schools.join("\n"));

// Yorktown
// Washington & Liberty
// Wakefield
```

以上的 cutSchool 也是一個純函式；它接受兩個引數；並回傳一個新的（篩選後）的陣列。接著，我們使用了 .join() 將陣列變形成字串。

另一個很重要的陣列函式是 Array.map：它接受另一個函式作為引數。在呼叫 Array.map() 後，原陣列中的每一個成員都會被傳入引數函式中，並將處理結果加入到 Array.map() 所回傳的新陣列裡。

```
const highSchools = schools.map(school => `${school} High School`);

console.log(highSchools.join("\n"));

// Yorktown High School
// Washington & Liberty High School
// Wakefield High School
```

```
console.log(schools.join("\n"));

// Yorktown
// Washington & Liberty
// Wakefield
```

在以上程式碼中，.map() 將「High School」字串後綴到每一個學校名稱上，並回傳一個新陣列。當然，原本的 schools 陣列維持不變。

在下個例子中，我們要透過字串陣列產生物件陣列：map 可用於產生任何資料型別的陣列，包含物件、值、函式等等：

```
const highSchools = schools.map(school => ({ name: school }));

console.log(highSchools);

// [
//   { name: "Yorktown" },
//   { name: "Washington & Liberty" },
//   { name: "Wakefield" }
// ]
```

在以上程式碼中，輸入值是一系列字串，回傳值則是一系列物件。

如果我們想要建構一個純函式，使其修改物件陣列中特定物件，map 也可以做到。在下例中，我們將修改名為「Stratford」的學校並將之改名為「HB Woodlawn」，且維持原陣列不變：

```
let schools = [
  { name: "Yorktown" },
  { name: "Stratford" },
  { name: "Washington & Liberty" },
  { name: "Wakefield" }
];

let updatedSchools = editName("Stratford", "HB Woodlawn", schools);

console.log(updatedSchools[1]); // { name: "HB Woodlawn" }
console.log(schools[1]); // { name: "Stratford" }
```

請注意以上 schools 是一個物件陣列。我們接著要呼叫 editName 函式並傳入要修改的舊校名、新校名以及資料來源陣列，並希望得到一個新的（修改過的）陣列：

```
const editName = (oldName, name, arr) =>
  arr.map(item => {
    if (item.name === oldName) {
      return {
        ...item,
        name
      };
    } else {
      return item;
    }
  });
```

上述程式碼透過 map 函式實作了 editName 的功能。如果使用條件運算子（Ternary Operator）來取代 if/else 的巢狀結構，我們甚至可以將語法濃縮成一行：

```
const editName = (oldName, name, arr) =>
  arr.map(item => (item.name === oldName ? { ...item, name } : item));
```

再舉一個例子：如果你希望將一個物件轉為一個陣列，你可以結合 Array.map 與 Object.keys 函式。其中 Object.keys 函式接受一個物件，並回傳物件的鍵值（Key）陣列。

假設我們希望將以下單一 schools 物件變形為一個物件陣列：

```
const schools = {
  Yorktown: 10,
  "Washington & Liberty": 2,
  Wakefield: 5
};

const schoolArray = Object.keys(schools).map(key => ({
  name: key,
  wins: schools[key]
}));

console.log(schoolArray);

// [
//   {
//     name: "Yorktown",
//     wins: 10
//   },
//   {
//     name: "Washington & Liberty",
```

```
//     wins: 2
//   },
//   {
//     name: "Wakefield",
//     wins: 5
//   }
// ]
```

在以上程式碼中，Object.keys 會回傳由三個學校名稱構成的陣列，接著我們透過該陣列的 map 方法執行資料變形——執行結果會回傳一個新的物件陣列，其中物件的 name 屬性是原物件的鍵；而 wins 屬性則是原物件的值。

討論至此，我們已經掌握了如何使用 Array.map 以及 Array.filter 函式來執行陣列資料變形；另外，我們也學習了如何結合 Object.keys 函式來將物件轉換為陣列。接下來我們將為你介紹函式導向工具組中的最後一塊拼圖：將資料陣列轉換為單一的值或是物件。

Array.reduce 以及 Array.reduceRight 函式可將陣列轉換為任意資料型別的單一值（包含數值、字串、布林值、物件甚至是函式）。

想像一個情境：我們需要在一個整數陣列中找出最大值——這意味著將陣列轉換為數字。我們可以透過 Array.reduce 來達成：

```
const ages = [21, 18, 42, 40, 64, 63, 34];

const maxAge = ages.reduce((max, age) => {
  console.log(`${age} > ${max} = ${age > max}`);
  if (age > max) {
    return age;
  } else {
    return max;
  }
}, 0);

console.log("maxAge", maxAge);

// 21 > 0 = true
// 18 > 21 = false
// 42 > 21 = true
// 40 > 42 = false
// 64 > 42 = true
// 63 > 64 = false
// 34 > 64 = false
// maxAge 64
```

在以上程式碼中，ages 陣列最後被轉換成單一個數字，也就是所有數值中的最大值（64）。Array.reduce 函式接受兩個引數：第一個是回呼函式，第二個是起始值（也就是 0）。在執行的過程中，陣列中的所有元素都會被傳入回呼函數並執行一次。在第一次執行中，age 的值是 21 而 max 是 0（也就是我們提供的起始值），回呼函式會回傳兩者中較大的數值（也就是 21）。接著，21 就成了下一輪的 max 值，如此持續執行到陣列的結尾……過程中每一個元素都會被當作一次 age 並且與當下的 max 比較，較大者會被當作下一輪的 max，直到最後一個元素比較完畢並產生最終的最大值為止（也就是 64）。

如果我們將測試用的 console.log() 移除，並且使用條件運算子簡化 if/else 語法，便可以將以上功能縮短為一行：

```
const max = ages.reduce((max, value) => (value > max ? value : max), 0);
```

Array.reduceRight()

Array.reduceRight 和 Array.reduce 函式的運作原理基本相同，唯一的差異在於前者會從陣列的尾端開始計算，由右至左。

有時候，我們必須將陣列轉換為單一物件。以下程式碼示範了如何透過 Array.reduce 函式將一個包含色彩物件的陣列轉換為單一物件：

```
const colors = [
  {
    id: "xekare",
    title: "rad red",
    rating: 3
  },
  {
    id: "jbwsof",
    title: "big blue",
    rating: 2
  },
  {
    id: "prigbj",
    title: "grizzly grey",
    rating: 5
  },
  {
    id: "ryhbhsl",
    title: "banana",
    rating: 1
  }
];
```

```
const hashColors = colors.reduce((hash, { id, title, rating }) => {
  hash[id] = { title, rating };
  return hash;
}, {});

console.log(hashColors);

// {
//  "xekare": {
//    title:"rad red",
//    rating:3
//  },
// "jbwsof": {
//    title:"big blue",
//    rating:2
//  },
// "prigbj": {
//    title:"grizzly grey",
//    rating:5
//  },
// "ryhbhsl": {
//    title:"banana",
//    rating:1
//   }
// }
```

在以上程式碼中，Array.reduce() 一樣接受了兩個引數：一個回呼函式，以及一個 hash 參數的起始值，也就是空白物件 {}。在每一次迴圈中，回呼函式替 hash 物件添加了基於元素 id 的鍵值，並儲存元素剩餘的資訊——過程裡，Array.reduce() 將資料陣列轉變為單一值，也就是一個物件。

我們也可以透過 Array.reduce() 將資料陣列轉換為另一個截然不同的陣列。舉例來說，假設某個資料陣列包含了數個重複的元素，而我們必須將之縮減為只包含唯一數值的陣列：

```
const colors = ["red", "red", "green", "blue", "green"];

const uniqueColors = colors.reduce(
  (unique, color) =>
    unique.indexOf(color) !== -1 ? unique : [...unique, color],
  []
);

console.log(uniqueColors);

// ["red", "green", "blue"]
```

在上例中，原本的 colors 陣列被縮減成只剩下三種唯一的顏色。如同之前所示範的，我們提供了一個空白陣列 [] 作為 reduce() 的第二個引數，也就是 distinct 的起始值。當 distinct 陣列不包含某種顏色時，該顏色會被納入（反之則被忽略）。如此反覆，直到所有資料陣列中的元素都被檢查完成為止。

map 及 reduce 是函式導向語言最重要的武器——JavaScript 亦不例外，你必須精通這些函式才能成為優秀的 JS 工程師。此外，不論使用何種程式範式，都必須要能熟練地執行各種資料集的轉換才行。

高階函式

高階函式（*Higer-Order Function*）是指「操作函式」的函式。具體而言，高階函式是「接受或回傳函式」的函式。在本節前，我們其實已經示範了幾個高階函式。

高階函式可以接受函式作為引數，例如我們已經示範過的 Array.map、Array.filter 以及 Array.reduce。

以下程式碼將示範如何實作一個高階函式。我們創建了一個名為 invokeIf() 的高階函式，該函式會針對 condition 參數進行布林值判斷：若為真，則執行回呼函式 fnTrue；反之，則執行 fnFalse：

```
const invokeIf = (condition, fnTrue, fnFalse) =>
  condition ? fnTrue() : fnFalse();

const showWelcome = () => console.log("Welcome!!!");

const showUnauthorized = () => console.log("Unauthorized!!!");

invokeIf(true, showWelcome, showUnauthorized); // "Welcome!!!"
invokeIf(false, showWelcome, showUnauthorized); // "Unauthorized!!!"
```

在以上程式碼中，高階函式 invokeIf 有三個參數，其中後兩個皆為函式，分別在 condition 為真或假時執行——在範例裡，我們傳入了 showWelcome 以及 showUnauthorized 用以印出歡迎字串或是錯誤訊息。

高階函式常用於解決 JavaScript 中非同步行為的難題。透過高階函式的概念，我們可以創造出具備高度重用性的函式。

柯里化（*Currying*）即是高階函式中一個重要的技巧。在以下範例中，userLogs 函式依照接受到的資訊（也就是 username）來產生並回傳另一個函式。該回傳函式所印出的 log 將會前綴之前所得到的 username。請注意這裡我們使用到了第 2 章中 fetch 與 getFakePerson 的概念：

```
const userLogs = userName => message =>
  console.log(`${userName} -> ${message}`);

const log = userLogs("grandpa23");

log("attempted to load 20 fake members");

fetch("https://api.randomuser.me/?nat=US&results=20")
  .then(res => res.json())
  .then(json => json.results)
  .then(members => log(`successfully loaded ${members.length} members`))
  .catch(error => log("encountered an error loading members"));

// grandpa23 -> attempted to load 20 fake members
// grandpa23 -> successfully loaded 20 members
```

在上例中，userLogs() 是一個高階函式，它結合 "grandpa23" 產生了 log() 函式。該函式每次印出訊息時，都會因此前綴 "grandpa23"[譯註 2]。

遞迴

遞迴（Recursion）意指讓一個函式呼叫自己。在大多數的時候，牽涉到迴圈的操作都可以透過遞迴來完成。舉例來說，假設我們有一項必須執行十次的操作，我們可以透過 for 迴圈來完成，也可以透過遞迴來完成。以下程式碼示範了遞迴的實作方法：

```
const countdown = (value, fn) => {
  fn(value);
  return value > 0 ? countdown(value - 1, fn) : value;
};

countdown(10, value => console.log(value));
```

譯註 2 Haskell Curry 是二十世紀美國重要的數學家。他的函式理論為程式語言以及編譯器的發展帶來了重大貢獻。其中**柯里化**（Currying）這個數學概念便是以他的姓氏為名。柯里化的內涵在於：一個接受多個引數的函式可以改寫（也就是柯里化）為一連串**只接受單一引數且返還另一個函式**的高階函式。在上例中，userLogs 即是一個經過充分「柯里化」的函式——因為一次只接受一個引數，函式之間可以任意拆分與重組。本章的最後一節「綜合演練」中函式導向的部分即使用了大量柯里化的技巧，讀者可以留心對照。

```
// 10
// 9
// 8
// 7
// 6
// 5
// 4
// 3
// 2
// 1
// 0
```

在上例中，countdown() 接受一個數字以及一個函式作為引數。在呼叫時，我們傳入了 10 以及一個印出當前數字的箭頭函式。每當 countdown() 被呼叫時，箭頭函式也會隨之被呼叫一次。接著，countdown() 會確認 value 是否大於零——如果是，則 value 遞減並再次呼叫自己。這個函式會持續執行，直到 value 歸零為止。

遞迴語法與非同步操作有非常好的相容性。當狀態就緒時（例如資料準備完成或是計時器結束），函式可以呼叫自己。

我們可以在 countdown() 函式中加入延遲。這麼一來，該函式就可以被作為一個計時器：

```
const countdown = (value, fn, delay = 1000) => {
  fn(value);
  return value > 0
    ? setTimeout(() => countdown(value - 1, fn, delay), delay)
    : value;
};

const log = value => console.log(value);
countdown(10, log);
```

在上例中，我們建構了一個十秒的倒數計時器並呼叫它。然而，我們並沒有直接立刻再次讓它進入遞迴，相反地，我們先等待了一秒鐘，因此該函式具有計時的功能。

遞迴也是搜尋資料時的重要技巧，你可以透過遞迴來訪問任何樹狀結構——例如資料夾與 HTML DOM，並藉此搜尋諸如「只包含檔案的資料夾」或是「沒有子元素的節點」等條件。在下一個案例中，我們將透過遞迴來深入一個巢狀的物件並取得目標值：

```
const dan = {
  type: "person",
  data: {
    gender: "male",
```

```
      info: {
        id: 22,
        fullname: {
          first: "Dan",
          last: "Deacon"
        }
      }
    }
  };

  deepPick("type", dan); // "person"
  deepPick("data.info.fullname.first", dan); // "Dan"
```

在上例中，deepPick() 可以取得第一層物件的 type 值，或是深入巢狀物件取出諸如 first 的屬性值。該函式接受逗點分隔的巢狀鍵值字串，以及一個要探索的目標物件，該函式可透過遞迴實作如下：

```
const deepPick = (fields, object = {}) => {
  const [first, ...remaining] = fields.split(".");
  return remaining.length
    ? deepPick(remaining.join("."), object[first])
    : object[first];
};
```

在上述 deepPick() 的實作中，函式先將鍵值字串 fields 透過 split() 拆解，並透過陣列解構指派給 first 以及 remaining 變數。如果 remaining 陣列中仍存在值，則透過遞迴繼續深入巢狀物件；反之，則返還 first 鍵所對應的物件屬性值。

遞迴呼叫會持續進行，直到鍵值字串 fields 不包含任何半形逗點為止。以下 log 紀錄了每次遞迴時 first、remaining、以及 object[first] 的值，你可以透過這樣的紀錄來掌握遞迴函式「自己呼叫自己」的精神：

```
deepPick("data.info.fullname.first", dan); // "Dan"

// First Iteration
// first = "data"
// remaining.join(".") = "info.fullname.first"
// object[first] = { gender: "male", {info} }

// Second Iteration
// first = "info"
// remaining.join(".") = "fullname.first"
// object[first] = {id: 22, {fullname}}

// Third Iteration
```

```
// first = "fullname"
// remaining.join("." = "first"
// object[first] = {first: "Dan", last: "Deacon" }

// Finally...
// first = "first"
// remaining.length = 0
// object[first] = "Deacon"
```

遞迴不止功能強大，實作起來也很有趣。

函式組合

函式導向編程的精髓在於：將邏輯拆分成各種功能性的小型純函式，再透過這些函式來架構起應用。在架構的過程中，我們必須將函式進行組合、呼叫、平行化……直到完成應用。

函式的組合有許多不同的實作方案、設計模式以及技巧，其中之一就是我們已經示範過的「串接」。在 JavaScript 中，函式可以透過半形逗點進行串接，將前一個函式的回傳值進行後續的處理。

以字串的 `String.replace()` 方法為例，該函式會回傳替代過後的字串——這個字串也可以繼續呼叫 `.replace()` 方法。因此，我們可以將多個 `.replace()` 串接起來：

```
const template = "hh:mm:ss tt";
const clockTime = template
  .replace("hh", "03")
  .replace("mm", "33")
  .replace("ss", "33")
  .replace("tt", "PM");

console.log(clockTime);

// "03:33:33 PM"
```

在上例中，我們將多個字母字串替換成了數字字串。請注意原本的 `template` 字串並沒有被修改（因為 `.replace()` 是純函式），可以繼續使用作為模板。

再舉一例，假設我們有一個 `both()` 函式，它呼叫了 AB 兩個函式來處理數值，A 函式的回傳值接著被輸入 B 函式：

```
const both = date => appendAMPM(civilianHours(date));
```

然而，這樣的語法並不容易閱讀與維護（你可以想像如果堆疊起二十個函式會發生什麼事嗎？）。

比較優雅的解決方案是：創建一個用於組合多個函式（成為一個更大的函式）的高階函式：

```
const both = compose(
  civilianHours,
  appendAMPM
);

both(new Date());
```

使用 compose() 的語法看起來舒服多了吧。這樣的程式碼非常容易擴充，你可以在任何時候添加或插入函式，或是修改順序等等。

compose() 函式是一個高階函式，他接受一個或多個函式並且返還組合過後的函式：

```
const compose = (...fns) => arg =>
  fns.reduce((composed, f) => f(composed), arg);
```

在以上程式碼中，我們用非常簡潔的語法實作了 compose。首先，我們透過延展運算子將輸入的函式集合成一個陣列 fns；接著返還了一個新函式（該函式接受一個引數 arg）。當這個新函式被呼叫時，fns 當中的第一個函式便會開始處理值，並將返還值傳遞給下一個函式——你可以想像這其實就是 Bash 中的 pipe 運算。請注意 arg 會被當作 Array.reduce() 的起始值（也就是第二個引數）。

以上，我們簡單地示範了 compose() 函式的實作以及相關的應用技巧。在未來，Compose 的概念可以變得更加複雜，例如接受一個以上的引數，或是接受非函式類的引數[譯註 3]。

綜合演練

討論至此，我們已經介紹完大部分函式導向編程當中重要的概念了。在本節中，我們將對這些技巧進行綜合的演練，並建構一個小型的 JavaScript 應用。

我們將示範如何建構一個時鐘，其功能條列如下：

- 顯示本地時間，格式為兩位數的時 / 分 / 秒以及 AMPM。
- 每秒改變顯示時間。

[譯註 3] 如果這個範例令你感到混亂，建議重新複習本章中〈資料轉換〉一節當中 Array.reduce() 的解說。

首先，我們來檢視命令列式的程式碼：

```
// 每秒紀錄時間
setInterval(logClockTime, 1000);

function logClockTime() {
  // 取得時間字串
  let time = getClockTime();
  // 清理控制台並印出時間
  console.clear();
  console.log(time);
}

function getClockTime() {
  // 取得現在時間
  let date = new Date();
  // 轉換為物件
  let time = {
    hours: date.getHours(),
    minutes: date.getMinutes(),
    seconds: date.getSeconds(),
    ampm: "AM"
  };
  // 轉換為十二小時制
  if (time.hours == 12) {
    time.ampm = "PM";
  } else if (time.hours > 12) {
    time.ampm = "PM";
    time.hours -= 12;
  }
  // 時：當有必要時，前綴 0
  if (time.hours < 10) {
    time.hours = "0" + time.hours;
  }
  // 分：當有必要時，前綴 0
  if (time.minutes < 10) {
    time.minutes = "0" + time.minutes;
  }
  // 秒：當有必要時，前綴 0
  if (time.seconds < 10) {
    time.seconds = "0" + time.seconds;
  }
  // 轉換物件為字串：hh:mm:ss tt
  return time.hours + ":" + time.minutes + ":" + time.seconds + " " + time.ampm;
}
```

以上程式碼可以順利運作（你可以透過註解來了解發生了什麼事）。然而，函式過於龐大且語法複雜，因此難以理解與維護，且非常仰賴大量註解。接下來，我們要透過函式導向的技巧來將之優化。

我們的目標就是將應用程式的邏輯拆分成小型的函式，並且盡量使用函式取代數值：

```
const oneSecond = () => 1000;
const getCurrentTime = () => new Date();
const clear = () => console.clear();
const log = message => console.log(message);
```

接著，我們需要實作一些函式來執行資料轉型。以下三個函式將用來將 new Date() 資料轉型成我們的時鐘上輸出的格式：

serializeClockTime

接受一個 Date 物件並轉變為一個包含時 / 分 / 秒的物件

civilianHours

將時間由 24 小時制轉為 12 小時制，舉例來說，13:00 會被轉為 01:00

appendAMPM

為物件添加 .ampm 的屬性

```
const serializeClockTime = date => ({
  hours: date.getHours(),
  minutes: date.getMinutes(),
  seconds: date.getSeconds()
});

const civilianHours = clockTime => ({
  ...clockTime,
  hours: clockTime.hours > 12 ? clockTime.hours - 12 : clockTime.hours
});

const appendAMPM = clockTime => ({
  ...clockTime,
  ampm: clockTime.hours >= 12 ? "PM" : "AM"
});
```

以上的三個函式都是標準的資料轉型函式——它們不會修改到原本輸入的資料；換言之，原本的資料被視作不可變的。

接下來，我們需要幾個高階函式：

display

接受一個目標函式（我們使用 console.log）並回傳一個「接受時間，並傳遞給目標函式的」函式。

formatClock

接受一個樣板字串（我們使用 "hh:mm:ss"），並回傳一個「接受時間物件，並回傳格式化字串的」函式。

prependZero

接受一個物件的鍵值，並回傳一個「接受物件，並修改鍵值內容為前綴零字串的」函式。

```
const display = target => time => target(time);

const formatClock = format => time =>
  format
    .replace("hh", time.hours)
    .replace("mm", time.minutes)
    .replace("ss", time.seconds)
    .replace("tt", time.ampm)
;

const prependZero = key => clockTime => ({
  ...clockTime,
  key: clockTime[key] < 10 ? "0" + clockTime[key] : clockTime[key]
});
```

請注意這三個高階函式都會回傳另一個函式（我們稱之為工具函式）。其中 display 與 formatClock 都會被呼叫一次，用以產生適合我們應用的工具函式；而 prependZero 則會每秒都被呼叫一次，用以為時間加上前綴的零。

現在，我們已經有了所有必須的基礎函式。接下來，我們將使用 compose() 來建構組合函式：

convertToCivilianTime

接受一個二十四小時制的時間物件，並轉型為十二小時制。

doubleDigits

接受一個十二小時制的時間物件，創建副本，並將時 / 分 / 秒轉型為前綴零的字串。

startTicking()

開始計時，並每秒執行我們組合的回呼函式——回呼函式使用到了我們定義的所有函式：每隔一秒，控制台就會被清空、取得現在時間、轉型成物件、轉型成十二小時制、轉型字串、顯示……如此持續進行。

```
const convertToCivilianTime = clockTime =>
  compose(
    appendAMPM,
    civilianHours
  )(clockTime)
;

const doubleDigits = civilianTime =>
  compose(
    prependZero("hours"),
    prependZero("minutes"),
    prependZero("seconds")
  )(civilianTime)
;

const startTicking = () =>
  setInterval(
    compose(
      clear,
      getCurrentTime,
      serializeClockTime,
      convertToCivilianTime,
      doubleDigits,
      formatClock("hh:mm:ss tt"),
      display(log)
    ),
    oneSecond()
  )
;

startTicking();
```

大功告成！函式導向的宣告式語法其實和命令式語法做了一樣的事，但卻有許多優勢：首先，所有函式都非常容易測試與重複使用——你可以非常快速地建構起另一個版本的時鐘；此外，這樣的語法非常容易達成團隊協作；最後，我們的應用沒有使用任何全域變數，函式也沒有任何副作用，就算 Bug 發生，也非常容易找到。

在本章中，我們深入探討了函式導向的設計原則。在接下來的內容裡，我們將為你介紹各種 React 的最佳實作方案——你會驚訝地發現許多最棒的技巧都和函式導向的精神有關。

函式導向編程是 React 的基石。在具備對函式的深入了解後，在下一章中，我們將正式進入 React 的世界。

第四章

React 的運作原理

奮鬥至此，我們已經演練了最新的 JavaScript 語法；也掌握了函式導向編程的要義。有了這些準備，我們終於可以開始討論 React 的運作原理。

React 通常會與 JSX 合併使用（一個以標籤為基礎的 JavaScript 擴充語法，閱讀起來類似 HTML）。我們會在下一章中深入探討 JSX，並持續使用至本書結尾。在那之前，我們要先來研究 React 中最基本的組成單位：React 元素（React Element）；以及如何透過 **React 元件**（React Component）來組合多個元素以及子原件。

建構頁面

為了讓 React 能在瀏覽器中運作，我們必須導入兩個函式庫 React 以及 ReactDOM：前者用於建構介面的資料結構；後者則負責將前者**渲染**（Render）至瀏覽器中。這兩個函式庫都可以從 unpkg CDN 中下載（連結請見以下 HTML 代碼）：

```
<!DOCTYPE html>
<html>
  <head>
    <meta charset="utf-8" />
    <title>React Samples</title>
  </head>
  <body>
    <!-- 即將填入頁面內容的容器 -->
    <div id="root"></div>
    <!-- 下載 React & ReactDOM 函式庫 ( 開發者模式 )-->
    <script
      src="https://unpkg.com/react@16/umd/react.development.js">
    </script>
    <script
```

```
      src="https://unpkg.com/react-dom@16/umd/react-dom.development.js">
    </script>
    <script>
      // 由此開始編寫 React JavaScript 程式碼
    </script>
  </body>
</html>
```

以上 HTML 示範了一個最小規模的 React 應用。我們可以將自己的 JavaScript 代碼放在另一個 JS 檔案中，但必須在 React 之後；此外，我們使用 React 的測試版本，如此一來便可以直接在控制台中看到錯誤訊息；在正式環境中，也可以使用 **reactdom.production.min.js** 以及 **react.production.min.js**。

React 元素

HTML 是一系列讓瀏覽器建構 **DOM**（Document Object Model）的標記。當瀏覽器讀取 HTML 文件時，其中的 HTML 元素會被解析為 DOM 元素，最後顯示成使用者介面（User Interface）。

假設我們要建構一個食譜的 HTML 應用，那麼 HTML 碼可能看起來像這樣：

```
<section id="baked-salmon">
  <h1>Baked Salmon</h1>
  <ul class="ingredients">
    <li>2 lb salmon</li>
    <li>5 sprigs fresh rosemary</li>
    <li>2 tablespoons olive oil</li>
    <li>2 small lemons</li>
    <li>1 teaspoon kosher salt</li>
    <li>4 cloves of chopped garlic</li>
  </ul>
  <section class="instructions">
    <h2>Cooking Instructions</h2>
    <p>Preheat the oven to 375 degrees.</p>
    <p>Lightly coat aluminum foil with oil.</p>
    <p>Place salmon on foil</p>
    <p>Cover with rosemary, sliced lemons, chopped garlic.</p>
    <p>Bake for 15-20 minutes until cooked through.</p>
    <p>Remove from oven.</p>
  </section>
</section>
```

HTML 內的元素間會以樹狀結構相連。在上例中，根元素（Root Element）具有三個子元素，分別是標題 h1、食材清單 ul 以及烹飪步驟清單 section。

在過去，網站是由多個不同的 HTML 頁面所組成：當使用者瀏覽另一個頁面時，瀏覽器會向伺服器請求對應的 HTML 文件。**AJAX**（Asynchronous JavaScript and XML，非同步 JavaScrip 及 XML）的問世讓我們得以實作**一頁式應用**（Single-Page Application，簡稱 SPA）。一頁式網站的精神在於：既然瀏覽器可以透過 AJAX 傳送與請求局部的資料，那麼整個網站就可持續地透過 AJAX 和 JS 持續更新使用者介面，而不需要換頁。

在一頁式應用中，瀏覽器會先讀取一個 HTML 文件，當使用者瀏覽不同頁面時，JavaScript 會更新網站的局部介面——儘管使用者覺得自己已經切換了多個頁面，但事實上程式仍然停留在同一個 DOM 上。

DOM API 是一系列讓 JavaScript 可以操作 DOM 並與瀏覽器互動的物件。如果你使用過諸如 document.createElement 或是 document.appendChild 等方法，那代表你早就使用過 DOM API 了。

React 是一系列設計來操作瀏覽器 DOM 的函式庫。有了 React，我們不必再重新設計高效能的一頁式網站架構；此外，也不再需要直接呼叫 DOM API，而是針對 React 發出指令，讓 React 去聯繫瀏覽器。

瀏覽器的 DOM 是由一系列 DOM 元素構成的。同樣的道理，React DOM 也是由一群 React 元素構成。DOM 元素也許和 React 元素看起來相同，但其實不然。React 元素描述了 DOM 元素預期的樣貌，換句話說，它其實是一系列說明 DOM 元素應當「如何被建構」的指令。

以下程式碼示範了 React 如何透過 React.createElement 函式建構一個 h1 元素：

```
React.createElement("h1", { id: "recipe-0" }, "Baked Salmon");
```

在以上程式碼中，React.createElement() 的第一個引數是我們想要建構的元素類別（也就是 h1）；第二個引數代表該元素的屬性（我們為元素添加了 ID）；第三個元素則代表子元素：這意味著任何被包覆於 <h1></h1> 標籤中的子元素結點（我們使用了一些文字）。

在渲染（Render）的過程中，React 會將這個元素轉換為 DOM 元素：

```
<h1 id="recipe-0">Baked Salmon</h1>
```

React 元素其實是一個平凡的 JavaScript 的物件，用以指引 React 如何建構一個 DOM 元素。如果我們試著將其印出，會得到這樣的資訊：

```
{
  $$typeof: Symbol(React.element),
  "type": "h1",
  "key": null,
  "ref": null,
  "props": {id: "recipe-0", children: "Baked Salmon"},
  "_owner": null,
  "_store": {}
}
```

以上資訊展示了 React 元素的結構：type 描述 React 該建構的元素類別；而 prop 則傳達建構 DOM 元素所需要的資料以及子元素。其中部分屬性是 React 自行建構的，例如 _owner、_store 以及 $$typeof。key 與 ref 是 React 當中重要的屬性，我們稍後會介紹。

建構元素

以上程式碼只是作為入門的示範。在實務中，我們不會真的透過 JavaScript 原生的物件語法去創造 React 元素，而是使用像是 React.createElement 等函式。

React DOM

創建了 React 元素後，我們接著要將其呈現在瀏覽器中。ReactDOM 包含了可以將 React 元素渲染（Render）至瀏覽器中的工具。

我們將透過 React.render 函式來將 React 元素（及其子元素）渲染至瀏覽器的 DOM 中。在呼叫 React.render 時，我們將要渲染的元素作為第一個引數；並將目標的 DOM 節點作為第二個引數：

```
const dish = React.createElement("h1", null, "Baked Salmon");

ReactDOM.render(dish, document.getElementById("root"));
```

以上程式碼會將 h1 元素渲染至 HTML 檔案中的指定節點 <div id=root>。一般而言，我們會建構一個 ID 為 root 的容器，而不會直接使用 body 標籤：

```
<body>
  <div id="root">
    <h1>Baked Salmon</h1>
  </div>
</body>
```

你可以在 ReactDOM 函式庫中找到所有與渲染相關的工具。在 React 16 前，我們一次只能渲染一個元素；在當前的版本中，則可以渲染一整個元素陣列——當這個功能在 2017 年的 React 研討會中被推出時，可說是普世歡騰：

```
const dish = React.createElement("h1", null, "Baked Salmon");
const dessert = React.createElement("h2", null, "Coconut Cream Pie");

ReactDOM.render([dish, dessert], document.getElementById("root"));
```

以上程式碼示範了如何一次渲染多個元素至 root 容器中——希望你有感受到那種「我好興奮啊！」的感覺。

Children

React 使用 props.children 來渲染子元素（Children）。在前一個範例中，我們在 h1 中使用了一段文字作為子元素，因此 React 元素物件的 props.children 的值就會被設定為文字 "Baked Salmon"。除了文字之外，我們也可以加入其他的元素作為子元素。這樣的樹狀結構稱之為**元素樹**（Element Tree）：一顆樹具有一個根元素，以及許多分支。

假設以下的無序號列表（Unordered List）包含了食譜中的眾多材料。其中 ul 是根元素，而 li 則是子元素：

```
<ul>
  <li>2 lb salmon</li>
  <li>5 sprigs fresh rosemary</li>
  <li>2 tablespoons olive oil</li>
  <li>2 small lemons</li>
  <li>1 teaspoon kosher salt</li>
  <li>4 cloves of chopped garlic</li>
</ul>
```

我們可以透過 React.createElement 函式來表達上述的 HTML 結構：

```
React.createElement(
  "ul",
  null,
  React.createElement("li", null, "2 lb salmon"),
  React.createElement("li", null, "5 sprigs fresh rosemary"),
  React.createElement("li", null, "2 tablespoons olive oil"),
  React.createElement("li", null, "2 small lemons"),
  React.createElement("li", null, "1 teaspoon kosher salt"),
  React.createElement("li", null, "4 cloves of chopped garlic")
);
```

在以上程式碼中，前兩個引數以外的引數都會被視作子元素。React 會創建一個子元素陣列並指派給根元素物件的 props.children。我們可以透過 console.log 函式來檢視創造出來的物件結構：

```
const list = React.createElement(
  "ul",
  null,
  React.createElement("li", null, "2 lb salmon"),
  React.createElement("li", null, "5 sprigs fresh rosemary"),
  React.createElement("li", null, "2 tablespoons olive oil"),
  React.createElement("li", null, "2 small lemons"),
  React.createElement("li", null, "1 teaspoon kosher salt"),
  React.createElement("li", null, "4 cloves of chopped garlic")
);

console.log(list);
```

印出的結果如下：

```
{
    "type": "ul",
    "props": {
    "children": [
    { "type": "li", "props": { "children": "2 lb salmon" } … },
    { "type": "li", "props": { "children": "5 sprigs fresh rosemary"} … },
    { "type": "li", "props": { "children": "2 tablespoons olive oil" } … },
    { "type": "li", "props": { "children": "2 small lemons"} … },
    { "type": "li", "props": { "children": "1 teaspoon kosher salt"} … },
    { "type": "li", "props": { "children": "4 cloves of chopped garlic"} … }
    ]
    ...
    }
}
```

在以上資訊中，我們可以見到每個 `li` 都是子元素了。但假設我們想要建構與前述 HTML 檔案相同的結構呢：`section` 之下有三個子元素 `h1`、`ul` 與 `section`。如此一來，就要呼叫一連串的 `createElement`:

```
React.createElement(
  "section",
  { id: "baked-salmon" },
  React.createElement("h1", null, "Baked Salmon"),
  React.createElement(
    "ul",
    { className: "ingredients" },
    React.createElement("li", null, "2 lb salmon"),
    React.createElement("li", null, "5 sprigs fresh rosemary"),
    React.createElement("li", null, "2 tablespoons olive oil"),
    React.createElement("li", null, "2 small lemons"),
    React.createElement("li", null, "1 teaspoon kosher salt"),
    React.createElement("li", null, "4 cloves of chopped garlic")
  ),
  React.createElement(
    "section",
    { className: "instructions" },
    React.createElement("h2", null, "Cooking Instructions"),
    React.createElement("p", null, "Preheat the oven to 375 degrees."),
    React.createElement("p", null, "Lightly coat aluminum foil with oil."),
    React.createElement("p", null, "Place salmon on foil."),
    React.createElement(
      "p",
      null,
      "Cover with rosemary, sliced lemons, chopped garlic."
    ),
    React.createElement(
      "p",
      null,
      "Bake for 15-20 minutes until cooked through."
    ),
    React.createElement("p", null, "Remove from oven.")
  )
);
```

React 的 className

class 是 JavaScript 中的保留關鍵字。因此在 React 中，任何使用到 HTML 的 class 屬性的語法都必須改為 className。以上的程式碼是所謂的「Pure React」，也就是實際在瀏覽器中被執行的底層程式碼。一個 React 應用其實就是一棵完整的元素樹，React 的核心會基於元素樹的狀態操作 DOM 的渲染。

透過資料建構元素

React 所能帶來最主要的好處之一在於「將資料與 HTML 元素分離」。React 本身就是 JavaScript，因此我們可以使用函式導向程式設計的技巧來建構元素樹。舉例來說：將食材儲存在一個陣列中，接著使用 Array.map 函式來建構 React 元素。

且讓我們重新檢視以下無序列表：

```
React.createElement(
  "ul",
  null,
  React.createElement("li", null, "2 lb salmon"),
  React.createElement("li", null, "5 sprigs fresh rosemary"),
  React.createElement("li", null, "2 tablespoons olive oil"),
  React.createElement("li", null, "2 small lemons"),
  React.createElement("li", null, "1 teaspoon kosher salt"),
  React.createElement("li", null, "4 cloves of chopped garlic")
);
```

我們可以將列表中的資料抽出組成一個 JS 陣列：

```
const items = [
  "2 lb salmon",
  "5 sprigs fresh rosemary",
  "2 tablespoons olive oil",
  "2 small lemons",
  "1 teaspoon kosher salt",
  "4 cloves of chopped garlic"
];
```

有了這個陣列，就可以透過 map 函式動態地創建多個 li 元素，不再需要手動逐一編寫：

```
React.createElement(
  "ul",
  { className: "ingredients" },
  items.map(ingredient => React.createElement("li", null, ingredient))
);
```

在以上程式碼中，我們基於 items 陣列建構了同等長度的 React 元素陣列，並將 items 中的字串設定為該 React 元素的子元素——也就是 li 會展示出的文字[譯註1]。

執行程式碼後，會見到主控台印出警告訊息：

```
⊗ ▶Warning: Each child in an array or iterator should have a        runner-3.36.10.min.js:1
  unique "key" prop. Check the top-level render call using <ul>. See https://fb.me/react-
  warning-keys for more information.
```

圖 4-1　警告訊息：陣列中的子元素應該要具有唯一的 key 屬性值

當我們透過陣列與迴圈創建子元素時，React 會預期每一個子元素都具有獨特的 key。key 屬性是 React 用於提高 DOM 更新效率的機制。為此，我們可以在每一個子元素中加入唯一的 key 屬性——只要使用陣列的索引值即可：

```
React.createElement(
  "ul",
  { className: "ingredients" },
  items.map((ingredient, i) =>
    React.createElement("li", { key: i }, ingredient)
  )
);
```

這樣的作法暫時排除了警告訊息，我們將在後續討論 JSX 時詳述 key 的功能。

React 元件

不論應用的規模、內容或技術為何，使用者介面都是由眾多零件（例如按鈕、清單、標題等等）構成的。想像一個食譜應用吧：它包含了三個不同的食譜——儘管在每一個盒狀結構中的資料不同，但它們都使用了類似的零件：

[譯註1] 如果這個範例令你感到混亂，建議重新複習第三章〈資料轉型〉一節當中關於 Array.map 函式的解說。

Chicken Noodle Soup

- 2 tablespoons extra-virgin olive oil
- 1 yellow onion
- 2 medium carrots
- 2 stalks celery
- 8 cups chicken broth
- 1 16 oz package wide egg noodles
- 1 cup cooked chicken

Chop and saute onion, carrots, and celery in olive oil until soft. Add chicken broth and bring to boil. Add egg noodles and cook until soft. Add chicken and simmer.

Curried Egg Salad

- 12 hard boiled eggs
- ½ cup mayonnaise
- ¼ cup whole grain mustard
- 1 Tablespoon curry powder
- 1 teaspoon garlic powder
- ¼ cup finely chopped onion

Chop hard boiled eggs. Combine with other ingredients. Chill for at least 30 minutes before serving.

Oat Clusters

- 1 cup rolled oats
- 2 Tablespoons peanut butter
- ¼ cup walnuts
- ¼ cup dried cranberries
- 1 banana

Chop and saute onion, carrots, and celery in olive oil until soft. Add chicken broth and bring to boil. Add egg noodles and cook until soft. Add chicken and simmer.

圖 4-2　食譜應用：包含了菜單標題、材料、以及烹飪說明

在 React 中，我們將這樣的結構稱之為**元件**（Component）。React 元件可以使我們重複使用相近似的結構，並視需要傳入不同的資料集。

在使用 React 開發使用者介面時，你應該盡可能地將畫面中的元素拆解成可以重複使用的元件。以下圖為例：畫面中的標題、食材清單以及烹飪說明都是大區塊中的通用小零件，可考慮將之拆解：

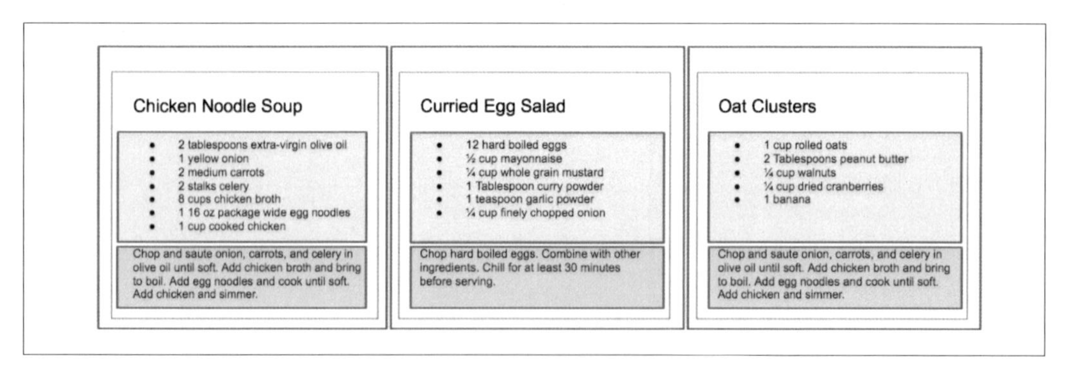

圖 4-3　將介面拆解為元件：深灰色外框為 app；淺灰色區塊為 IngredientsList；深灰色區塊為 Instructions

拆解元件可以為應用帶來可觀的擴充性：不論要呈現一個或一萬個食譜，都只需要反覆建構同樣的實體即可。

我們會透過編寫函式來建構元件，元件函式會回傳一個可重複使用的使用者介面零件。在以下範例中，我們將建構一個函式，該函式會回傳一個包含一系列甜點材料的無序清單 IngredientsList：

```
function IngredientsList() {
  return React.createElement(
    "ul",
    { className: "ingredients" },
    React.createElement("li", null, "1 cup unsalted butter"),
    React.createElement("li", null, "1 cup crunchy peanut butter"),
    React.createElement("li", null, "1 cup brown sugar"),
    React.createElement("li", null, "1 cup white sugar"),
    React.createElement("li", null, "2 eggs"),
    React.createElement("li", null, "2.5 cups all purpose flour"),
    React.createElement("li", null, "1 teaspoon baking powder"),
    React.createElement("li", null, "0.5 teaspoon salt")
  );
}

ReactDOM.render(
  React.createElement(IngredientsList, null, null),
  document.getElementById("root")
);
```

以上函式渲染出的 HTML 碼如下：

```
<IngredientsList>
  <ul className="ingredients">
    <li>1 cup unsalted butter</li>
    <li>1 cup crunchy peanut butter</li>
    <li>1 cup brown sugar</li>
    <li>1 cup white sugar</li>
    <li>2 eggs</li>
    <li>2.5 cups all purpose flour</li>
    <li>1 teaspoon baking powder</li>
    <li>0.5 teaspoon salt</li>
  </ul>
</IngredientsList>
```

看起來挺不錯的！不過我們似乎在函式中寫死（Hard Coding）太多東西了。如果可以建構一個 React 元件，該元件可以接受資料作為屬性，並且動態地產生子元素呢？也許在未來的 React 版本中，我們會見到類似的功能……

當然是騙你的！這項功能早就存在了。以下是一個食材陣列，我們將用它來產生食材清單：

```
const secretIngredients = [
  "1 cup unsalted butter",
  "1 cup crunchy peanut butter",
  "1 cup brown sugar",
  "1 cup white sugar",
  "2 eggs",
  "2.5 cups all purpose flour",
  "1 teaspoon baking powder",
  "0.5 teaspoon salt"
];
```

接著，我們可以調整 `IngredientsList` 元件，透過呼叫 `items` 的 `map` 方法來建構 `li` 元素——不論食材清單有多長都不是問題：

```
function IngredientsList() {
  return React.createElement(
    "ul",
    { className: "ingredients" },
    items.map((ingredient, i) =>
      React.createElement("li", { key: i }, ingredient)
    )
  );
}
```

創建元件時，我們必須將 `secretIngredients` 設定為屬性中的 `items`，並以物件的形式作為第二個引數傳給 `createElement()`。最後，我們必須將元件渲染至 DOM 中：

```
ReactDOM.render(
  React.createElement(IngredientsList, { items: secretIngredients }, null),
  document.getElementById("root")
);
```

以下 HTML 碼是渲染的結果。請注意 `items` 是一個包含八種食材的陣列；此外，因為我們是透過迴圈產生 `li` 標籤的，我們可以將迴圈的索引值作為唯一的 `key` 值：

```
<IngredientsList items="[...]">
  <ul className="ingredients">
    <li key="0">1 cup unsalted butter</li>
    <li key="1">1 cup crunchy peanut butter</li>
    <li key="2">1 cup brown sugar</li>
    <li key="3">1 cup white sugar</li>
    <li key="4">2 eggs</li>
    <li key="5">2.5 cups all purpose flour</li>
```

```
    <li key="6">1 teaspoon baking powder</li>
    <li key="7">0.5 teaspoon salt</li>
  </ul>
</IngredientsList>
```

這樣設計手法使得元件更加彈性——不論清單長度有多長，元件都可以妥善處理。

另一個可以優化的地方是：我們可以使用元件函式的 props 參數來參照至 items，而非透過父元素的全域空間來取用資料。透過將 prop 傳遞給元件，我們可以直接使用 prop.items：

```
function IngredientsList(props) {
  return React.createElement(
    "ul",
    { className: "ingredients" },
    props.items.map((ingredient, i) =>
      React.createElement("li", { key: i }, ingredient)
    )
  );
}
```

我們也可以應用本書第二章介紹的物件解構來簡化 props.items 的呼叫語法：

```
function IngredientsList({ items }) {
  return React.createElement(
    "ul",
    { className: "ingredients" },
    items.map((ingredient, i) =>
      React.createElement("li", { key: i }, ingredient)
    )
  );
}
```

以上，我們成功地透過 React 元件將使用者介面中的食材列表進行封裝（Encapsulate）。乾淨簡練，應有盡有。

React 元件的發展歷史

在函式風格的元件推出前，React 曾存在其他兩種創建元件的方式。儘管本書不會花太多篇幅探討這些舊語法，但概略地了解 React 的發展歷史仍是重要的；這亦有利於你維護那些舊版本的 React 專案。

元件的前世今生〈之一〉：createClass

在 2013 年 React 首度成為開源專案時，React.createClass 是當時創建元件的方式，其語法如下：

```
const IngredientsList = React.createClass({
  displayName: "IngredientsList",
  render() {
    return React.createElement(
      "ul",
      { className: "ingredients" },
      this.props.items.map((ingredient, i) =>
        React.createElement("li", { key: i }, ingredient)
      )
    );
  }
});
```

透過 createClass 函式創建的元件必須提供 render 方法，用以描述預期被回傳的 React 元素。儘管語法不同，但核心概念仍然是不變的：製作一個可重複使用的介面零件。

在 React 15.5 版（2017 年 4 月）當中，React 開始針對 createClass() 的呼叫發出警告訊息；到了 React 16 版（2017 年 9 月），官方已正式將其淘汰並且移至其專屬的套件 create-react-class 中。

元件的前世今生〈之二〉：類別元件

當 class 語法在 ES 2015 被加入 JavaScript 中時，React 也推出了對應的功能，使我們可以透過物件導向的語法以及 React.Component API 來創建 React 元件：

```
class IngredientsList extends React.Component {
  render() {
    return React.createElement(
      "ul",
      { className: "ingredients" },
      this.props.items.map((ingredient, i) =>
        React.createElement("li", { key: i }, ingredient)
      )
    );
  }
}
```

我們仍然可以透過類別語法來創建 React 元件，然而請做好心理準備，React 正計畫將之逐步淘汰。儘管現在一切運作如常，但你可以假設它終有一天會像 React.createClass 函式一樣被移除。這些舊語法曾經陪伴我們，但未來你將不會太常見到它們——因為他們會老而你會長大。從此刻起，本書將會全面使用函式來創建 React 元件，並且只簡略地提及舊語法以供參考。

第五章

JSX 與 React

在上一章中，我們探討了 React 的運作原理：將應用程式拆分成可重複使用的 React 元件（Component），再透過這些元件去渲染（Render）出使用者介面。為了教學效果，我們使用 `React.createElement` 函式演示了許多範例，但作為一個現代的 React 開發者，這並不是最有效率的做法——我們使用了過分複雜的 JavaScript 去建構一個龐大且難以閱讀的樹狀結構。為了使 React 的開發更有效率，我們需要 JSX。

JSX 是 JavaScript 的擴充語法，它讓我們可以在 JavaScript 中使用標籤式的語法來編寫 React 元素——「JS」亦即 JavaScript；而「X」則代表著 XML。JSX 有時候會和 HTML 混淆，因為它們看起來來有點像。然而，JSX 只是一套用來建構 React 元素的語法集——有了 JSX，我們將不必在一系列龐大且混亂的 JS 巢狀語法中尋找遺失的逗號。

在本章中，我們將為你介紹如何透過 JSX 來建構 React 應用。

使用 JSX 建構 React 元素

當 Facebook 團隊將 React 開源時，他們也釋出了能以簡潔的語法建構元件（連同其各種複雜屬性）的 JSX。JSX 設計的目的是希望 React 元件能更容易閱讀與理解——就像 HTML 及 XML 一般。在 JSX 中，元素的類別是透過標籤來設定的；而標籤上的屬性同時也就是元素的屬性。

我們可以透過 JSX 來產生元素與子元素。在 HTML 中，假設有一個無序清單（Unordered List），我們可以透過將子元素置於父元素的標籤中來表達：

```
<ul>
  <li>1 lb Salmon</li>
  <li>1 cup Pine Nuts</li>
  <li>2 cups Butter Lettuce</li>
  <li>1 Yellow Squash</li>
  <li>1/2 cup Olive Oil</li>
  <li>3 Cloves of Garlic</li>
</ul>
```

JSX 的概念與 HTML 一樣：只是將元件函式或類別的名稱對應至標籤。此外，我們還可以傳遞一個食材陣列給 `IngredientsList` 給 JSX 作為**屬性**（props）：

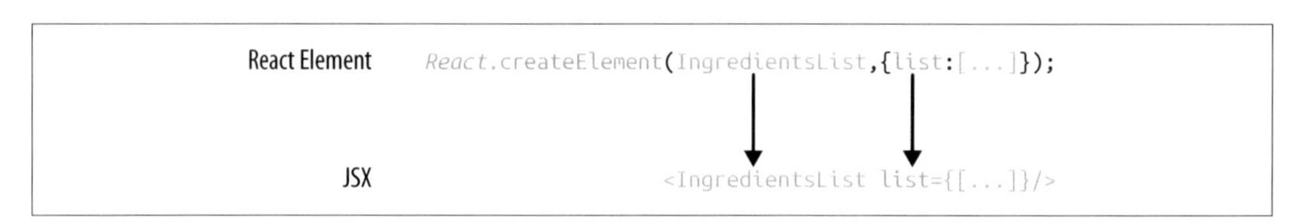

圖 5-1　語法對照：使用 JSX 建構 `IngredientsList` 元件

請注意在上例中，當我們將食材陣列傳遞給元件時使用了大括號 {}——因為陣列屬於 JavaScript 中的表達式（Expression），我們必須透過大括號包覆才能讓它正確地被解析。表達式泛指一切能被解析成值的程式語言單元（包含了數值、字串、陣列、物件、函式以及各種複合語法）。當我們使用 JS 傳遞 prop 給元件時，除了字串以外的表達式都必須使用大括號包覆。

JSX 的語法原則

JSX 最終會被編譯成標準的 JavaScript 並執行，它的語法看起來很類似 HTML，因此並不會讓你感到陌生。然而，有幾點值得注意：

巢狀元件

JSX 允許我們在元件中添加子元件。舉例來說，我們可以在父元件食材清單 `IngredientsList` 中添加多個子元件 `Ingredient` 並將之渲染：

```
<IngredientsList>
  <Ingredient />
  <Ingredient />
```

```
  <Ingredient />
</IngredientsList>
```

className

因為 class 在 JavaScript 中是保留字，當我們要使用 HTML 的 class 屬性時，必須改為 className：

```
<h1 className="fancy">Baked Salmon</h1>
```

JavaScript 表達式

在 JSX 中，JavaScript 表達式必須被放置在大括號中，該表達式會被解析為值。舉例來說，如果我們希望在元素中顯示 title 變數的值，我們可以使用大括號將該變數插入，JSX 會自動將其解析：

```
<h1>{title}</h1>
```

此外，除了字串以外的 JS 表達式，都應該使用大括號包覆：

```
<input type="checkbox" defaultChecked={false} />
```

複合表達式

大括號中的 JavaScript 語法都會被視作表達式進行解析。這意味著我們可以自由使用各種靈活的組合，例如字串連結或是函式呼叫：

```
<h1>{"Hello" + title}</h1>
<h1>{title.toLowerCase()}</h1>
```

在 JSX 中使用 map 方法處理陣列

JSX 就是 JavaScript，因此你可以放心地在函式中使用 JSX。舉例來說，將一個字串陣列透過 map 函式產生對應的 JSX 元素陣列：

```
<ul>
  {props.ingredients.map((ingredient, i) => (
    <li key="{i}">{ingredient}</li>
  ))}
</ul>
```

JSX 看起來簡潔易讀，但別忘了瀏覽器並不支援它。因此，所有使用到 JSX 語法的程式碼最終都必須被轉譯為類似 `createElement()` 式的 JavaScript，而 Babel 正是為此而生。

Babel

許多程式語言都必須先經過**編譯**（Compile）才能執行。不過，JavaScript 本身是一個直譯式語言，瀏覽器能在不編譯的情況下直接執行文字程式碼。然而，並不是所有的瀏覽器都支援最新的 JS 語法；同時也沒有任何一個瀏覽器支援 JSX。當 React 同時使用到這兩者時，我們必須找到一個工具可以將那些華麗的原始碼翻譯成瀏覽器能理解的普通 JS——這個過程就是 React 所謂的編譯，而 *Babel*（*https://babeljs.io*）便是一個最主流的解決方案。

Babel 的第一個版本公開於 2014 年 9 月，那時的專案名稱還叫做 *6to5*。顧名思義，它可以將 ES6 的語法編譯為 ES5，以解決瀏覽器支援度的問題。隨著專案的拓展，Babel 將目標修正得更為遠大，希望為所有最新版本的 ECMASript 解決支援問題——其中就包含了將 JSX 轉換為 JavaScript 的功能。在 2015 年 2 月，*6to5* 專案才正式改名為 Babel。

Babel 早已被 Facebook、Netfilx、Paypal、Airbnb 等公司使用於正式環境。Facebook 曾嘗試自行開發 JSX 轉換工具以適應內部的開發標準，但很快地便將之棄用並擁抱 Babel。

有許多方法可以導入 Babel。其中最簡單的就是在 HTML 中使用 Babel 的 CDN 連結——它會在用戶端執行程式碼前自動編譯任何具有 `type="text/babel"` 的 `script` 區塊。儘管這可能不是正規專案中最佳的解法，但卻很適合用來解說 JSX：

```
<!DOCTYPE html>
<html>
  <head>
    <meta charset="utf-8" />
    <title>React Examples</title>
  </head>
  <body>
    <div id="root"></div>

    <!-- React Library & React DOM -->
    <script
      src="https://unpkg.com/react@16.8.6/umd/react.development.js">
    </script>
    <script
      src="https://unpkg.com/react-dom@16.8.6/umd/react-dom.development.js">
```

```
    </script>
    <script
      src="https://unpkg.com/@babel/standalone/babel.min.js">
    </script>

    <script type="text/babel">
      // JSX code here. Or link to separate JavaScript file that contains JSX.
    </script>
  </body>
</html>
```

瀏覽器版的 Babel 會生警告訊息

當使用瀏覽器版的 Babel 時，你會見到「在正式環境中請預先編譯腳本」的警告訊息。這是正常的，在當前的測試專案中不需要擔心。在本章的後段，我們會介紹如何使用標準的 Bebel 編譯流程。

JSX 的食譜範例

JSX 提供了一個優雅的途徑來建構 React 元素——不只我們自己易於理解，對其他的開發者來說也具備絕佳的可讀性。但別忘了瀏覽器並不支援 JSX，因此我們仍必須先將之編譯成 JavaScript。

以下的資料陣列包含了兩個食譜物件，每一個物件都包含了食譜的名稱、食材陣列以及烹飪步驟陣列。它代表了我們的應用程式當前的狀態（State）：

```
const data = [
  {
    name: "Baked Salmon",
    ingredients: [
      { name: "Salmon", amount: 1, measurement: "l lb" },
      { name: "Pine Nuts", amount: 1, measurement: "cup" },
      { name: "Butter Lettuce", amount: 2, measurement: "cups" },
      { name: "Yellow Squash", amount: 1, measurement: "med" },
      { name: "Olive Oil", amount: 0.5, measurement: "cup" },
      { name: "Garlic", amount: 3, measurement: "cloves" }
    ],
    steps: [
      "Preheat the oven to 350 degrees.",
      "Spread the olive oil around a glass baking dish.",
      "Add the yellow squash and place in the oven for 30 mins.",
      "Add the salmon, garlic, and pine nuts to the dish.",
```

```
        "Bake for 15 minutes.",
        "Remove from oven. Add the lettuce and serve."
      ]
    },
    {
      name: "Fish Tacos",
      ingredients: [
        { name: "Whitefish", amount: 1, measurement: "l lb" },
        { name: "Cheese", amount: 1, measurement: "cup" },
        { name: "Iceberg Lettuce", amount: 2, measurement: "cups" },
        { name: "Tomatoes", amount: 2, measurement: "large" },
        { name: "Tortillas", amount: 3, measurement: "med" }
      ],
      steps: [
        "Cook the fish on the grill until cooked through.",
        "Place the fish on the 3 tortillas.",
        "Top them with lettuce, tomatoes, and cheese."
      ]
    }
  ];
```

我們想要以這些資料為基礎，藉此建構起使用者介面（User Interface）。這包含了兩個 React 元件：Menu 元件用以條列多個食譜；Recipe 元件則用來顯示單一食譜。我們會將上述資料傳遞給 Menu 作為 recipes 屬性，再將其渲染至 DOM 中：

```
// 資料：食譜物件的陣列
const data = [ ... ];

// Recipe 元件函式：用來顯示單一食譜
function Recipe (props) {
  ...
}

// Menu 元件函式：用以條列多個食譜
function Menu (props) {
  ...
}

// 呼叫 ReatDOM.render 將 Menu 渲染至 DOM 中
ReactDOM.render(
  <Menu recipes={data} title="Delicious Recipes" />,
  document.getElementById("root")
);
```

在 Menu 元件中，React 元素可以使用 JSX 表達。如以下程式碼所示，article 是包含一切元素的根元素；其下有一個巢狀的 header 以及 h1 元素；以及一個 div.recipes 元素作為多個食譜的容器。此外，props.title 的值會被當作 h1 的文字內容：

```
function Menu(props) {
  return (
    <article>
      <header>
        <h1>{props.title}</h1>
      </header>
    <div className="recipes">
    </div>
  </article>
  );
}
```

在 div.recipes 元素中，我們必須為每一個食譜建立一個 React 元件：

```
<div className="recipes">
  {props.recipes.map((recipe, i) => (
    <Recipe
      key={i}
      name={recipe.name}
      ingredients={recipe.ingredients}
      steps={recipe.steps}
    />
  ))}
</div>
```

在以上程式碼中，為了列出陣列中的所有食譜，必須使用大括號 {} 來包覆 JavaScript 的表達式。在大括號中，我們使用了 props.recipes 陣列的 map 函式將食譜陣列對應為一個 React 元件陣列。如同之前所提到的，每一個食譜都包含了名稱（name）、食材陣列（ingredients）以及烹飪步驟（steps），我們必須將這些資料傳入 Recipe 元件作為屬性。最後，別忘了提供一個唯一的 key 值來讓 React 能辨認這些元件。

我們可以再將以上的程式碼重構並簡化。JSX 支援如同 JavaScript 般的延展運算子（Spread Operator；三個半形逗點）。它會將所有食譜物件中的欄位添加為 Recipe 元件的屬性：

```
{
  props.recipes.map((recipe, i) => <Recipe key={i} {...recipe} />);
}
```

別忘了延展運算子會添加所有的物件欄位。儘管這很方便，但卻有可能因此導入了大量不必要的資料。

另一個可以改進的語法是 Menu 元件：它目前接受了 props 參數，然而，我們並不是真的需要其中所有的資料。因此，可以使用第 2 章中提到的物件解構（Object Destructuring）語法來取出確定需要的欄位。我們因此也得以直接取用 title 以及 recipes，而不需要再前綴 props：

```
function Menu({ title, recipes }) {
  return (
    <article>
      <header>
        <h1>{title}</h1>
      </header>
      <div className="recipes">
        {recipes.map((recipe, i) => (
          <Recipe key={i} {...recipe} />
        ))}
      </div>
    </article>
  );
}
```

接著，我們來撰寫 Recipe 元件的程式碼：

```
function Recipe({ name, ingredients, steps }) {
  return (
    <section id={name.toLowerCase().replace(/ /g, "-")}>
      <h1>{name}</h1>
      <ul className="ingredients">
        {ingredients.map((ingredient, i) => (
          <li key={i}>{ingredient.name}</li>
        ))}
      </ul>
      <section className="instructions">
        <h2>Cooking Instructions</h2>
        {steps.map((step, i) => (
          <p key={i}>{step}</p>
        ))}
      </section>
    </section>
  );
}
```

在以上程式碼中，我們使用了物件解構的語法，來抓出 name、ingredients 與 steps 這三個欄位。接著，就可以在函式中使用這三個變數，而不再需要透過前綴語法諸如 props.name 或是 props.ingredients、props.steps。

第一個出現的 JavaScript 表達式是用來為根元素 section 設定 id，它使用了食譜的名稱並將之預先轉換為小寫，且取代掉空白字元。舉例來說，「Baked Salmon」就會因此被轉換為「baked-salmon」（而「Boston Baked Beans」會被轉換為「boston-baked-beans」，依此類推）。此外，h1 中的文字也被設定為 name 的值。

在 ul 中，我們也使用了 JavaScript 表達式，將食材陣列 ingredients 中的所有食材透過 map 方法對應成以 JSX 表達的 li 元素，並將食材名稱設定為 li 的文字內容。在烹飪步驟陣列 instructions 中我們依然故技重施，透過 map 將資料陣列對應成代表段落的 p 元素並同時顯示文字——這兩個 map 語法會各自回傳一個對應的 React 元素陣列。

完整的程式碼如下：

```
const data = [
  {
    name: "Baked Salmon",
    ingredients: [
      { name: "Salmon", amount: 1, measurement: "l lb" },
      { name: "Pine Nuts", amount: 1, measurement: "cup" },
      { name: "Butter Lettuce", amount: 2, measurement: "cups" },
      { name: "Yellow Squash", amount: 1, measurement: "med" },
      { name: "Olive Oil", amount: 0.5, measurement: "cup" },
      { name: "Garlic", amount: 3, measurement: "cloves" }
    ],
    steps: [
      "Preheat the oven to 350 degrees.",
      "Spread the olive oil around a glass baking dish.",
      "Add the yellow squash and place in the oven for 30 mins.",
      "Add the salmon, garlic, and pine nuts to the dish.",
      "Bake for 15 minutes.",
      "Remove from oven. Add the lettuce and serve."
    ]
  },
  {
    name: "Fish Tacos",
    ingredients: [
      { name: "Whitefish", amount: 1, measurement: "l lb" },
      { name: "Cheese", amount: 1, measurement: "cup" },
      { name: "Iceberg Lettuce", amount: 2, measurement: "cups" },
      { name: "Tomatoes", amount: 2, measurement: "large" },
      { name: "Tortillas", amount: 3, measurement: "med" }
```

```
    ],
    steps: [
      "Cook the fish on the grill until hot.",
      "Place the fish on the 3 tortillas.",
      "Top them with lettuce, tomatoes, and cheese."
    ]
  }
];

function Recipe({ name, ingredients, steps }) {
  return (
    <section id={name.toLowerCase().replace(/ /g, "-")}>
      <h1>{name}</h1>
      <ul className="ingredients">
        {ingredients.map((ingredient, i) => (
          <li key={i}>{ingredient.name}</li>
        ))}
      </ul>
      <section className="instructions">
        <h2>Cooking Instructions</h2>
        {steps.map((step, i) => (
          <p key={i}>{step}</p>
        ))}
      </section>
    </section>
  );
}

function Menu({ title, recipes }) {
  return (
    <article>
      <header>
        <h1>{title}</h1>
      </header>
      <div className="recipes">
        {recipes.map((recipe, i) => (
          <Recipe key={i} {...recipe} />
        ))}
      </div>
    </article>
  );
}

ReactDOM.render(
  <Menu recipes={data} title="Delicious Recipes" />,
  document.getElementById("root")
);
```

當我們在瀏覽器中執行以上程式碼，React 會依照指令以及食譜資料建構出 UI（見圖 5-2）。

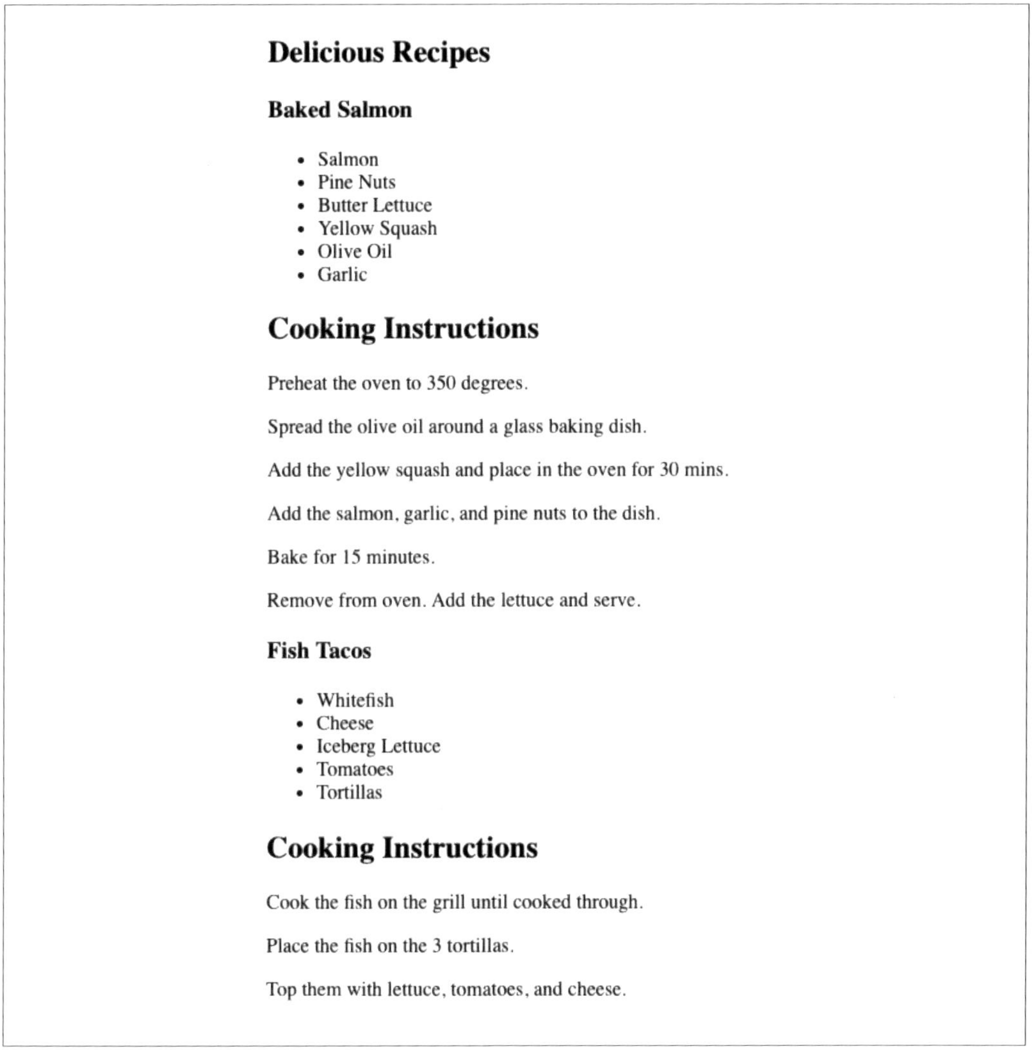

Delicious Recipes

Baked Salmon

- Salmon
- Pine Nuts
- Butter Lettuce
- Yellow Squash
- Olive Oil
- Garlic

Cooking Instructions

Preheat the oven to 350 degrees.

Spread the olive oil around a glass baking dish.

Add the yellow squash and place in the oven for 30 mins.

Add the salmon, garlic, and pine nuts to the dish.

Bake for 15 minutes.

Remove from oven. Add the lettuce and serve.

Fish Tacos

- Whitefish
- Cheese
- Iceberg Lettuce
- Tomatoes
- Tortillas

Cooking Instructions

Cook the fish on the grill until cooked through.

Place the fish on the 3 tortillas.

Top them with lettuce, tomatoes, and cheese.

圖 5-2　食譜輸出結果

我們可以透過 Chrome 或是 FireFox 的 **React 開發者工具**插件（React Developer Tools）來檢視當前元件樹的狀態。如圖 5-3 所示，先打開瀏覽器的開發者工具，並且選擇 Components 標籤即可。如果你尚未安裝 React 開發者工具，可以參考本書第 1 章中的相關說明。

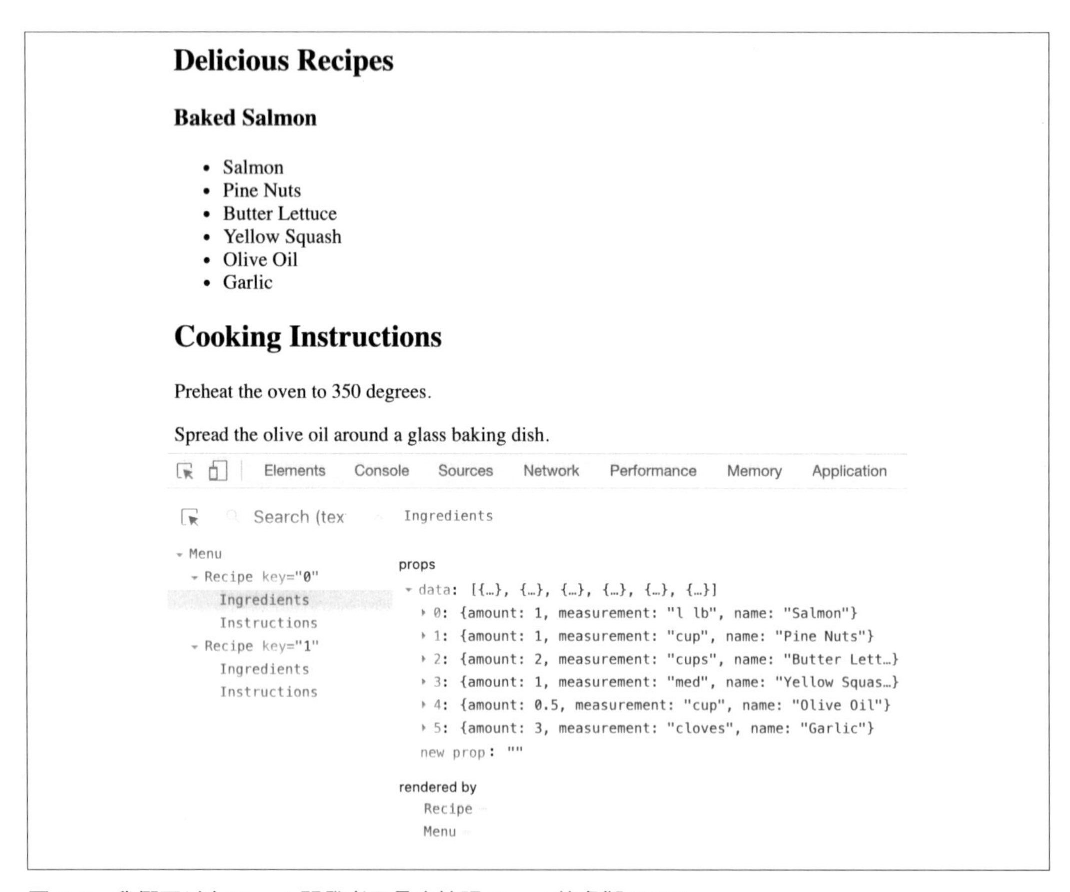

圖 5-3　我們可以在 React 開發者工具中檢視 React 的虛擬 DOM

在此我們可以見到 `Menu` 以及其子元素。`data` 陣列包含了兩個食譜物件，我們將之對應為兩個 `Recipe` 元件：每一個 `Recipe` 元件都具有 `name`、`ingredients` 以及 `steps` 屬性。接著，`ingredients` 與 `steps` 內的屬性會被再往下傳遞給元素作為 `props`。

元件樹（Component Tree）是基於我們傳遞給 `Menu` 元件的資料所建立的。如果我們修改了 `recipes` 陣列並且重新渲染 `Menu` 物件，React 會以最快的速度將新的狀態同步至 DOM 中。

React Fragment

在前一節中，我們渲染了 Menu 元件及其子元件 Recipe。接下來要花點時間介紹一個較小的功能：透過 React Fragment 來渲染一對兄弟元件（Sibling Components）。首先，我們先建立一個 Cat 的新元件，並將之渲染至 root：

```
function Cat({ name }) {
  return <h1>The cat's name is {name}</h1>;
}

ReactDOM.render(<Cat name="Jungle" />, document.getElementById("root"));
```

以上範例能順利地產出 h1。但如果我們想在 h1 之後再加上一個同級的兄弟元素 p 呢？

```
function Cat({ name }) {
  return (
    <h1>The cat's name is {name}</h1>
    <p>He's good.</p>
  );
}
```

很不幸地，控制台立刻回報了錯誤：Adjacent JSX elements must be wrapped in an enclosing tag（相鄰的 JSX 元素必須被包覆在一個封閉的標籤中）。React Fragment 正是為此而生的！因為 React 不會同時渲染兩個或以上的鄰近兄弟元素，我們必須將這些元素包覆在同一個封閉標籤（例如 div）中。然而，這樣的做法會產生許多沒有意義的包裝標籤。

在這個情況下，我們可以使用 React.Fragment 代替：

```
function Cat({ name }) {
  return (
    <React.Fragment>
      <h1>The cat's name is {name}</h1>
      <p>He's good.</p>
    </React.Fragment>
  );
}
```

上述的程式碼解除了警告訊息。我們也可以使用 React.Fragment 的簡寫來使語法更佳簡練：

```
function Cat({ name }) {
  return (
    <>
      <h1>The cat's name is {name}</h1>
```

```
      <p>He's good.</p>
    </>
  );
}
```

如果去檢視 DOM，會發現 React.Fragment 並沒有被渲染成任何標籤：

```
<div id="root">
  <h1>The cat's name is Jungle</h1>
  <p>He's good</p>
</div>
```

Fragment 是 React 相對較新的功能。總而言之，它可以為我們省去一個額外的容器標籤，使 DOM 的結構更加乾淨。

Webpack

在進入 React 的實務開發後，許多額外的問題會逐漸浮現。例如：我們應該如何處理 JSX 與 ESNext 的編譯？相依性該如何管理？我們又要如何優化圖像與 CSS 檔案？

為了解決問題，許多工具相應而生，例如 Browserify、gulp、Grunt、Prepack 等等族繁不及備載。而 *Webpack* 因為其優異的功能以及大型軟體公司的廣泛採用，成為了其中的領導者。

React 生態系已經成熟到發展出了許多快速啟動工具，像是 Create React App、Gatsby 以及 Code Sandbox。在使用這些工具時，許多打包與編譯的流程都被抽象化掉了。在接下來的內容中，我們會為你示範如何「親手」設定 Webpack 的建構流程。在這個年代，概念性地掌握 Webpack 如何建構與編譯 React 仍然相當重要；但建構工具的使用細節則未必需要完全了解——如果你想要略過這些內容，其實亦無不可。

Webpack 是一個模組打包工具（Module Bundler）。在前端開發領域中，模組打包工具接受各種不同的檔案類別（例如 JavaScript、LESS、CSS、JSX、ESNext 等等）並將之轉換成單一檔案。這個過程我們統稱為**打包**（Bundle）。打包所能帶來的好處主要有二：**模組化**，以及**提高網路表現**。

模組化（Modulize）能使我們將原始的程式邏輯切分成多個小型檔案（也就是模組）。模組化後的程式碼更容易修改與擴充，特別是在團隊協作的狀態中。有了 Webpack，我們將可以放心地對程式碼做出拆分，卻不必擔心因此產生過多冗雜的引用語法。

打包同時也可以提高專案的網路表現：在打包前，每一個 `<script>` 的引用都代表一個 HTTP 請求，也都會帶來對應的網路延遲。如果我們可以將全部的 JavaScript 及其相依模組都打包成一個唯一的腳本檔案，就只需要發出一個 HTTP 請求，因此可以大幅降低延遲的問題。

除了代碼的編譯與打包，webpakc 還整合了以下功能：

程式碼拆分（*Code Splitting*）

: 將程式碼拆分成數個區塊，讓我們可以只在使用到時才下載——例如只下載當前頁面或是裝置用得到的部分。這項機制在英文又稱作 Rollups 或是 Layers。

最小化（*Minify*）

: 透過移除空白與換行字元、縮短變數名稱以及整併沒有使用到的程式碼等等技術，來降低檔案大小。

功能旗標（*Feature Flagging*）

: 在推出新的軟體功能時，將該功能先開放給部分的使用者或是動態切換開啟與關閉，以利軟體的驗證與測試。

即時模組替換（*Hot Module Replacement*，簡稱 *HMR*）

: 監控原始碼的變動，並即時更新修正過的部分[譯註 1]。

回到專案裡。我們開發的食譜應用仍然存在一些缺點，可透過 Webpack 進行優化。其將帶來的優勢如下：

模組化

: 在模組化的過程中，我們將功能拆分成小型的檔案與函式，再透過模組架構起應用。小型模組不只易於測試與重複使用；更兼好讀好懂；當程式在擴充時，改編也會更加容易。

更好的協作性

: 在建構大型專案或是展開更複雜的團隊合作時，將程式預先拆成多個模組往往是必要的——專案的開發可以分頭進行；當需要部署或是測試時，再透過 Webpack 靜態地將分散的檔案進行整併。

[譯註 1] 這項功能可以避免頁面重新整理後的狀態遺失；或是即時套用 CSS 的修改，進而大幅提高除錯與開發效率。

優化讀取速度

將模組及其所有相依性程式碼打包成單一檔案，並將程式碼最小化（Minify），皆有助於降低網路讀取時間。

使用最新的 *JavaScript* 及 *JSX*

Webpack 可以整合 Babel，將 JSX 以及 ESNext 中的功能編譯成支援度較佳的 JavaScript。因此我們可以放心使用最新的 JavaScript 語法。

建構專案

本節中，我們將示範如何從頭建構起 React 專案。首先，在本地端建構起名為 *recipes-app* 的資料夾：

```
mkdir recipes-app
cd recipes-app
```

接著，要完成三個主要步驟：

1. 建構 npm 專案。
2. 將元件拆分成模組。
3. 設定 Webpack 並整合 Babel。

Create React App

Create React App 這個工具可以用來自動建構與設定 React 專案。在此，我們將暫且不使用這些自動化工具，而是親手去實作背後的設定。

1. 建構 npm 專案

首先，我們要先透過 npm 建構起 React 專案及其描述檔 *package.json*。在 `npm init` 中使用 `-y` 旗號可以在 *package.json* 檔案中直接套用預設值。此外，我們也必須安裝 webpack、webpack-cli、react 以及 react-dom：

```
npm init -y
npm install webpack webpack-cli react react-dom serve
```

請注意在舊版文件中你可能會見到 `npm install` 指令使用了 `--save` 旗標——在 npm 5.0.0 以上這是不必要的。接著，我們需要建構以下的專案資料夾結構：

```
recipes-app (folder)
  > node_modules（由 npm install 自動建立）
  > package.json（由 npm init 自動建立）
  > package-lock.json（由 npm init 自動建立）
  > index.html
  > /src（資料夾）
    > index.js
    > /data（資料夾）
      > recipes.json
    > /components（資料夾）
      > Recipe.js
      > Instructions.js
      > Ingredients.js
```

檔案結構並無一定規則

React 沒有固定的專案結構，因此以上提供的架構只是其中一種可能。

2. 將元件拆分成模組

目前為止，`Recipe` 元件已經做了不少事：我們展示了食譜名稱 `name` 作為標題；使用 `ul` 與 `li` 建構食材列表 `ingredients`；並將烹飪步驟 `steps` 使用 `p` 進行條列。接著我們要將這個元件的程式碼放置於 *Recipe.js* 檔案中。請注意在任何使用到 JSX 的檔案中，都必須在檔案的開頭導入 React：

```
// ./src/components/Recipe.js

import React from "react";

export default function Recipe({ name, ingredients, steps }) {
  return (
    <section id="baked-salmon">
      <h1>{name}</h1>
      <ul className="ingredients">
        {ingredients.map((ingredient, i) => (
          <li key={i}>{ingredient.name}</li>
        ))}
      </ul>
      <section className="instructions">
        <h2>Cooking Instructions</h2>
        {steps.map((step, i) => (
```

```
          <p key={i}>{step}</p>
        ))}
      </section>
    </section>
  );
}
```

事實上，更符合函式導向標準的做法其實是將 **Recipe** 拆分成更小、功能更單一的函式再將之組裝。我們可以先從烹飪步驟 **steps** 著手，將其拆分為元件，並儲存於獨立的檔案中。

我們將新檔案命名為 *Instructions.js*，實作程式碼如下：

```
// ./src/components/Instructions.js

import React from "react";

export default function Instructions({ title, steps }) {
  return (
    <section className="instructions">
      <h2>{title}</h2>
      {steps.map((s, i) => (
        <p key={i}>{s}</p>
      ))}
    </section>
  );
}
```

一個更小型的清單元件就此誕生！我們可以將該元件反覆使用於像是烹飪指引、烘焙指引、準備指引、烹飪前確認清單……以及任何具有 **steps** 結構的介面中。

接著將焦點轉移至食材清單。目前的 **Recipe** 元件只顯示了食材名稱，但別忘了食材物件其實還具有數量 **amount** 以及單位 **measurement** 等欄位。在此，我們將建構名為 **Ingredient** 的元件，並展示這些資料：

```
// ./src/components/Ingredient.js

import React from "react";

export default function Ingredient({ amount, measurement, name }) {
  return (
    <li>
      {amount} {measurement} {name}
    </li>
  );
}
```

在以上程式碼中，我們將 amount、measurement 以及 name 從 props 物件中解構出來，並將之顯示為文字。

有了 Ingredient，我們可以接著建構 IngredientsList 元件 —— 每當需要顯示食材清單時，即可呼叫：

```
// ./src/components/IngredientsList.js

import React from "react";
import Ingredient from "./Ingredient";

export default function IngredientsList({ list }) {
  return (
    <ul className="ingredients">
      {list.map((ingredient, i) => (
        <Ingredient key={i} {...ingredient} />
      ))}
    </ul>
  );
}
```

在以上模組檔案中，我們先引入了 Ingredient 元件；並將 **list** 設定為傳入的食材陣列；接著，**list** 當中每筆 Ingredient 資料都會被對應至 Ingredient 元件。在此，我們使用了 JSX 的延展運算子來簡化語法。

要特別說明與複習的是關於延展運算子的應用：

```
<Ingredient {...ingredient} />
```

以上程式碼同義於：

```
<Ingredient
  amount={ingredient.amount}
  measurement={ingredient.measurement}
  name={ingredient.name}
/>
```

同理，假定我們有一個 ingredient 物件資料：

```
let ingredient = {
  amount: 1,
  measurement: "cup",
  name: "sugar"
};
```

對應成元件就會是：

```
<Ingredient amount={1} measurement="cup" name="sugar" />
```

重構至此，我們已經有了兩個小型的 React 元件 Instructions 以及 IngredientsList，我們可以將 Recipe 改寫如下：

```
// ./src/components/Recipe.js

import React from "react";
import IngredientsList from "./IngredientsList";
import Instructions from "./Instructions";

function Recipe({ name, ingredients, steps }) {
  return (
    <section id={name.toLowerCase().replace(/ /g, "-")}>
      <h1>{name}</h1>
      <IngredientsList list={ingredients} />
      <Instructions title="Cooking Instructions" steps={steps} />
    </section>
  );
}

export default Recipe;
```

首先，我們導入了 Instructions 以及 IngredientsList 元件。有了這些小型的元件，便可以使用宣告式（Declarative）的語法來建構 Recipe。新的語法不止優雅簡練，也易於閱讀。它很直觀地告訴讀者：Recipe 元件會展示食譜名稱、一串食材清單以及一系列烹飪步驟——我們抽象化了建構清單以及步驟的細節，將其拆分至更小的元件之中。

同樣的道理，我們可以繼續使用模組化的手法來建構 Menu 元件。Menu 會有獨立的程式碼檔案；引用子原件；並且 export 自己：

```
// ./src/components/Menu.js

import React from "react";
import Recipe from "./Recipe";

function Menu({ recipes }) {
  return (
    <article>
      <header>
        <h1>Delicious Recipes</h1>
      </header>
      <div className="recipes">
        {recipes.map((recipe, i) => (
```

```
          <Recipe key={i} {...recipe} />
        ))}
      </div>
    </article>
  );
}

export default Menu;
```

我們仍然必須使用 ReactDOM 來渲染 Menu。這些程式碼會被放置於 *index.js* 檔案中：

```
// ./src/index.js

import React from "react";
import { render } from "react-dom";
import Menu from "./components/Menu";
import data from "./data/recipes.json";

render(<Menu recipes={data} />, document.getElementById("root"));
```

開頭的四個 import 語法導入了建構應用所需要的模組。與之前 HTML 範例不同的是，我們不再使用 script 標籤來讀取 React 及 react-dom。如此一來，Webpack 會將這些相依性模組進行打包。此外，我們還需要從外部模組中導入 Menu 元件以及範例資料 data。

所有導入的變數都是 *index.js* 的本地變數。當我們要渲染 Menu 元件時，我們會將 data 傳入作為其屬性。

值得注意的是，data 是從 *recipes.json* 檔案中取出的。這些資料的內容沒有改變，只是格式改為 JSON：

```
// ./src/data/recipes.json

[
  {
    "name": "Baked Salmon",
    "ingredients": [
      { "name": "Salmon", "amount": 1, "measurement": "lb" },
      { "name": "Pine Nuts", "amount": 1, "measurement": "cup" },
      { "name": "Butter Lettuce", "amount": 2, "measurement": "cups" },
      { "name": "Yellow Squash", "amount": 1, "measurement": "med" },
      { "name": "Olive Oil", "amount": 0.5, "measurement": "cup" },
      { "name": "Garlic", "amount": 3, "measurement": "cloves" }
    ],
    "steps": [
      "Preheat the oven to 350 degrees.",
      "Spread the olive oil around a glass baking dish.",
```

```
        "Add the yellow squash and place in the oven for 30 mins.",
        "Add the salmon, garlic, and pine nuts to the dish.",
        "Bake for 15 minutes.",
        "Remove from oven. Add the lettuce and serve."
      ]
    },
    {
      "name": "Fish Tacos",
      "ingredients": [
        { "name": "Whitefish", "amount": 1, "measurement": "lb" },
        { "name": "Cheese", "amount": 1, "measurement": "cup" },
        { "name": "Iceberg Lettuce", "amount": 2, "measurement": "cups" },
        { "name": "Tomatoes", "amount": 2, "measurement": "large" },
        { "name": "Tortillas", "amount": 3, "measurement": "med" }
      ],
      "steps": [
        "Cook the fish on the grill until cooked through.",
        "Place the fish on the 3 tortillas.",
        "Top them with lettuce, tomatoes, and cheese."
      ]
    }
  ]
```

討論至此，我們已經將專案良好地模組化了。接下來便要透過 Webpack 來執行建構流程（Build Process）並將所有的元件與資料打包成單一檔案。你也許想問：「等等！我們才花了一堆時間把所有東西拆開；然後現在卻用一個工具再把它們全部打包起來？這是什麼巫術？」但這實際上並不衝突：將程式拆開是為了使其易於開發、管理、協作與測試；而在正式部署前將其打包，則是為了提高網路表現以及程式效能。

3. 設定 Webpack 並整合 Babel

我們要使用 Webpack 為專案設定一個靜態的建構流程，首先，必須先確認必要的套件都已經正確安裝：

```
npm install --save-dev webpack webpack-cli
```

接著。我們必須告訴 Webpack 要如何打包原始碼。在 4.0.0 版本之後，設定檔對 Webpack 來說不再是必要的——如果不提供，那麼 Webpack 就會使用預設的設定來進行打包。然而，透過設定檔，我們可以客製化打包流程；也可以讓藉此更了解 Webpack 的運作邏輯。

我們的食譜應用的入口檔案是 *index.js*：它導入了 React、ReactDOM 以及 *Menu.js* 檔案。只要 Webpack 在程式碼中發現 `import` 敘述句，就會在檔案系統中尋找目標並且將之打包。Webpack 預設的設定檔檔名則是 *webpack.config.js*。

index.js 導入 *Menu.js*；*Menu.js* 導入 *Recipe.js*；*Recipe.js* 導入 *Instuctions.js* 及 *IngredientsList.js*；最後 *IngredientsList.js* 導入了 *Ingredient.js*。Webpack 會遵循這樣的結構並打包所有必要的模組。檔案彼此相依的結構我們稱之為**相依樹**（*Dependency Tree*）；而**相依模組**（*dependency graph*）則意味著那些需要被導入的程式碼與檔案。以我們的應用來說，諸如 React 函式庫與自己創建的元件和圖片素材等等，都屬於應用的相依模組。你可以想像每一個使用到的檔案都是畫面上的一個圓點，而 React 會依據每一個檔案的相依關係畫出連結線——這整個包含點與線的畫面就是打包的結果。

關於 *import*

我們使用的 `import` 敘述句其實並不被瀏覽器或是 Node.js 支援。這些語法之所以能運作，是因為 Babel 會主動將其轉換成 `require('module/path')` 的型式。`require` 函式也是一般 Node.js 在導入標準函式庫時最廣泛被使用的方法。

在 Webpack 開始建構前，我們必須妥善設定，才能讓 JSX 被轉譯為 React 元素。

Webpack 的設定檔 *webpack.config.js* 其實只是另一個 JavaScript 模組。該檔案會輸出一個 JavaScript 物件，用以描述 Webpack 應當如何運作。這個設定檔要被儲存在專案資料夾的最上層：

```
// ./webpack.config.js

var path = require("path");

module.exports = {
  entry: "./src/index.js",
  output: {
    path: path.join(__dirname, "dist", "assets"),
    filename: "bundle.js"
  }
};
```

首先，我們在 `entry` 欄位標示了專案的入口檔案 *./src/index.js*，Webpack 會依照該檔案的 `import` 語法來建構相依樹。接著，透過 `output` 欄位標示了輸出檔案（也就是所謂的 Bundle 檔）的檔名及路徑——Webpack 會將最終打包的 JS 檔放置於此。

下一步驟是建構 Babel 函式庫。我們會需要使用 babel-loader 以及 @babel/core:

```
npm install babel-loader @babel/core --save-dev
```

我們接著要將 Babel 設定為 Webpack 的 Loader，並提供指定的目標檔案集合，指示 Webpack 去呼叫 Babel 進行編譯。為了達成這個目的，我們必須針對 module.rules 欄位進行設定：

```
module.exports = {
  entry: "./src/index.js",
  output: {
    path: path.join(__dirname, "dist", "assets"),
    filename: "bundle.js"
  },
  module: {
    rules: [{ test: /\.js$/, exclude: /node_modules/, loader: "babel-loader" }]
  }
};
```

在設定中，rules 欄位是一個陣列——我們可以在其中加入各種 Webpack Loader。每一個 Loader 都會是一個 JavaScript 物件，其中 test 欄位是一個正規表達式（Regular Expression），透過檔案路徑來比對應該被納入處理的模組。在以上範例中，我們只使用了 babel-loader，並且要求 Babel 為我們處理除了 node_modules 以外的所有 *.js* 檔案。

最後，我們還必須為 Babel 設定 Preset，讓 Babel 知道哪一些語法必須被編譯。白話地解釋，這就像是對 Babel 說：「嗨～如果你見到 ESNext 以及 JSX 語法，請將它們轉換成瀏覽器看得懂的格式！」我們可透過 npm 來安裝 Preset：

```
npm install @babel/preset-env @babel/preset-react --save-dev
```

接著，在專案的根目錄中創建一個名為 .babelrc 的設定檔：

```
{
  "presets": ["@babel/preset-env", "@babel/preset-react"]
}
```

大功告成！我們建構了一個和實務級 React 應用相似的專案。接著，要啟動 Webpack 來確定它可以正常運作。

Webpack 將靜態地執行工作。一般來說，它會將程式碼打包，接著才部署至測試伺服器。我們可以透過命令列與 npm 啟動 Webpack：

```
npx webpack --mode development
```

Webpack 有可能發生錯誤並回報錯誤訊息。大部分的錯誤都與 import 有關（例如找不到參照的模組）。在進行除錯時，可以仔細閱讀與檔案名稱或是路徑相關的資訊。

我們也可以在 npm 的設定檔 *package.json* 中建構捷徑指令：

```
"scripts": {
  "build": "webpack --mode production"
},
```

如此一來，就可以使用如下的快捷指令進行打包：

```
npm run build
```

讀取 Bundle 檔

終於，我們建構起了 Bundle 檔，然後呢？首先，Bundle 檔會被輸出至 dist 資料夾中，這個資料夾同時也是 Web 伺服器的作業目錄。接著，我們必須在 dist 中創建一個 index.html 檔案：該檔案必須包含一個 id 為 root 的 div 元素，用以作為渲染 Menu 的錨點；以及一個用於讀取 Bundle 檔的 script 標籤：

```
// ./dist/index.html

<!DOCTYPE html>
<html>
  <head>
    <meta charset="utf-8" />
    <title>React Recipes App</title>
  </head>
  <body>
    <div id="root"></div>
    <script src="bundle.js"></script>
  </body>
</html>
```

以上 HTML 程式碼就是應用的首頁，它會透過 HTTP 請求取得 *bundle.js* 檔案並渲染完整的畫面。在部署時，只需要在伺服器上提供這兩個檔案即可——你可以透過像是 Node.js 或是 Ruby on Rails 等語言的套件來架構伺服器。

原始碼對照

將程式碼打包其實不無缺點，其中之一就是在瀏覽器中除錯（Debug）時會因此產生障礙。我們可以透過**原始碼對照**（*Source Mapping*）來解決個問題——這項功能可以將 Bundle 檔中的程式碼對照回原始碼。在 Webpack 中，只需要增添幾行設定至 *webpack.config.js* 當中即可：

```
//webpack.config.js with source mapping

module.exports = {
  ...
  devtool: "#source-map" // Add this option for source mapping
};
```

在以上設定檔中，將 `devtool` 設定成 `#source-map` 會使 Webpack 開啟原始碼對照的功能。在下次執行 `build` 指令時，我們會見到兩個 Bundle 檔案：*bundle.js* 以及 *bundle.js.map*。

如此一來便可以使用原始碼進行除錯。在瀏覽器的開發者工具中，我們可以在 Source 標籤裡找到名為 *webpack://* 的資料夾，其中包含了完整的 JavaScript 模組檔案（見圖 5-4）。

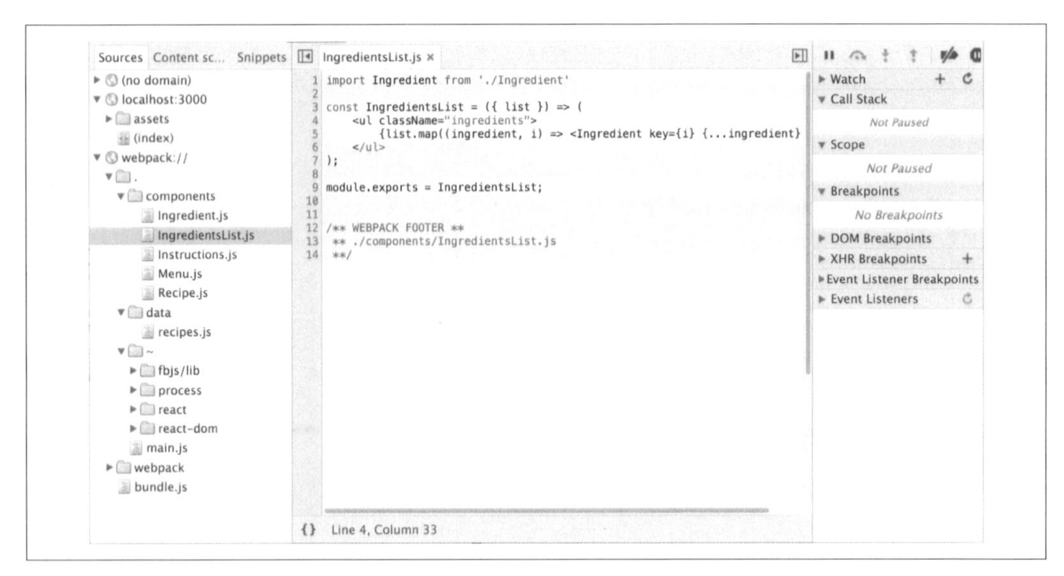

圖 5-4　Chrome 開發者工具中的 Source（原始碼）面板

設定完成後，就可以使用瀏覽器的逐步除錯工具來操作原始碼：點擊任何一行程式碼可以加入暫停點（Breakpoint）；重整頁面則會使 JavaScript 的執行暫停在你所指定的點；此外，還可以在 Scope 面板中檢視變數域的的狀態；或是在 Watch 面板中追蹤指定變數。

Create React App

Create React App 是一款令人讚嘆的命令列工具，其開發靈感來自於 **Ember CLI**（*https://ember-cli.com*）專案。Create React App 可以使我們以最快速度展開 React 開發，而不需手動設定諸如 webpack、Babel 與 ESLint 等等工具。

首先，我們必須透過 npm 在系統中安裝 Create React App：

```
npm install -g create-react-app
```

接著只要傳入想要建構的專案資料夾即可：

```
create-react-app my-project
```

npx

我們也可以使用 npx 來執行 Create React App 以免去系統層級的安裝。只要執行 `npx create-react-app my-project` 即可。

創建出的 React 專案只會包含三個相依性套件：React、ReactDOM 以及 `react-scripts`。其中值得一提的是由 Facebook 所發展的 `react-scripts`——它會安裝 Babel、ESLint 與 Webpack 等等工具，讓我們不必再手動逐一導入。此外，在專案資料夾中會發現 `src` 資料夾裡包含了一個名為 *App.js* 的檔案——我們可以在此加入根元件並導入各種元件模組。

在專案資料夾中，我們可以執行 `npm start` 或是 `yarn start` 來啟動測試伺服器。

或是執行 `npm test` 與 `yarn test` 來執行所有專案中的測試。

又或是透過 `npm run build` 與 `yarn build` 來建構專案：這將會產生一個正式環境級別的 Bundle 檔，其建構步驟包含了 JavaScript 編譯以及最小化。

不論對於新手或是老手，Create React App 都是一個很棒的工具。隨著工具持續進化，更多的功能也會被納入其中，你可以追蹤專案的 GitHub 以取得最新的資訊（*https://github.com/facebook/create-react-app*）。另一個可以快速開始 React 且無需設定 Webpack 的選項是使用 CodeSandbox，它是一個線上的整合開發環境（Integrated Development Environment），你可以透過搜尋 CodeSandbox 找到入口。

在本章中，我們大幅提升了 React 的開發技巧：我們學會了 JSX；建構起更龐大的元件並將之妥善拆分；還學習了 Webpack 與 Babel。在下一章中，我們將進一步充實關於元件的知識，並開始使用 React Hooks。

第六章

React 的狀態管理

資料是應用程式的生命之源。如果沒有資料（例如食譜應用中的菜名、材料以及烹飪指引），我們的使用者介面將毫無價值。使用者介面是創作者生產內容（也就是資料）的工具。我們必須了解如何有效地整合資料，才能為用戶提供有效的服務。

在本章中，我們將創建一個**元件樹**（*Component Tree*）。元件樹是一個由複數元件組成的樹狀結構，資料在元件樹中會被視作**屬性**（*Property*），並在其中傳遞。

除了屬性的傳遞以外，本章的另一個主題是**狀態**（*State*）。狀態是由資料驅動的，且可以被修改。如果我們的食譜應用整合了狀態管理，那麼使用者將可以創建新食譜、修改既有的配方以及移除不必要的材料等等。

狀態與屬性是相關聯的。當我們在建構 React 應用時，會依照這種關聯設計元件的架構。當元件樹的狀態改變時，屬性也隨之改變——而這些新的資料就會在整個樹狀結構中傳遞，使得某些分支與節點基於新的資料重新渲染。

在本章中，我們將透過狀態管理的功能，來使應用程式真正地「活」起來。具體的學習目標如下：

- 建構具有狀態的元件。
- 了解狀態傳遞的原理：狀態如何在元件樹中往下傳遞，又或是透過使用者介面的操作往上回報。
- 透過表單收集使用者資料。
- 使用 Context Provider 將應用拆解成合理的邏輯結構。

建構星等評價元件

如果世界上沒有評價機制，我們很有可能常常會吃到地雷餐廳或是看到大爛片。如果網站是由用戶提供的資料所驅動的，那我們也會需要評價機制來得知這些內容是否優質。在接下來的示範中，我們就要建構一個星等評價的元件（見圖 6-1）。

3 of 5 stars

圖 6-1　星等評價機制的元件

如上圖所示，這個元件可以讓用戶發表量化的星等評價。滿意度與星星數成正比，一顆星代表最不滿意而五顆星代表最滿意——用戶只需要點擊介面即可完成評價。

首先，我們可以透過 react-icons 取得星星圖示：

```
npm i react-icons
```

react-icons 是一個包含了數百個 SVG 圖示的函式庫，所有的圖示都以 React 元件的形式發佈。安裝完成後，我們可以導入幾個比較常用的圖示庫（每一個庫都包含了數百個常用的圖示）。你也可以透過官方文件來瀏覽這些圖示（*https://react-icons.netlify.com*）。在範例中，我們將使用 Font Awesome 圖示庫的星星：

```
import React from "react";
import { FaStar } from "react-icons/fa";

export default function StarRating() {
  return [
    <FaStar color="red" />,
    <FaStar color="red" />,
    <FaStar color="red" />,
    <FaStar color="grey" />,
    <FaStar color="grey" />
  ];
}
```

在以上程式碼中，我們創建了 StarRating 元件，該元件包含了五個 SVG 星星，而圖示則來自 react-icons。前三個星星被填入紅色而後兩個則被填入灰色。當然，實際狀況會比這個複雜得多，在此我們只是先排出五個靜態的星星。如果要讓評價系統具有功能，星星的顏色應當是動態的。每一個星星都有兩種狀態：被選擇的星星該被填入紅色，反之則是灰色。因此，我們必須創建一個 Star 元件，基於 selected 屬性來決定填入的顏色：

```
const Star = ({ selected = false }) => (
  <FaStar color={selected ? "red" : "grey"} />
);
```

上述的 Star 元件會渲染一個獨立的星星，並透過 selected 屬性來決定顏色。而 selected 的預設值是 false，因此星星的預設顏色會是灰色。

大部分的評價系統都提供了五個星星，但是更多數量的星星可以提供更精細的分級，因此我們會讓使用 StarRating 元件的工程師自行決定星星的數量。為了這個目的，我們為 StarRating 增添了 totalStars 的屬性：

```
const createArray = length => [...Array(length)];

export default function StarRating({ totalStars = 5 }) {
  return createArray(totalStars).map((n, i) => <Star key={i} />);
}
```

在以上程式碼中，我們創建了 createArray 函式，只要傳入預期的陣列長度，就可以得到該長度的空白陣列。我們接著呼叫 createArray 並傳入 totalStars 以取得空白陣列，接著便可以透過 Array.map 函式渲染出指定數量的 Star 元件。totalStars 預設值為 5，這意味著如果沒有特別修改，元件就會渲染出五個星星（見圖 6-2）。

圖 6-2　元件展示出了五個星星

使用 useState Hook

是時候讓 StarRating 元件變得可以點擊了——這會讓用戶得以修改 rating 的數值。我們會使用 *React Hook* 將這樣的「狀態」整合進函式元件中。*Hook* 包含了可重複使用且與元件樹區隔的功能邏輯，透過它我們可以將功能邏輯與元件「**掛鉤**」起來。React 提供了數個內建的狀態管理邏輯讓開發者可以直接套用。在接下來的案例中，我們要將狀態加入 React 元件當中，第一個要介紹的 Hook 是 useState——它是由 React 提供的，因此我們必須將之導入：

```
import React, { useState } from "react";
import { FaStar } from "react-icons/fa";
```

用戶選擇的星星代表著他們的評價。我們將宣告 selectedStars 作為狀態變數，藉此儲存這個數值，並使用 useState 將狀態管理功能整合至 StarRating 元件中：

```
export default function StarRating({ totalStars = 5 }) {
  const [selectedStars] = useState(3);
  return (
    <>
      {createArray(totalStars).map((n, i) => (
        <Star key={i} selected={selectedStars > i} />
      ))}
      <p>
        {selectedStars} of {totalStars} stars
      </p>
    </>
  );
}
```

在以上程式碼中，我們將狀態與元件「**掛鉤**」了起來。useState 會回傳一個陣列，其中的第一個元素是狀態變數——在此我們透過陣列解構（Array Destructuring）將它儲存至 selectedStars。此外，遞給 useState 的引數 3 代表了狀態的預設值——這意味著 selectedStars 元件會從三星開始（見圖 6-3）。

圖 6-3　元件預設的評價是五星中的三星

接著，我們必須允許用戶點擊星星來提供評價，這意味著對 `Star` 元件提供 `onClick` 處理器：

```
const Star = ({ selected = false, onSelect = f => f }) => (
  <FaStar color={selected ? "red" : "grey"} onClick={onSelect} />
);
```

在以上程式碼中，我們為 `Star` 元件新增了 `onSelect` 屬性：它是一個函式，當點擊事件發生時就會被呼叫，藉此來通知父元件狀態應該要發生變動。`onSelect` 的預設值是 `f => f`，這是一個將引數原封不動回傳的函式，本身並沒有任何作用。然而，如果我們不提供預設函式且又沒有定義 `onSelect` 屬性時，只要戶點擊元件，就會發生錯誤。因此，即便 `f => f` 什麼事也沒做，只要讓 React 仍然有東西呼叫，一切便能歲月靜好。

現在 `Star` 元件已經可以被點擊了，我們將藉著這個機制來修改父元件 `StarRating` 的狀態：

```
export default function StarRating({ totalStars = 5 }) {
  const [selectedStars, setSelectedStars] = useState(0);
  return (
    <>
      {createArray(totalStars).map((n, i) => (
        <Star
          key={i}
          selected={selectedStars > i}
          onSelect={() => setSelectedStars(i + 1)}
        />
      ))}
      <p>
        {selectedStars} of {totalStars} stars
      </p>
    </>
  );
}
```

在以上程式碼中，為了修改 `StarRating` 元件的狀態，我們必須要有一個可以修正狀態變數 `selectedStars` 的函式——這正是 `useState` 這個 Hook 的回傳陣列中的第二個元素。我們透過陣列解構將其指派給 `setSelectedStars`。你可以選擇任何你喜歡的函式名稱，然而慣例上我們會在目標屬性前前綴 `set` 來命名。

React Hook 有一個最重要的特點：當資料（也就是狀態）改變時，它會使所有被「掛鉤」的元件重新渲染（Rerender）。舉例來說，在我們的範例裡，只要 `setSelectedStars` 函式被呼叫，整個 `StarRating` 元件也會因此被重新渲染——這也是 React Hook 得以被視作殺手級應用的原因。

每當使用者點擊 `Star` 元件時；`onSelect` 屬性所對應到的 `setSelectedStars` 函式就會被觸發並傳入新的評價值；接著 `StarRating` 元件就會依照新的狀態進行重新渲染。在上一段程式碼中，我們使用了 `Array.map()` 來渲染 `Star` 元件並以變數 `i` 作為索引值，當 `map` 產生第一個 `Star` 元件時索引值 `i` 為 `0`，因此我們必須以 `i+1` 作為傳入 `setSelectedStars()` 的值（見圖 6-4）。

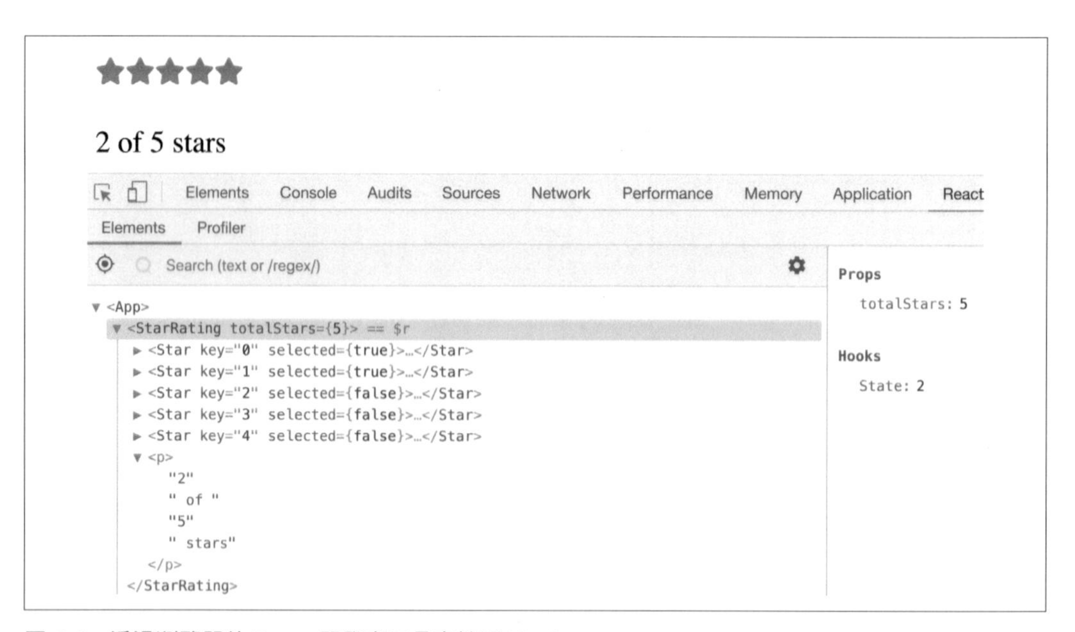

圖 6-4 透過瀏覽器的 React 開發者工具來檢視 Hook

React 開發者工具會為我們顯示哪一種 Hook 正在元件內作用。此外，只要選取指定元件，還能檢視元件渲染時的除錯訊息。在右側欄中，我們可以見到 `StarRating` 元件包含了 `useState` 這個 Hook 且數值為 2。當點擊使用者介面時，我們也可以看到狀態的變動以及元件樹正依照新的星等數值執行重新渲染[譯註 1]。

「舊版」的 React 狀態管理

在 React 16.8.0 之前，唯一為元件添加狀態的作法是使用類別元件（Class Component）。類別元件不只語法冗長；同時也很難在不同的元件中共用狀態管理的機制。Hook 的發明讓我們可以在函式元件中整合狀態，解決了類別元件的困境。

以下是本書第一版發行時用以建構 `StarRating` 元件的程式碼，用以示範如何透過類別元件實作評分機制：

```
import React, { Component } from "react";

export default class StarRating extends Component {
  constructor(props) {
    super(props);
    this.state = {
      starsSelected: 0
    };
    this.change = this.change.bind(this);
  }

  change(starsSelected) {
    this.setState({ starsSelected });
  }

  render() {
    const { totalStars } = this.props;
    const { starsSelected } = this.state;
    return (
      <div>
        {[...Array(totalStars)].map((n, i) => (
          <Star
            key={i}
            selected={i < starsSelected}
            onClick={() => this.change(i + 1)}
          />
```

譯註 1　Hook 在英文中泛指鉤狀的物品。因為社群對 React Hook 並沒有一致的中文翻譯，而多直接使用原文 Hook。因此本書也不強行將之轉譯，以免徒增混淆。

```
          ))}
          <p>
            {starsSelected} of {totalStars} stars
          </p>
        </div>
      );
    }
  }
```

以上類別元件做了與函式元件一樣的事，語法卻極為冗長，程式碼中也充滿了各式令人混淆的 this 關鍵字以及綁定機制。

直至今日，以上程式碼仍然可以正常運作。我們之所以不花太多篇幅探討類別元件是因為其重要性已經不高：函式元件以及 Hook 才是 React 的未來。也許在未來的某一天，類別元件會正式被官方宣告停止支援，以上這段程式碼也會不復作用。

重構元件：為了更好的重用性

至此，StarRating 元件已經可以正確運作。每當需要星等評價機制時，你便可以放心地在多個專案中導入它。然而，如果我們希望將這個元件發佈至 npm 中，讓世界上所有的開發者都可以使用呢？在這個情境下。也許就要需要思考更多使用者案例。

首先，我們要考慮加入 style 屬性——它可以添加 CSS 樣式至元素中。可以預見的是，使用 StarRating 元件的第三方開發者——甚至包含你自己，都有可能需要修改元件的 CSS 樣式來符合專案的整體設計。舉例來說，他們也許會在專案中如此使用：

```
export default function App() {
  return <StarRating style={{ backgroundColor: "lightblue" }} />;
}
```

所有的 React 元素（以及大多數的 React 元件）都具有 style 屬性。因此，從元件的最上層開始設定 CSS 樣式似乎是個合理的做法。

我們要做的是收集所有的 CSS 樣式並將之在 StarRating 元件中由上而下傳遞。目前為止，因為我們使用了 React Fragment，所以 StarRating 元件並沒有統一的容器元素。為了修正這個問題，我們必須將 React Fragment 修正為 div 元素，並將 CSS 樣式設定於此：

```
export default function StarRating({ style = {}, totalStars = 5 }) {
  const [selectedStars, setSelectedStars] = useState(0);
  return (
    <div style={{ padding: "5px", ...style }}>
      {createArray(totalStars).map((n, i) => (
        <Star
          key={i}
          selected={selectedStars > i}
          onSelect={() => setSelectedStars(i + 1)}
        />
      ))}
      <p>
        {selectedStars} of {totalStars} stars
      </p>
    </div>
  );
}
```

在以上程式碼中，我們將原本的 React Fragment（也就是 <>）修改為 div 元素，並將 CSS 樣式傳遞給 div── 我們為元件提供了預設的 5px 的內距（Padding），接著使用延展運算子（Spread Operator）套用來自參數 style 的所有欄位。

除了 CSS 樣式以外，第三方開發者也許還會想要在元件中設定其他常見的屬性：

```
export default function App() {
  return (
    <StarRating
      style={{ backgroundColor: "lightblue" }}
      onDoubleClick={e => alert("double click")}
    />
  );
}
```

在以上程式碼中，第三方開發者為 StarRating 元件設定了一個 double-click 屬性並提供了回呼函式。為了提供他們更好的彈性，我們可以選擇將所有的屬性都傳遞給 div 容器：

```
export default function StarRating({ style = {}, totalStars = 5, ...props }) {
  const [selectedStars, setSelectedStars] = useState(0);
  return (
    <div style={{ padding: 5, ...style }} {...props}>
      ...
    </div>
  );
}
```

在以上程式碼中，我們透過延展運算子 ...props 收集了所有屬性；再透過 {...props} 將之傳遞給根元素 div。

重構完成！目前的設計方案其實預設了兩件事：其一，我們假設第三方開發者只會傳入那些被 div 支援的屬性；其二，我們假設他們不會新增惡意的屬性至元件中。

當然，以上兩個假設都不是絕對成立的。事實上，你設計的元件並不一定要具備絕對的彈性且適用於所有使用場景。你可以思考元件的使用者將會如何使用這些工具，並作出妥善的設計。

元件樹的狀態管理

在每一個元件上都添加狀態並不是一件好事，這會使得資料遍佈整個元件樹，使其難以修改與追蹤錯誤。較理想的做法是：在「正確的」功能節點中設定狀態，並透過這個節點來管理資料並實作傳遞——有許多方法論可以協助我們做出合理的設計。在接下來的範例中，我們將探討其中第一個可能性：將狀態儲存在根元件中並且透過屬性（props）向下傳遞。

我們即將建構一個名為**顏色管理器**的簡單應用，可以用來儲存一系列顏色的清單——其中每個顏色都具有諸如標題、色碼、評價等等屬性。該應用的資料集看起來如下：

```
[
  {
    "id": "0175d1f0-a8c6-41bf-8d02-df5734d829a4",
    "title": "ocean at dusk",
    "color": "#00c4e2",
    "rating": 5
  },
  {
    "id": "83c7ba2f-7392-4d7d-9e23-35adbe186046",
    "title": "lawn",
    "color": "#26ac56",
    "rating": 3
  },
  {
    "id": "a11e3995-b0bd-4d58-8c48-5e49ae7f7f23",
    "title": "bright red",
    "color": "#ff0000",
    "rating": 0
  }
]
```

我們將以上陣列儲存於 *color-data.json* 檔案中。如程式碼所示，資料的起始值具有三個顏色物件，每個物件都有對應的欄位。接下來，我們要透過 React 元件來建構使用者介面，將資料在瀏覽器中展示。此外，還要讓使用者可以新增與移除顏色。

狀態傳遞：由上而下

在這個段落中，我們會將顏色管理器的狀態儲存在根元素（也就是 App 元件）裡，並將資料往下傳遞給子元件執行渲染。在這樣的實作方法裡，App 元件會成為一個具有屬性的元件，我們將透過 useState 這個 Hook 來添加資料：

```
import React, { useState } from "react";
import colorData from "./color-data.json";
import ColorList from "./ColorList.js";

export default function App() {
  const [colors] = useState(colorData);
  return <ColorList colors={colors} />;
}
```

在以上程式碼中，App 元件是根元素；我們透過 useState 來將其與狀態變數 colors 進行「掛鉤」；colorData 則讀取自 JSON 檔案，我們同時將之視為預設的狀態。從根元素起，colors 屬性會被往下傳遞至名為 ColorList 的元件中：

```
import React from "react";
import Color from "./Color";

export default function ColorList({ colors = [] }) {
  if(!colors.length) return <div>No Colors Listed.</div>;
  return (
    <div>
      {
        colors.map(color => <Color key={color.id} {...color} />)
      }
    </div>
  );
}
```

在以上程式碼中，ColorList 元件接受 colors 作為屬性 —— 如果 colors 是一個空白陣列，則展示對應的文字訊息給用戶。在取得傳入的顏色物件陣列後，便可以透過 Array.map 函式來將單一顏色物件繼續往下傳遞給 Color 元件：

```
export default function Color({ title, color, rating }) {
  return (
    <section>
```

```
        <h1>{title}</h1>
        <div style={{ height: 50, backgroundColor: color }} />
        <StarRating selectedStars={rating} />
      </section>
    );
  }
```

以上的 Color 元件從屬性中取出了三個欄位：title、color 以及 rating。這些值都來自上層的單一顏色物件，並透過延展運算子 <Color {...color} /> 傳入——這意味著將顏色物件中的所有欄位取出，並使用一樣的欄位名稱作為屬性傳遞給 Color。最後，Color 會展示這些數值：title 會被作為 h1 的文字；color 則會被作為 div 的背景顏色；rating 則會被更近一步地往下傳遞給我們稍早前開發的 StarRating 元件，並顯示出星等評價：

```
export default function StarRating({ totalStars = 5, selectedStars = 0 }) {
  return (
    <>
      {createArray(totalStars).map((n, i) => (
        <Star
          key={i}
          selected={selectedStars > i}
        />
      ))}
      <p>
        {selectedStars} of {totalStars} stars
      </p>
    </>
  );
}
```

在以上程式碼中，請注意我們針對 StarRating 進行了一些調整：將其改寫成一個不具有狀態與 Hook 的「純元件」——這意味著只要輸入的屬性相同，則元件永遠會渲染出一樣的結果。因為目前所有的狀態都被儲存在元件樹最上方的 App 元件中的狀態變數 colors 裡，因此子元件都將轉變為無狀態的純元件。而這也是我們這一系列範例的目標：將狀態統一儲存在某個節點，而非四處散落。

StarRating 元件其實可以擁有自己的狀態，但同時也接受來自父元件的狀態。當我們希望將元件發布給社群與第三方開發者使用時，這通常會是必要的。在下一章中，我們將會示範這樣的設計模式。

目前為止，我們已經完成了元件樹由上而下的狀態傳遞：這些狀態始於自 JSON 檔案中讀取資料的 `App` 元件；而結束於透過 `rating` 屬性將星星圖示著色的 `Star` 元件。如果我們使用 *color-data.json* 中的資料並將應用程式在瀏覽器中執行，可以見到以下結果（見圖 6-5）。

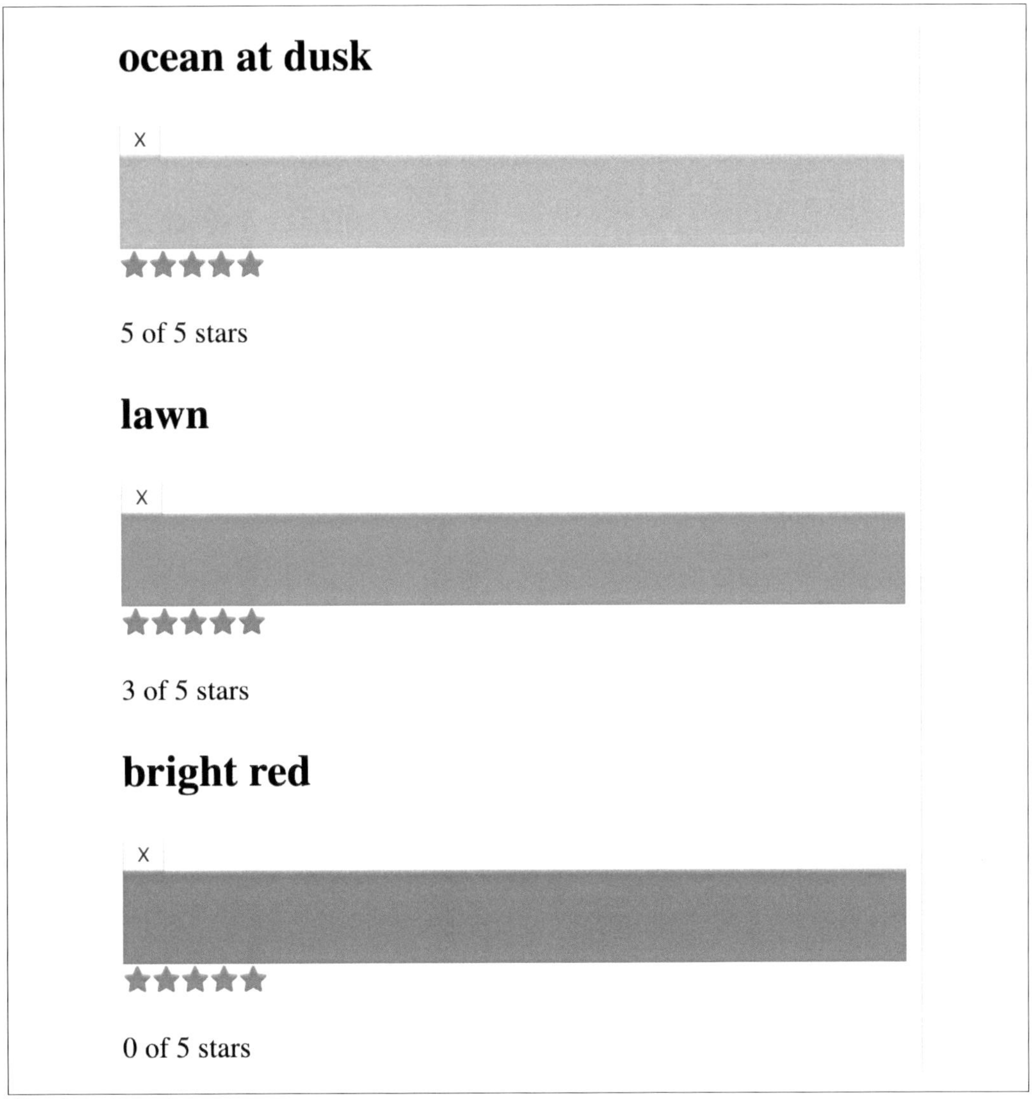

圖 6-5　顏色管理器在瀏覽器中檢視結果

狀態傳遞：由下而上

在前一節中，我們基於 `colors` 狀態變數渲染出了一組使用者介面，並透過屬性（props）將資料由父元素一路向下傳遞給子元素。然而，如果我們想要從陣列中移除某個顏色，或是修改顏色的評價，會發生什麼事呢？因為 `colors` 儲存在元件樹的頂端，我們必須收集子元素上發生的事件，並持續往上傳遞至狀態變數所在的節點。

在接下來的實作中，我們要在每個顏色的標題旁加上一個移除按鈕——當使用者點擊時，就將該顏色物件自狀態中移除。首先，必須修改 `Color` 元件：

```
import { FaTrash } from "react-icons/fa";

export default function Color({ id, title, color, rating, onRemove = f => f }) {
  return (
    <section>
      <h1>{title}</h1>
      <button onClick={() => onRemove(id)}>
        <FaTrash />
      </button>
      <div style={{ height: 50, backgroundColor: color }} />
      <StarRating selectedStars={rating} />
    </section>
  );
}
```

在以上程式碼中，我們為 `Color` 元件添加了移除按鈕：首先，我們從 `react-icons` 中導入了垃圾桶圖示 `FaTrash`；接著，將該圖示置於 button 標籤中；最後，在 button 上添加了 `onClick` 屬性並傳入 `() => onRemove(id)` 作為回呼函式，而 `onRemove` 函式則來自元件的屬性。當使用者點擊移除按鈕時，React 將呼叫 `onRemove` 並傳入目標顏色物件的 `id`——這也是為什麼我們要在屬性中取出 `id` 的原因。

這樣的解決方案很不錯！因為我們保持了 `Color` 作為純元件的特色：它不具備狀態，因此可以輕易地被重用在不同的專案裡。事實上，當使用者點擊移除按鈕時，`Color` 元件本身並不在乎究竟發生了什麼事：它的任務只是透過函式通知上層的元件：點擊事件已被觸發，並傳入顏色物件的 `id` 作為引數。這同時也意味著，處理事件的責任其實在於父元件：

```
export default function ColorList({ colors = [], onRemoveColor = f => f }) {
  if (!colors.length) return <div>No Colors Listed. (Add a Color)</div>;

  return (
    <div>
      {
```

```
        colors.map(color => (
          <Color key={color.id} {...color} onRemove={onRemoveColor} />
        )
      }
    </div>
  );
}
```

Color 的上層是 ColorList 元件。然而，ColorList 也沒有修正狀態的權力，因此它也只是單純地將事件往上傳遞。在以上程式碼中，ColorList 添加了一個名為 onRemoveColor 的函式屬性並傳遞給 Color：當 Color 元件呼叫 onRemove 時就會觸發 onRemoveColor。在這樣的結構下，顏色的 id 仍會傳遞給 onRemoveColor 函式。

ColorList 的父元件則是 App，同時也是狀態所在的元件。至此，我們終於可以捕捉 id 並且在狀態中移除指定的顏色：

```
export default function App() {
  const [colors, setColors] = useState(colorData);
  return (
    <ColorList
      colors={colors}
      onRemoveColor={id => {
        const newColors = colors.filter(color => color.id !== id);
        setColors(newColors);
      }}
    />
  );
}
```

在以上程式碼中，我們新增了 setColors 變數，用以承接回傳自 useState 陣列的第二個成員，也就是一個可以修改狀態的函式。當 ColorList 因為觸發事件而呼叫 onRemoveColor 所提供的函式時，我們捕捉了 id 並且透過 Array.filter 方法來創建一個過濾掉指定顏色的新陣列，也就是 newColors。最後，我們將新陣列傳遞給 setColors() 來完成狀態的修改。

只要修改 colors 陣列，App 便會使用新資料重新渲染使用者介面——包含 ColorList 以及 Color 元件，最後介面上便會反應出顏色的減少。

接著我們要將以上技巧再重新演練一遍：如果要修改 App 狀態中 colors 內任一顏色物件的評價 rate，該怎麼做呢？看來，就要重複之前的操作，新增一個 onRate 事件了。首先，我們從最末端被點擊的 Star 元件往上傳遞數值給父元件 StarRating：

```
export default function StarRating({
  totalStars = 5,
  selectedStars = 0,
  onRate = f => f
}) {
  return (
    <>
      {createArray(totalStars).map((n, i) => (
        <Star
          key={i}
          selected={selectedStars > i}
          onSelect={() => onRate(i + 1)}
        />
      ))}
    </>
  );
}
```

接著，我們要接受 StarRating 元件的 onRate 屬性傳上來的評價資料，並將評價連同目標顏色的 id 一起透過 onRate 函式再往 Color 元件的父元件傳遞：

```
export default function Color({
  id,
  title,
  color,
  rating,
  onRemove = f => f,
  onRate = f => f
}) {
  return (
    <section>
      <h1>{title}</h1>
      <button onClick={() => onRemove(id)}>
        <FaTrash />
      </button>
      <div style={{ height: 50, backgroundColor: color }} />
      <StarRating
        selectedStars={rating}
        onRate={rating => onRate(id, rating)}
      />
    </section>
  );
}
```

到了 ColorList 元件中，同樣的道理，我們必須將資訊與事件繼續往上傳遞，這次我們使用 onRateColor 函式屬性：

```
export default function ColorList({
  colors = [],
  onRemoveColor = f => f,
  onRateColor = f => f
}) {
if (!colors.length) return <div>No Colors Listed. (Add a Color)</div>;
  return (
    <div className="color-list">
      {
        colors.map(color => (
          <Color
            key={color.id}
            {...color}
            onRemove={onRemoveColor}
            onRate={onRateColor}
          />
        )
      }
    </div>
  );
}
```

最後，在穿越了這麼多個元件之後，我們終於抵達了儲存狀態的 App 元件。在此可以儲存新的評價：

```
export default function App() {
  const [colors, setColors] = useState(colorData);
  return (
    <ColorList
      colors={colors}
      onRateColor={(id, rating) => {
        const newColors = colors.map(color =>
          color.id === id ? { ...color, rating } : color
        );
        setColors(newColors);
      }}
      onRemoveColor={id => {
        const newColors = colors.filter(color => color.id !== id);
        setColors(newColors);
      }}
    />
  );
}
```

在以上程式碼中，當 ColorList 元件呼叫 onRateColor 屬性並且傳入 id 以及 rating 作為引數時，App 元件將會修改顏色的評價——我們實作修改的方式是使用 Array.map 建構一個新陣列，當 id 符合目標顏色的 id 時，就換上新的評價值。最後，我們將新的顏色陣列傳遞給 setColors 函式並完成狀態的修改。狀態只要修改，介面也會隨之更新，使用者也會因此見到新的星等評價介面。

在這一節中，我們將狀態在元件樹中透過屬性由上而下傳遞；當互動事件發生時，我們則透過函式層層呼叫，由下往上傳遞。

建構表單

對於多數開發者而言，身為一個網頁工程師，意味著透過大量的表單（Form）來收集使用者資訊。如果這聽起來像是你的工作內容，React 可以協助你優雅地完成這些任務。所有在 DOM 中可以使用的標籤都可以做為 React 元素——這代表著你可能大概知道要怎麼使用 JSX 來組裝出一個表單了。在以下範例中，我們將延續之前的程式碼，創建一個可以在 App 中新增顏色的表單：

```
<form>
  <input type="text" placeholder="color title..." required />
  <input type="color" required />
  <button>ADD</button>
</form>
```

以上的 form 元件有三個子元素：兩個 input 以及一個 button。第一個 input 是一個文字欄位，用以接受新顏色的 title 字串；第二個 input 是一個 HTML 的顏色選擇器（我們將使用 HTML 基本的驗證功能，因此將兩個輸入元素都設定為 required）；最後，用戶可以透過點擊按鈕提交新顏色。

使用 React Ref

在 React 中操作表單時，有數種可行的設計模式。其中之一就是透過 React Ref 來直接存取 DOM 節點的資料。在 React 中，Ref 是一個用以在元件的生命週期中儲存值的物件，它被使用於多種情境之中。在本節，我們將示範如何透過 Ref 來直接存取 DOM 節點[譯註 2]。

譯註 2 Ref 在計算機英文中多指 Reference，中文通常譯為參照。因為 React 官方直接使用專有名詞 *Ref* 以及 *Ref Object* 來稱呼本段落所介紹的工具，為了避免與非專有名詞的「參照」混淆，在此譯者決定沿用原文 Ref，不另行轉譯。

在此，我們要介紹第二種 Hook：useRef，它可以協助我們建構 *Ref* 物件，並藉此實作 AddColorForm 元件：

```
import React, { useRef } from "react";

export default function AddColorForm({ onNewColor = f => f }) {
  const txtTitle = useRef();
  const hexColor = useRef();

  const submit = e => { ... }

  return (...)
}
```

在以上程式碼中，我們使用 useRef() 創建了兩個 Ref 物件：txtTitle 將參照至表單的顏色標題文字（也就是 Text Input 元素）；而 hexColor 將參照至表單的顏色選擇器（也就是 Color Input 元素）所提供的十六進位色碼。我們可以直接在 JSX 中設定要參照的 DOM：

```
return (
  <form onSubmit={submit}>
    <input ref={txtTitle} type="text" placeholder="color title..." required />
    <input ref={hexColor} type="color" required />
    <button>ADD</button>
  </form>
)
```

在以上程式碼中，我們透過在 input 元素上添加 ref 屬性，為 txtTitle 以及 hexColor 兩個 Ref 物件設定了要參照的 DOM 元素。如此一來，我們便可以透過物件的 current 屬性直接存取 DOM 元素的當前狀態。當使用者點擊按鈕並提交表單時，則可以呼叫以下函式：

```
const submit = e => {
  e.preventDefault();
  const title = txtTitle.current.value;
  const color = hexColor.current.value;
  onNewColor(title, color);
  txtTitle.current.value = "";
  hexColor.current.value = "";
};
```

當用戶提交 HTML 表單時，瀏覽器的預設行為是發出 POST 請求至當前的 URL，並在 HTML Body 中附上表單的屬性與值。然而，我們並不希望使用這樣的預設行為，因此在以上程式碼的第二行使用了 e.preventDefault() 來避免 POST 請求被發出。

接著，我們透過 Ref 物件來取得表單欄位當前的值，並透過元件的 onNewColor 屬性函式向父元素傳遞資料。完成之後，則將 txtTitle.current.value 與 hexColor.current.value 清空為空白字串——請注意這是一段命令式（Imperative）風格的語法。

討論至此，我們介紹了一個簡單的表單範例。我們將 AddColorForm 這種透過 DOM 來存取狀態的元件稱為**非受控元件**（*Uncontrolled Component*）。非受控元件可以用來解決某些特殊的問題（例如與 React 以外的網頁區塊共享表單與數值狀態）。然而，大部分的時候，我們仍然會希望建構「受控」的元件。

受控元件

相較於非受控元件，**受控元件**（*Controlled Component*）會將狀態保留在 React 元件內（而非 DOM 中）。如此一來，我們就不需要使用 Ref；也不會寫出命令式的語法；在執行表單驗證等工作時也會更加容易。在以下範例中，我們將修改 AddColorForm 元件並使其負責表單的狀態管理：

```
import React, { useState } from "react";

export default function AddColorForm({ onNewColor = f => f }) {
  const [title, setTitle] = useState("");
  const [color, setColor] = useState("#000000");

  const submit = e => { ... };

  return ( ... );
}
```

以上程式碼不再使用 Ref，而是透過 React 元件來管理狀態。我們建立了 title 與 color 兩個狀態變數來儲存資料；並建立兩個對應的 Setter 函式 setTitle 及 setColor。

既然狀態已經被管理在元件中，我們就可以透過表單 input 元素的 value 屬性來顯示數值。接著，我們必須在每次用戶修改輸入欄位時——也就是 onChange 事件發生時，呼叫 Setter 函式來更新由 React 元件管理的狀態：

```
...

return(
  <form onSubmit={submit}>
    <input
      value={title}
      onChange={event => setTitle(event.target.value)}
      type="text"
```

```
        placeholder="color title..."
        required
      />
      <input
        value={color}
        onChange={event => setColor(event.target.value)}
        type="color"
        required
      />
      <button>ADD</button>
    </form>
  )
```

至此，AddColorForm 這個「受控元件」已經可以有效同步狀態與 DOM 的顯示行為。只要 onChange 事件發生，我們便選擇直接更新狀態變數，再渲染至 DOM 中。其原理在於：event.target 會參照至觸發事件的 DOM 元素，因此我們可以輕易地透過 event.target.value 取出欄位的最新數值；接著便將數值傳遞給 Setter 函式；而一旦 React 的 Setter 函式被呼叫，元件就會被重新渲染，最後 DOM 元素也會呈現出最後修改過的值——不論是 title 或 color，其運作原理皆相同。

當要提交表單時，我們可以直接呼叫屬性（props）中的 onNewColor 函式並傳入 title 以及 color。在順利將資料傳遞給根元素後，我們可以接著透過 setTitle 以及 setColor 來將資料與 DOM 都恢復原狀：

```
const submit = e => {
  e.preventDefault();
  onNewColor(title, color);
  setTitle("");
  setColor("");
};
```

以上 AddColorForm 元件正是所謂的「受控元件」——React 完全掌控了表單狀態的變動。值得一提的是，受控元件是會持續被重新渲染的。想像以下情境吧：使用者在 title 欄位中輸入的每一個字母；或是每次使用顏色選擇器挑出新的顏色（在顏色輪中隨意拖拉時，會造成極頻繁的數值修改），都會使得 AddColorForm 元件進行重新渲染。然而，這是沒問題的！ React 在設計時早已考量到這樣的工作負荷。你並不需要因為重新渲染的效能考量而放棄使用更複雜的元件設計……正確地說是：至少，我們會在接下來的章節中示範如何優化 React 元件的效能。

自定義 Hook

在建構一個更大型的表單時，你也許會複製貼上下以兩行程式碼：

```
value={title}
onChange={event => setTitle(event.target.value)}
```

先複製貼上再逐一修改變數與屬性，似乎是一個增進工作效率的方法。然而在這個過程中，你應該要聽到腦海裡那微弱的警鈴聲：這意味著某些項目應該被抽象出來。

我們可以將表單欄位元素的共用功能抽象成一個**自定義 *Hook***。以下 useInput 函式即是一個改良過的 Hook：

```
import { useState } from "react";

export const useInput = initialValue => {
  const [value, setValue] = useState(initialValue);
  return [
    { value, onChange: e => setValue(e.target.value) },
    () => setValue(initialValue)
  ];
};
```

以上程式碼並沒有太過冗長。在這個自定義 Hook 中，我們仍然使用了 useState 來創建狀態變數 value。接著，我們返還了一個長度為二的陣列：第一個成員是一個物件，其欄位包含了我們試圖複製貼上的內容（其中 value 來自狀態變數，而 onChange 則對應至一個呼叫 Setter 函式的箭頭函式）；第二個成員則不再是常見的 Setter 函式，而是一個將狀態變數恢復成初始值的 Reset 函式。我們可以在 AddColorForm 中使用這個 Hook：

```
import React from "react";
import { useInput } from "./hooks";

export default function AddColorForm({ onNewColor = f => f }) {
  const [titleProps, resetTitle] = useInput("");
  const [colorProps, resetColor] = useInput("#000000");

  const submit = event => { ... }

  return ( ... )
}
```

在以上程式碼中，useState 這個 React Hook 已經被封裝至我們自定義的 Hook，也就是 useInput 裡面。不論是標題或是顏色代碼，我們都可以透過陣列解構取出返還值的第一個成員，也就是屬性物件；而第二個成員則是 Reset 函式，可以用來使內部的狀態變數恢復成初始值（也就是空白字串與 #000000）。現在，我們可以將抽象出來的屬性 titleProps 以及 colorProps 傳遞給對應的 input 元素：

```
return (
  <form onSubmit={submit}>
    <input
      {...titleProps}
      type="text"
      placeholder="color title..."
      required
    />
    <input {...colorProps} type="color" required />
    <button>ADD</button>
  </form>
);
}
```

請注意在以上程式碼中我們再次使用了延展運算子（比起手動設定 value 與 onChange 屬性，這樣看起來帥氣多了）。現在，這兩個 input 元素都可以在 onChange 事件發生時自動更新狀態並觸發 DOM 的重新渲染。我們透過自定義的 Hook 創建了受控的表格與資料元件，卻無需暴露內部的實作細節。最後一個挑戰是：如何處理表單提交：

```
const submit = event => {
  event.preventDefault();
  onNewColor(titleProps.value, colorProps.value);
  resetTitle();
  resetColor();
};
```

在以上 submit 函式中，我們提交了 titleProps 以及 colorProps 兩個物件中的 value 值。完成之後，則呼叫 Reset 函式來將表單恢復原貌。

總而言之，我們可以在 React 元件中直接使用 Hook；也可以將 Hook 封裝成自定義的 Hook。只要設計得宜，狀態的變動仍然會正確觸發元件的重新渲染。

將顏色儲存至狀態中

不論表格是使用受控或非受控的方式實作，它們都會透過 onNewColor 函式將 color 以及 title 的數值向父元件傳遞。對於父元件來說，表格的受控與否並不重要——它只關心傳遞上來的數值。

接下來，我們要將 AddColorForm 新增至 App 元件中。當 onNewColor 屬性被呼叫時，我們會將指定的顏色儲存至狀態中：

```
import React, { useState } from "react";
import colorData from "./color-data.json";
import ColorList from "./ColorList.js";
import AddColorForm from "./AddColorForm";
import { v4 } from "uuid";

export default function App() {
  const [colors, setColors] = useState(colorData);
  return (
    <>
      <AddColorForm
        onNewColor={(title, color) => {
          const newColors = [
            ...colors,
            {
              id: v4(),
              rating: 0,
              title,
              color
            }
          ];
          setColors(newColors);
        }}
      />
      <ColorList .../>
    </>
  );
}
```

在以上程式碼中，當使用者新增顏色時，就會呼叫 onNewColor 函式；接著 title 文字以及十六進位制的 color 色碼就會被使用，藉此創建出新的顏色陣列 newColors。在創建 newColors 的過程中，我們首先將舊有的顏色納入陣列；接著加入新的顏色物件；此外，我們將顏色物件的 rating 欄位預設為 0，並使用 uuid 套件中的 v4 函式來為新的顏色物件產生一個唯一的 id；一旦完成新陣列的設定，我們便呼叫 setColors 函式來設定新的狀態──這會使 React 觸發介面的重新渲染並完成畫面更新。如此一來，就可以看到新增的顏色出現在最下方。

現在，我們已經完成了顏色選擇器的第一輪開發：使用者可以在列表中新增與移除顏色；並且修改單一顏色的評價。

React Context

將狀態儲存在單一節點（也就是元件樹的根）可以協助我們更了解 React 並完成一些初期的實作。此外，通曉如何透過屬性將狀態在元件樹中上下傳遞，也是每一個 React 開發者必須熟練的技巧。然而，隨著 React 的演化以及元件樹的拓展，這樣的技巧逐漸顯得不合時宜：在一個複雜的應用裡，狀態很可能需要經過三五十個節點才能到達目的──這不僅繁瑣，也非常容易產生錯誤。

在實務中，我們賴以構成使用者介面的元件樹往往非常複雜，終端節點距離根節點通常十分遙遠，這會產生十分糾纏的相依性：許多過路元件必須接收巨量的屬性（props），卻僅只是為了傳遞給子元素。長此以往，程式碼必然會變得臃腫肥大且難以擴充。

這樣傳遞狀態的做法就像是從舊金山（美國西岸）搭火車到華盛頓（美國東岸）：儘管我們（資料）不會在中間下車，但仍須停靠在每一個車站，直到抵達目的為止（見圖 6-6）。

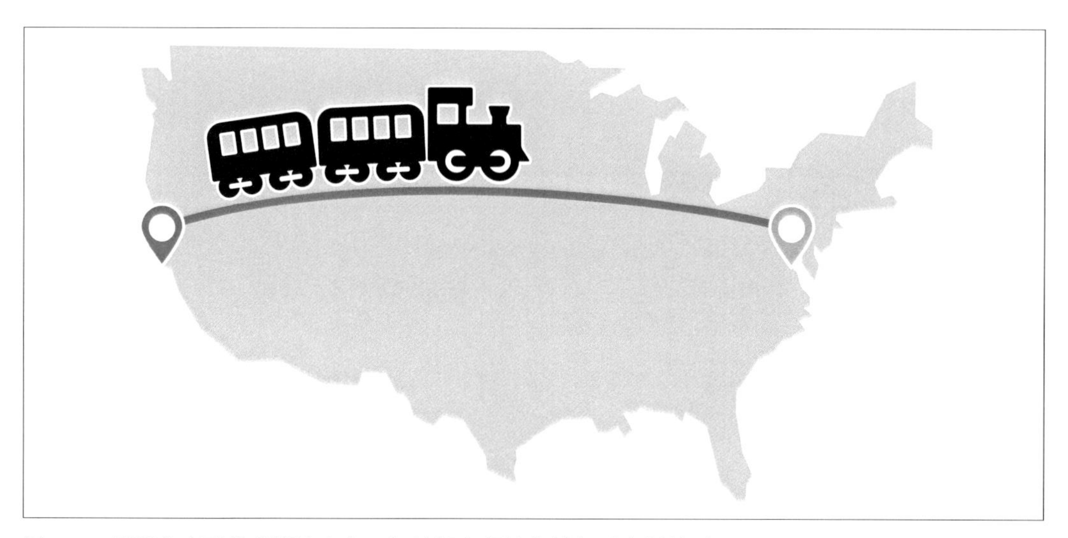

圖 6-6　從舊金山到華盛頓的火車，每站都必須停靠並經手資料傳遞

顯然地，搭飛機直飛會是一個更有效率的做法。因為我們並不需要停靠在中途的州與車站，而是直接飛越它們（見圖 6-7）。

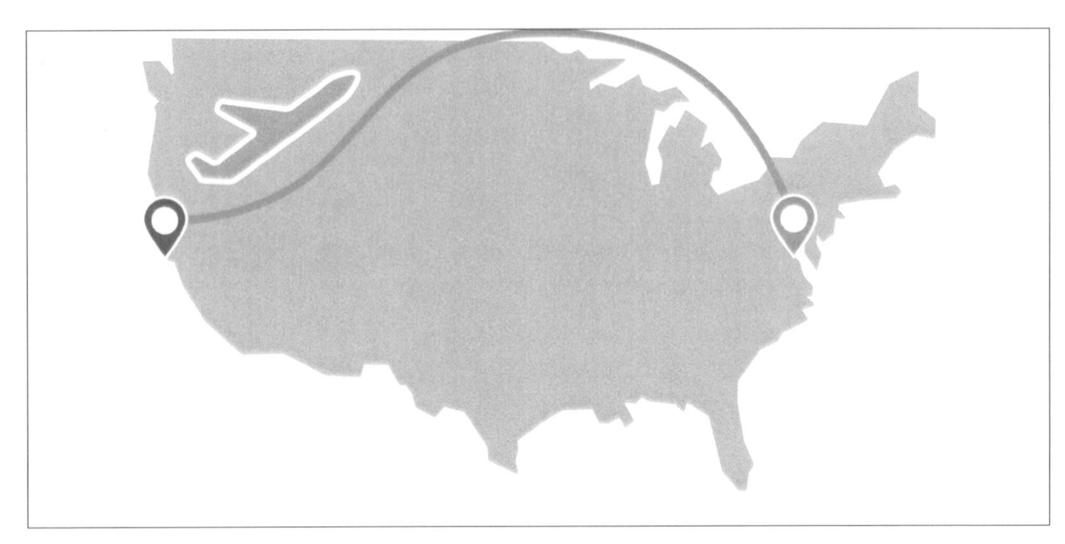

圖 6-7　從舊金山到華盛頓的直飛班機

React 的 *Context* 就像是資料的直飛班機。我們可以透過 *Context Provider* 元件來儲存資料，並使用它來包覆部分或全部的元件樹。Context Provider 就像是飛機起飛的機場——我們的資料將在此「登機」；而每一個降落地點都是一個 *Context Consumer*：在此，目的地的 React 元件會將資料取出並加以運用。

有了 Context，我們可以放心地將狀態儲存於單一節點，卻能省去不必要的傳遞麻煩。

將顏色陣列加入 Context

要使用 React Context，我們必須先往 Contexct Provider 中添加資料，並將元件樹包覆起來。React 提供了用以創建 Context 物件的函式 `createContext`，該函式所回傳的 Context 物件包含了兩個屬性：`Provider` 以及 `Consumer`。

在接下來的討論中，我們首先要將 *color-data.json* 中預設的顏色資料放入 Context 中。以下為修改過的應用程式入口檔案 *index.js*：

```
import React, { createContext } from "react";
import colors from "./color-data";
import { render } from "react-dom";
import App from "./App";

export const ColorContext = createContext();

render(
  <ColorContext.Provider value={{ colors }}>
    <App />
  </ColorContext.Provider>,
  document.getElementById("root")
);
```

在以上程式碼中，我們創建了名為 `ColorContext` 的 Context 物件實體。該物件包含兩個元件：`ColorContext.Provider` 以及 `ColorContext.Consumer`。我們必須透過 `ColorContext.Provider` 元件的 `value` 屬性將顏色陣列傳入 —— 以上範例使用了一個包含 `colors` 的物件。此時，因為我們使用 Context Provider 包覆了整個 App 元件樹，在這個範圍內，都可以透過 Context Consumer 來存取 `colors` 陣列。值得注意的是，我們同時也在檔案中匯出了 `ColorContext`：因為其他的元件必須藉此存取 `ColorContext.Consumer`。

Context Provider 不一定要包覆整組元件樹 —— 只包覆使用到資料的局部元件是常見的做法，且有助於提升效能。

同時使用多個 Provider 也是可接受的 —— 你可能早就在這麼做只是不自知而已。事實上，許多 npm 的 React 套件都在背後使用了 Context 的功能。

我們將透過 Context 來傳遞 `colors` 的值，`App` 元件也因此不再需要儲存狀態或透過 props 將之上下傳遞 —— 因為我們已經實作了資料「直飛」的功能。現在，`ColorContext.Provider` 成為 `App` 的父元件，並對其提供 `colors` 作為 Context。舉例來說，既然 `ColorList` 是 `App` 的子元件，它便可以在不經手 `App` 的前提下直接取用 `colors` 的值 —— 這樣的做法令人滿意，因為 `App` 本來就用不到 `colors`。

如此一來，我們就可以大幅簡化 App 元件的程式碼：它只需要負責渲染 AddColorForm 以及 ColorList 即可，而不需煩惱任何資料與狀態：

```
import React from "react";
import ColorList from "./ColorList.js";
import AddColorForm from "./AddColorForm";

export default function App() {
  return (
    <>
      <AddColorForm />
      <ColorList />
    </>
  );
}
```

透過 useContext 讀取資料

配合 Hook 使用 Context 是個絕佳的解決方案。useContext 這個 Hook 能透過 Context.Consumer 來取出值。在以下範例中，ColorList 元件不再透過 props 傳遞資料，而是透過 useContext 直接取值：

```
import React, { useContext } from "react";
import { ColorContext } from "./";
import Color from "./Color";

export default function ColorList() {
  const { colors } = useContext(ColorContext);
  if (!colors.length) return <div>No Colors Listed. (Add a Color)</div>;
  return (
    <div className="color-list">
      {
        colors.map(color => <Color key={color.id} {...color} />)
      }
    </div>
  );
}
```

在以上程式碼中，我們移除了 ColorList 函式元件上的 colors=[] 屬性，改以 Context 取代之：useContext 函式能直接從 *index.js* 所創建並藉此包覆 App 元件樹的 ColorContext 物件中取值。取得資料後，ColorList 元件便可依此建構使用者介面。

使用 *Context Consumer*

以上範例使用了 useContext 這個 Hook 來存取 Context.Consumer 的值，這代表著我們不需要直接使用 Consumer 元件。在 useContext 問世前，必須透過名為渲染屬性（*Render Props*）的設計模式來作用於 Consumer 中，才能完成類似的工作。如以下程式碼所示，Context 被當做內部箭頭函式的引數進行操作：

```
export default function ColorList() {
  return (
    <ColorContext.Consumer>
      {context => {
      if (!context.colors.length)
      return <div>No Colors Listed. (Add a Color)</div>;
        return (
          <div className="color-list">
            {
              context.colors.map(color =>
                <Color key={color.id} {...color} />)
            }
          </div>
        )
      }}
    </ColorContext.Consumer>
  )
}
```

具狀態的 Context Provider

Context Provider 可以將外部資料納入，但它無法修改資料的值。要達成這個目的，我們必須建構一個具有狀態，並同時渲染成 Context Provider 的元件。當這個元件的狀態改變時，它會依據新的資料重新渲染自己以及連帶的子元件。

我們稱呼這樣的元件為**自定義的 *Provider***，例如以下用以包覆 App 元件的 ColorProvider：

```
import React, { createContext, useState } from "react";
import colorData from "./color-data.json";

const ColorContext = createContext();

export default function ColorProvider ({ children }) {
  const [colors, setColors] = useState(colorData);
```

```
  return (
    <ColorContext.Provider value={{ colors, setColors }}>
      {children}
    </ColorContext.Provider>
  );
};
```

在以上程式碼中，ColorProvider 是一個渲染 ColorContext.Provider 的元件。在該元件中，我們使用 useState 這個 Hook 創建了以 *color-data.json* 檔案為預設值的狀態變數 colors，及其對應的 Setter 函式 setColors。接著，透過 value 屬性將這兩者加入 Context 中——任何被這個 Context 包覆的子元件都將得以存取 colors 以及 setColors。

值得注意的是我們在 Context 中加入了狀態的 Setter 函式 setColors。這將會使所有的 Context Consumer 可以呼叫它並藉此修改 colors 的狀態——狀態一旦變動，ColorProvider 連同其子元件就會依照新的資料進行重新渲染。

然而，直接將 setColors 加入 Context 也許不是最好的辦法，因為它的功能太過廣泛，因此可能造成其他開發者的誤用。考量到在操作 colors 這個狀態變數時，我們通常只會有三個需求：新增、刪除以及修改評價。因此，我們可以將這三個操作都拆分成獨立的函式，並分別加入 Context 中。透過這樣的修正，我們可以更明確地傳達程式碼的意圖：

```
export default function ColorProvider ({ children }) {
  const [colors, setColors] = useState(colorData);

  const addColor = (title, color) =>
    setColors([
      ...colors,
      {
        id: v4(),
        rating: 0,
        title,
        color
      }
    ]);

  const rateColor = (id, rating) =>
    setColors(
      colors.map(color => (color.id === id ? { ...color, rating } : color))
    );

  const removeColor = id => setColors(colors.filter(color => color.id !== id));
```

```
    return (
      <ColorContext.Provider value={{ colors, addColor, removeColor, rateColor }}>
        {children}
      </ColorContext.Provider>
    );
  };
```

以上程式碼看起來明確多了！我們將合法的、操作顏色狀態的方法放入了 Context 中。如此一來，元件樹中的子元件都可以在需要時取用（Consume）這些函式來修改資料狀態。

自定義 Context Hook

我們仍有一個殺手級的變動可以優化程式碼：透過 Hook 的概念來封裝 Context 物件，避免將其直接暴露給 Context Consumer（承認吧，如果你的同事沒有讀這本書，他很有可能看不懂你的 Context 到底在做什麼）：

```
import React, { createContext, useState, useContext } from "react";
import colorData from "./color-data.json";
import { v4 } from "uuid";

const ColorContext = createContext();
export const useColors = () => useContext(ColorContext);

// export default function ColorProvider ({ children }) {
//   ...
// }
```

使用自定義的 Hook 封裝 Context 為軟體結構帶來了重要的改變：我們將所有涉及狀態以及渲染的功能封裝成一個獨立的 JavaScript 模組。Context 物件被保護在模組的內部，並透過 `useColors` 這個 Hook 供外部的 Consumer 存取。在清晰地重整了模組的內外之別後，我們可以將其命名為 `color-hooks.js` 並放心地交付給其他團隊成員，甚至是開發者社群使用。

一旦建構了簡練優雅的模組，透過 `ColorProvider` 以及 `useColors` 來執行後續開發便是件愉悅的事。首先，我們必須在 *index.js* 檔案中將 `App` 元件放置於 `ColorProvider` 中：

```
import React from "react";
import { ColorProvider } from "./color-hooks.js";
import { render } from "react-dom";
import App from "./App";
```

```
render(
  <ColorProvider>
    <App />
  </ColorProvider>,
  document.getElementById("root")
);
```

如此一來，子元件 ColorList 就可以透過 useColors 這個 Hook 來取得 colors 資料，並藉此渲染出使用者介面：

```
import React from "react";
import Color from "./Color";
import { useColors } from "./color-hooks";

export default function ColorList() {
  const { colors } = useColors();
  return ( ... );
}
```

總而言之，我們不再透過對 Context 物件的直接參照來添加與存取資料，而是透過自定義元件與 Hook 來提供必要的資料與功能。舉例來說，以下的 Color 元件可以透過 Hook 來取得設定評價以及移除顏色相關的工具函式：

```
import React from "react";
import StarRating from "./StarRating";
import { useColors } from "./color-hooks";

export default function Color({ id, title, color, rating }) {
  const { rateColor, removeColor } = useColors();
  return (
    <section>
      <h1>{title}</h1>
      <button onClick={() => removeColor(id)}>X</button>
      <div style={{ height: 50, backgroundColor: color }} />
      <StarRating
        selectedStars={rating}
        onRate={rating => rateColor(id, rating)}
      />
    </section>
  );
}
```

在以上程式碼中，Color 元件不再透過 props 傳遞函式與事件：只要透過 useColors 這個 Hook 便可以間接從 Context 中取用 rateColor 以及 removeColor 函式——這讓寫程式變成了一種享受。同樣的道理，AddColorForm 元件也可以改寫如下：

```
import React from "react";
import { useInput } from "./hooks";
import { useColors } from "./color-hooks";

export default function AddColorForm() {
  const [titleProps, resetTitle] = useInput("");
  const [colorProps, resetColor] = useInput("#000000");
  const { addColor } = useColors();

  const submit = e => {
    e.preventDefault();
    addColor(titleProps.value, colorProps.value);
    resetTitle();
    resetColor();
  };

  return ( ... );
}
```

在以上程式碼中，AddColorForm 元件可以直接取用 addColor 函式。只要任何元件呼叫了新增顏色、修改評價與刪除顏色的工具函式，ColorProvider 元件中的 colors 狀態就會改變，接著被包覆的元件樹就會重新渲染——這一切都可以封裝成一個優雅的 Hook。

Hook 的問世振興了前端開發者的士氣，它讓工作變得有趣且充滿動力。其核心的精神在於：Hook 優雅地拆分了介面與資料的概念：讓元件專注於渲染與建構使用者介面；而 Hook 則負責應用的狀態與邏輯的管理。如此一來，元件與 Hook 便可以分頭開發、分頭測試，甚至是分頭部署——這真的是很棒的突破！

更酷的是，我們目前只討論了 Hook 的初步應用。在下一章中，我們將前往更深的水域。

第七章

使用更多 React Hook 優化元件

渲染（Render）是 React 的命脈。當屬性或是狀態改變時，React 元件（Component）便會重新渲染，並將最新的資料呈現在使用者介面中。目前為止，useState 這個 Hook 是我們用來管理狀態的主要工具。然而，React 其實有更多不同的 Hook，可以用來設定不同的渲染時機與規則，並且提升渲染的效能——當你需要協助時，永遠會有更多的 Hook 可以幫忙！

在之前的章節中，我們介紹了 useState、useRef 以及 useContext 這幾個 Hook；也討論如何透過這些工具建構自定義的 Hook，例如 useInput 與 useColors。在本章中，我們將介紹更多的 Hook，例如建構應用時最重要的 useEffect、useLayoutEffect 以及 useReducer；此外，我們也會探討 useCallback 以及 useMemo 這兩個用來優化元件效能的 Hook。

useEffect

我們對於元件的渲染已經有了很不錯的理解：元件的本質就是一個可以渲染成使用者介面的函式；當應用程式第一次被讀取，或是元件的屬性與狀態被改變時，便會觸發渲染。然而，如果我們希望元件在渲染之後接著執行某件任務，這要如何達成呢？

請想像一個簡單的元件 Checkbox：我們可以使用 useState 去設定 checked 變數以及 Setter 函式 setChecked。用戶可以針對元件進行勾選以及反勾選，然而，如果我們希望在用戶勾選之後跳出警告（alert）視窗，這要如何做到呢：

```
import React, { useState } from "react";

function Checkbox() {
  const [checked, setChecked] = useState(false);

  alert(`checked: ${checked.toString()}`);

  return (
    <>
      <input
        type="checkbox"
        value={checked}
        onChange={() => setChecked(checked => !checked)}
      />
      {checked ? "checked" : "not checked"}
    </>
  );
};
```

在以上程式碼中，我們在 return 之前呼叫了 alert()。這樣的做法會阻塞（Block）元件的渲染——這意味著只有在使用者按下警告視窗的確認按鈕後，渲染才會接著進行；換句話說，在按下確認前，我們的資料將會停留在舊狀態中。

這當然不是我們想要的。但如果將 alert() 改放在 return 之後呢：

```
function Checkbox {
  const [checked, setChecked] = useState(false);

  return (
    <>
      <input
        type="checkbox"
        value={checked}
        onChange={() => setChecked(checked => !checked)}
      />
      {checked ? "checked" : "not checked"}
    </>
  );

  alert(`checked: ${checked.toString()}`);
};
```

……醒醒吧，我們當然不能在 return 之後呼叫任何東西，因為該段程式碼根本不會被執行。要達成這樣的目的，就必須使用 useEffect 函式，並將相關的操作放在引數函式中——該函式會在元件渲染之後被呼叫：

```
function Checkbox {
  const [checked, setChecked] = useState(false);

  useEffect(() => {
    alert(`checked: ${checked.toString()}`);
  });

  return (
    <>
      <input
        type="checkbox"
        value={checked}
        onChange={() => setChecked(checked => !checked)}
      />
      {checked ? "checked" : "not checked"}
    </>
  );
};
```

如以上程式碼所示，我們會使用 useEffect 這個 Hook 來讓函式產生**周邊作用**（Side Effect）。你可以把周邊作用想像成所有不是為了產生回傳結果而執行的額外工作。我們在第 3 章中介紹了函式導向程式設計以及純函式（Pure Function）的概念——CheckBox 理論上應該是一個為了渲染使用者介面而生的純函式。然而，我們偶爾會需要讓某些元件多做一些純函式以外的工作，這些工作我們就稱之為 *Effect*，而包覆著眾多 Effect 操作的函式，我們就稱之為 ***Effect* 函式**。

不論是 alert()、console.log() 或是其他與瀏覽器原生 API 互動的行為，都不是 return 與渲染的一部分。在 React 中，如果我們需要在渲染之後進行其他的任務，就可以利用 useEffect 這個 Hook。舉例來說，我們可以藉此使用 console.log() 來印出渲染後的元件屬性：

```
useEffect(() => {
  console.log(checked ? "Yes, checked" : "No, not checked");
});
```

同樣的道理，我們也可以在渲染之後，將元件的選取的狀態儲存在瀏覽器的 localStorage：

```
useEffect(() => {
  localStorage.setItem("checkbox-value", checked);
});
```

或是在使用到 useRef 的場合中，透過 Ref 物件來聚焦某個 DOM 的輸入欄位。因為 React 會先依照元件渲染出 DOM 才執行 useEffect 的內容，因此這麼做的順序完全沒有問題：

```
useEffect(() => {
  txtInputRef.current.focus();
});
```

總而言之，你可以將 useEffect 的第一個引數（也就是 Effect 函式），想成一個會在渲染之後接著執行的函式——我們可以倚賴元件最新的狀態與數值來執行額外的任務。如此不斷循環：新的狀態變化，新的渲染，接著 Effect 函式會再次被呼叫。

相依陣列

useEffect 可以用來和其他狀態管理的 Hook 一起協作，像是 useState 以及我們尚未介紹的 useReducer：呼叫 useState 的 Setter 函式會觸發渲染，而重新渲染會觸發 useEffect 中的 Effect 函式。

在以下範例中，App 元件具有兩組獨立的狀態：

```
import React, { useState, useEffect } from "react";
import "./App.css";

function App() {
  const [val, set] = useState("");
  const [phrase, setPhrase] = useState("example phrase");

  const createPhrase = () => {
    setPhrase(val);
    set("");
  };

  useEffect(() => {
    console.log(`typing "${val}"`);
  });

  useEffect(() => {
```

```
    console.log(`saved phrase: "${phrase}"`);
  });

  return (
    <>
      <label>Favorite phrase:</label>
      <input
        value={val}
        placeholder={phrase}
        onChange={e => set(e.target.value)}
      />
      <button onClick={createPhrase}>send</button>
    </>
  );
}
```

val 是一個狀態變數，代表文字欄位（也就是 input）當前的值。當文字欄位的值發生改變時，val 也會隨之改變。這意味著只要使用者輸入任何一個新字母，便會觸發元件的重新渲染。而當用戶點擊 Send 按鈕時，文字欄位當前的值便會被儲存至 phrase 這個狀態變數中，並且將 val 重設為空白字串。

這些功能表面上可以正常運作。然而，我們會發現每當輸入新的字母時，即便尚未點擊按鈕，useEffect 設定的兩個函式都會被一起呼叫——這與預期的行為不同。因為我們希望在輸入時只執行第一個 useEffect 函式；點擊 Send 按鈕時才執行第二個：

```
typing ""                               // First Render
saved phrase: "example phrase"          // First Render
typing "S"                              // Second Render
saved phrase: "example phrase"          // Second Render
typing "Sh"                             // Third Render
saved phrase: "example phrase"          // Third Render
typing "Shr"                            // Fourth Render
saved phrase: "example phrase"          // Fourth Render
typing "Shre"                           // Fifth Render
saved phrase: "example phrase"          // Fifth Render
typing "Shred"                          // Sixth Render
saved phrase: "example phrase"          // Sixth Render
```

要達成目的，我們必須將兩個產生周邊作用的函式透過 useEffect 與某些特定狀態的變動「掛鉤」起來。我們可以傳入**相依陣列**（Dependency Array）作為 useEffect 的第二個引數，用以決定正確的執行時機：

```
useEffect(() => {
  console.log(`typing "${val}"`);
}, [val]);

useEffect(() => {
  console.log(`saved phrase: "${phrase}"`);
}, [phrase]);
```

在以上函式中，我們為兩個 useEffect 設定了不同的相依陣列——當 val 的狀態改變時會觸發第一個；而 phrase 的狀態改變則會觸發第二個。在運行應用之後，我們可以在控制台中看到如下紀錄：

```
typing ""                              // First Render
saved phrase: "example phrase"         // First Render
typing "S"                             // Second Render
typing "Sh"                            // Third Render
typing "Shr"                           // Fourth Render
typing "Shre"                          // Fifth Render
typing "Shred"                         // Sixth Render
typing ""                              // Seventh Render
saved phrase: "Shred"                  // Seventh Render
```

一切順利！在文字欄位中輸入只會觸發 typing 相關的紀錄；而點擊 Send 按鈕則會觸發 saved 相關的紀錄。

值得注意的是，相依「陣列」是一個陣列。這代表著我們可以輸入多個狀態變數來觸發 Effect 函式。舉例來說，我們希望 val 以及 phrase 的狀態變動都可以觸發 Effect 函式：

```
useEffect(() => {
  console.log("either val or phrase has changed");
}, [val, phrase]);
```

在以上程式碼中，不論是哪一個變數發生變化，Effect 函式都會被執行。此外，我們也可以傳入空白陣列給 useEffect 作為相依陣列，這會讓 Effect 函式只在第一次渲染時被執行：

```
useEffect(() => {
  console.log("only once after initial render");
}, []);
```

在以上程式碼中，我們使用了空白陣列作為相依陣列，沒有相依的狀態意味著 Effect 函式只會在第一次渲染時被呼叫。這個功能很適合用來執行一些在應用程式初始化時的工作：

```
useEffect(() => {
  welcomeChime.play();
}, []);
```

此外，如果我們從 Effect 函式中回傳另一個函式，該回傳函式會在元件移除時被呼叫：

```
useEffect(() => {
  welcomeChime.play();
  return () => goodbyeChime.play();
}, []);
```

這樣的功能意味著我們可以透過 `useEffect` 來掌控元件的建構（Setup）與解構（Teardown）時的周邊作用。以上程式碼中的空白陣列意味著箭頭函式只會在元件第一次渲染時被執行，接著便回傳另一個箭頭函式——該函式會播放再見音效且只會在元件被移除時執行。

這個模式非常管用。假設我們希望某個新聞元件在第一次被渲染時訂閱某個新聞來源，接著在元件被移除時解除訂閱。在實作中，我們會建構狀態變數 `posts` 及其對應的 Setter 函式；接著便使用 `useEffect` 來訂閱新聞來源（播放歡迎音效）；當元件被移除時，則執行另一個被回傳的函式來取消訂閱（播放再見音效）。以下為概念性的示範：

```
export default function SomeNewsList({url}){
  const [posts, setPosts] = useState([]);
  const addPost = post => setPosts([post, ...posts]);

  useEffect(() => {
    newsFeed.subscribe(url, addPost);
    welcomeChime.play();
    return () => {
      newsFeed.unsubscribe(url);
      goodbyeChime.play();
    };
  }, []);
}
```

除此之外，我們可以繼續拆解 useEffect 當中的實作，將其分為訂閱以及播放音效兩個部分：

```
useEffect(() => {
  newsFeed.subscribe(url, addPost);
  return () => newsFeed.unsubscribe(url);
}, []);

useEffect(() => {
  welcomeChime.play();
  return () => goodbyeChime.play();
}, []);
```

拆解 Effect 函式通常是個好主意。我們還可以進一步將之封裝為自定義的 Hook。在以下程式碼中，我們將其命名為 useJazzyNews——每個人都喜歡一點聲音對吧？將功能妥善封裝的好處就是可以在多個元件中加入音效：

```
const useJazzyNews = ({url}) => {
  const [posts, setPosts] = useState([]);
  const addPost = post => setPosts([post, ...posts]);

  useEffect(() => {
    newsFeed.subscribe(url, addPost);
    return () => newsFeed.unsubscribe(url);
  }, []);

  useEffect(() => {
    welcomeChime.play();
    return () => goodbyeChime.play();
  }, []);

  return posts;
};
```

以上自定義的 Hook 封裝了所有處理文章狀態改變時需要觸發的效果，這代表著我們可以輕鬆地將之應用在各種元件中。舉例來說，在以下 NewsFeed 元件裡，可以如此使用：

```
function NewsFeed({ url }) {
  const posts = useJazzyNews({url});

  return (
    <>
      <h1>{posts.length} articles</h1>
      {posts.map(post => (
        <Post key={post.id} {...post} />
      ))}
```

```
    </>
  );
}
```

深入探討 useEffect 的觸發時機與相依陣列

在之前的範例中，我們為 `useEffect` 設定的相依陣列 `[val, phrase]` 都是 JavaScipt 的原生資料型別（包含字串、數字或布林值等等）。這些資料在判斷是否相等時，其行為模式會符合我們的直覺：

```
if ("gnar" === "gnar") {
  console.log("gnarly!!");
}
```

然而，當我們判斷物件、陣列以及函式的相等時，就會發生預期之外的狀況。舉例來說，如果我們比對兩個陣列：

```
if ([1, 2, 3] !== [1, 2, 3]) {
  console.log("but they are the same");
}
```

在以上程式碼中，即便兩個 `[1,2,3]` 陣列的外觀、長度以及內容都一樣，JavaScript 仍然會判斷它們是不相等的——這是因為它們是不同的物件實體。在 JavaScript 中，任意兩個陣列、物件、函式只有在它們是同一個實體時才會被判斷為相等：

```
const array = [1, 2, 3];
if (array === array) {
  console.log("because it's the exact same instance");
}
```

JavaScript 這樣的特性會對相依陣列及 `useEffect` 回呼函式的觸發時機產生深層的影響。在開始這場討論前，我們要先創建一個自定義的 Hook 工具，這個 Hook 會使得使用者按下任意按鍵時，對元件觸發重新渲染：

```
const useAnyKeyToRender = () => {
  const [, forceRender] = useState();

  useEffect(() => {
    window.addEventListener("keydown", forceRender);
    return () => window.removeEventListener("keydown", forceRender);
  }, []);
};
```

在 React 中，最簡單用來觸發重新渲染的方式就是修改狀態。在以上的程式碼中，我們並不需要狀態變數，只需要 Setter 函式 forceRender（在此我們使用了陣列解構並直接加入半形逗點，如果你忘了相關的語法，請參考本書第 2 章的說明）。當元件第一次被渲染時，我們便開始聆聽 keydown 事件。當使用者按下任何按鍵時，我們就會呼叫 forceRender 函式來使元件重新渲染。此外，我們還返還了一個解構函式來停止追蹤 keydown 事件。接著，我們只需將 useAnyKeyToRender 這個自定義的 Hook 添加到任何元件中，就可以使該元件在每一次用戶按下按鍵時進行重新渲染：

以下範例中，我們在 App 元件中加入了 useAnyKeyToRender：

```
function App() {
  useAnyKeyToRender();

  useEffect(() => {
    console.log("fresh render");
  });

  return <h1>Open the console</h1>;
}
```

這麼一來，只要按下任何按鍵，App 元件都會被重新渲染。我們還加入了另一組 useEffect 使得每一次 App 重新渲染時都會印出文字訊息。接著，要為這組 useEffect 加入相依陣列 [word]：

```
const word = "gnar";
useEffect(() => {
  console.log("fresh render");
}, [word]);
```

以上程式碼意味著我們只在第一次渲染以及 word 改變時呼叫 Effect 函式——因為本案例中的 word 不會改變，所以後續的呼叫不會發生。使用其他 JavaScript 的原生資料型別（例如數字）作為相依陣列的成員也會發生一樣的事：Effect 函式只會在第一次渲染時被執行。

然而，如果我們將一個字串「陣列」words 作為相依陣列的元素，而不是單一個字串，會發生什麼事呢？

```
const words = ["sick", "powder", "day"];
useEffect(() => {
  console.log("fresh render");
}, [words]);
```

因為 words 是一個陣列，且每次 App 元件重新渲染時都會重新建構一個新的陣列實體。因此 JavaScript 永遠會認定 words 已經改變了，因此會持續在使用者按下按鈕時印出「fresh render」的訊息。

如果我們將 words 宣告在 App 之外，就可以解決這個問題：

```
const words = ["sick", "powder", "day"];

function App() {
  useAnyKeyToRender();
  useEffect(() => {
    console.log("fresh render");
  }, [words]);

  return <h1>component</h1>;
}
```

在以上程式碼中，相依陣列的成員 words 是被宣告在 App 之外。因為 words 始終是同一個陣列實體，當 App 重新渲染時便不會觸發 Effect 函式。在本案例中，這樣的實作方法可以暫時解決問題，但是在函式以外定義變數並不是一個永遠可行且值得鼓勵的設計方案。舉例來說，我們想要透過 children 屬性來建構一個 words 陣列：

```
function WordCount({ children = "" }) {
  useAnyKeyToRender();

  const words = children.split(" ");

  useEffect(() => {
    console.log("fresh render");
  }, [words]);

  return (
    <>
      <p>{children}</p>
      <p>
        <strong>{words.length} - words</strong>
      </p>
    </>
  );
}


function App() {
  return <WordCount>You are not going to believe this but...</WordCount>;
}
```

在這個簡單的應用中，App 元件包含了一段句子作為 WordCount 元件的 children。在 WordCount 中，我們將該段句子透過 split() 方法拆解成 words 陣列。我們希望只在 words 變化時才印出 "fresh render" 文字訊息。然而，當按下任意按鍵時，我們看到控制台持續印出怵目驚心的 "fresh render" 訊息……

先喝杯茶壓壓驚！因為 React 早就提供了必要的工具，讓我們得以解決這些因為 JavaScript 比對陣列、物件、函式的相等性的行為模式所衍生出的問題。React 從不會放生我們，你或許也可以猜得到，這個問題的解決方案就是……嗯，另一個名為 useMemo 的 Hook。

useMemo 會呼叫傳遞給它的引數函式來計算並暫存住結果。在計算機領域中，這個技術稱之為**記憶化**（Memoization）。在一個記憶化的函式中，其所回傳的結果會被暫存住。當該函式再次被呼叫且輸入值皆相同時，被暫存的結果就會不經過計算而直接回傳。

useMemo 接受兩個引數：第一個是用以計算並暫存結果的函式；第二個引數則是一個相依陣列。useMemo 只有在相依陣列變動時才會重新計算函式的輸出結果。在使用 useMemo 這個 Hook 前，我們必須先從 React 導入：

```
import React, { useEffect, useMemo } from "react";
```

接著，便可以透過 useMemo 來計算 words:

```
const words = useMemo(() => {
  const words = children.split(" ");
  return words;
}, []);

useEffect(() => {
  console.log("fresh render");
}, [words]);
```

在以上程式碼中，useMemo 會呼叫傳入的引數函式，於其中計算 words 並將之回傳。值得注意的是，就像 useEffect 一樣，useMemo 也依靠相依性陣列來決定傳入的函式需不需要重新計算，例如：

```
const words = useMemo(() => children.split(" "));
```

在以上程式碼中，當我們不傳入任何相依陣列時，words 便會在元件每次重新渲染時被重新計算。要達成先前預想的設計目的，就必須將 children 納入相依陣列：

```
function WordCount({ children = "" }) {
  useAnyKeyToRender();
```

```
  const words = useMemo(() => children.split(" "), [children]);

  useEffect(() => {
    console.log("fresh render");
  }, [words]);

  return (...);
}
```

在以上程式碼中，words 是否要重新計算取決於 children 的值是否變動。換言之，只要 WordCount 元件重新渲染且 children 的值改變時，useMemo 就會重新建構 words 陣列。

在建構 React 應用時，useMemo 會是一個非常值得深入了解的 Hook。

另一個與 useMemo 類似的 Hook 是 useCallback，其中的差異在於，useCallback 暫存的不是值而是一個函式：

```
const fn = () => {
  console.log("hello");
  console.log("world");
};

useEffect(() => {
  console.log("fresh render");
  fn();
}, [fn]);
```

在以上程式碼中，fn 會印出「Hello」以及「World」。接下來的 useEffect 將其納入相依陣列之中。然而，就如同之前例子中提到的，因為 JavaScript 會把每一個 fn 實體都視作不相等。因此，這會使得 Effect 函式每次都會被觸發，並印出「fresh render」訊息，這與我們期待的功能不同。

要修正這個問題，必須使用 useCallback 並將相關功能包裹成箭頭函式並且傳入：

```
const fn = useCallback(() => {
  console.log("hello");
  console.log("world");
}, []);

useEffect(() => {
  console.log("fresh render");
  fn();
}, [fn]);
```

useCallback 會保存住 fn 的函式實體。就像 useMemo 一樣，它也接收一個相依陣列作為第二個引數。在以上程式碼中，fn 永遠不會改變，因為相依性陣列是一個空白陣列[譯註1]。

現在，我們已經熟悉 useMemo 以及 useCallback 了，接著便要透過這些工具來為 useJazzNews 增加新功能：每當新的貼文產生時，我們就會呼叫 newPostChime.play 函式來播放音效。在這個 Hook 中，因為 posts 是一個陣列，因此我們必須透過 useMemo 來暫存它，才能正確地比對狀態：

```
const useJazzyNews = () => {
  const [_posts, setPosts] = useState([]);
  const addPost = post => setPosts(allPosts => [post, ...allPosts]);

  const posts = useMemo(() => _posts, [_posts]);

  useEffect(() => {
    newPostChime.play();
  }, [posts]);

  useEffect(() => {
    newsFeed.subscribe(addPost);
    return () => newsFeed.unsubscribe(addPost);
  }, []);

  useEffect(() => {
    welcomeChime.play();
    return () => goodbyeChime.play();
  }, []);

  return posts;
};
```

在新的 useJazzyNews 中，每當有新的文章，就會播放音效。這個功能的實作重點在於：我們將最直覺的 [posts, setPosts] 修改為 [_posts, setPosts]，並在 _posts 變動時產生新的 posts 陣列實體。

再來，我們將 posts 加入第一個 useEffect 的相依陣列。當收到新的新聞時，會觸動 _posts 的狀態改變；此時便會觸發 posts 的重新計算；因而連動地播放出音效。

譯註1 在 React 的官方文件中舉了一個很好的說明：useCallback(fn, deps) 等同於 useMemo(() => fn, deps)。

使用 useLayoutEffect

渲染永遠會在 `useEffect` 之前被執行。所有 `useEffect` 當中的操作都會取得最新渲染後的狀態。React 之中還有另一個名為 `useLayoutEffect` 的 Hook，可以在不同的時機觸發周邊效果。其觸發時機如下：

1. React 元件樹渲染
2. `useLayoutEffect` 被執行
3. React 更新瀏覽器的 DOM（Paint，以下簡稱繪圖）
4. `useEffect` 被執行

我們可以透過以下的範例以及控制台訊息來進行觀察：

```
import React, { useEffect, useLayoutEffect } from "react";

function App() {
  useEffect(() => console.log("useEffect"));
  useLayoutEffect(() => console.log("useLayoutEffect"));
  return <div>ready</div>;
}
```

在以上 `App` 元件中，`useEffect` 是第一個 Hook，接著才是 `useLayoutEffect`。然而，我們會看到後者會先被執行：

```
useLayoutEffect
useEffect
```

`useLayoutEffect` 會在 React 元件渲染之後，以及瀏覽器的繪圖之前被執行。在絕大部分的任務中，`useEffect` 會是最正確的工具。然而如果你想要的周邊效果與瀏覽器的繪圖有關（例如與外觀以及部署使用者介面），也許就會使用到 `useLayoutEffect`。舉例來說，你也許會想要取得視窗在 resize 時，某元素的寬與高：

```
function useWindowSize {
  const [width, setWidth] = useState(0);
  const [height, setHeight] = useState(0);

  const resize = () => {
    setWidth(window.innerWidth);
    setHeight(window.innerHeight);
  };

  useLayoutEffect(() => {
```

```
    window.addEventListener("resize", resize);
    resize();
    return () => window.removeEventListener("resize", resize);
  }, []);

  return [width, height];
};
```

在以上程式碼中，在瀏覽器的繪圖被執行前，我們便可以取得視窗的 width 與 height 的資訊。再舉一個例子，我們可以透過 useLayoutEffect 來追蹤游標的位置：

```
function useMousePosition {
  const [x, setX] = useState(0);
  const [y, setY] = useState(0);

  const setPosition = ({ x, y }) => {
    setX(x);
    setY(y);
  };

  useLayoutEffect(() => {
    window.addEventListener("mousemove", setPosition);
    return () => window.removeEventListener("mousemove", setPosition);
  }, []);

  return [x, y];
};
```

在以上範例中，我們可能會透過 x 與 y 的位置來設定瀏覽器的繪圖。透過 useLayoutEffect，我們可以在瀏覽器的繪圖之前就正確地取得資訊[譯註 2]。

Hook 的使用原則

React Hook 雖然非常好用，但其實並不容易掌握。若能記住以下幾個原則，便可以避免錯誤與異常事件：

譯註 2 以上原書中的兩個案例因為沒有提供上層元件的應用方式且 useLayoutEffext 的相依陣列也是空白陣列，因此無法有效地示範 useEffect 以及 useLayoutEffect 的差別。正如作者所言，在絕大多數的狀況下，useEffect 都能正確地完成任務。如果你仍然暫時無法理解兩者的差異，譯者的建議是：當發現畫面因為 useEffect 而出現閃動（flicker）或是無窮迴圈的狀況時，再來重新閱讀這個章節，會有豁然開朗的感覺。

Hook 只應該在 *React* 元件中運作

如題，你可以將 React 原生的 Hook 封裝成自定義的 Hook，再加到元件之中。但請記住 Hook 不屬於常規的 JavaScript——儘管越來越多函式庫正逐漸納入 Hook，它仍舊屬於 React 專屬的設計模式。

依據功能拆分成多個 *Hook* 是優雅的作法

在前面的 useJazzyNews 範例中，我們將所有訂閱相關的功能拆成了一組 useEffect；並將播放音效相關的功能拆成另一組 useEffect。這麼做除了讓程式碼更容易閱讀之外，還有另一個優勢：因為 Hook 會依照順序被呼叫，將其保持精簡有利於程式碼的重構。只要元件被呼叫，React 會將 Hook 的值儲存在一個陣列中以利追蹤，例如以下程式碼：

```
function Counter() {
  const [count, setCount] = useState(0);
  const [checked, toggle] = useState(false);

  useEffect(() => {
    ...
  }, [checked]);

  useEffect(() => {
    ...
  }, []);

  useEffect(() => {
    ...
  }, [count]);

  return ( ... )
}
```

在每一次的渲染中，Hook 的呼叫都會維持以下順序：

```
[count, checked, DependencyArray, DependencyArray, DependencyArray]
```

避免在巢狀結構中呼叫 *Hook*

Hook 只應該在函式元件的最上層空間被呼叫。換言之，它們不應該被放在條件邏輯、迴圈或是巢狀函式中：

```
function Counter() {
  const [count, setCount] = useState(0);

  if (count > 5) {
    const [checked, toggle] = useState(false);
```

```
  }

  useEffect(() => {
    ...
  });

  if (count > 5) {
    useEffect(() => {
      ...
    });
  }

  useEffect(() => {
    ...
  });

  return ( ... )
}
```

在以上程式碼中，我們將 useState 置於 if 之中，這代表了該 Hook 只會在 count > 5 時被呼叫。這會讓 React 在比對 Hook 的值陣列時因為長度不同，而產生錯誤的行為。舉例來說，Hook 的值陣列在第一次渲染時可能是 [count, checked, DependencyArray, 0, DependencyArray]；然而第二次卻變成 [count, DependencyArray, 1]。簡言之：Hook 的順序與數量是 React 賴以確認狀態是否改變的核心機制。

等等！所以這意味著我們在 React 元件中都不能使用條件邏輯或迴圈了嗎？當然不是，只是要換個方式組織這些邏輯，將其編寫至 Hook 內部：

```
function Counter() {
  const [count, setCount] = useState(0);
  // 修改過的條件邏輯 (1)
  const [checked, toggle] = useState((count < 5) ? undefined:true);

  useEffect(() => {
    ...
  });

  // 修改過的條件邏輯 (2)
  useEffect(() => {
    if (count < 5) return;
    ...
  });

  useEffect(() => {
    ...
  });
```

```
  return ( ... )
}
```

在以上程式碼中，checked 的初始值取決於 count 是否小於 5：如果是，則設定為 undefined（反之則為 true）。這樣的修正使 Hook 得以保持在元件最上層的空間之中，但仍然能做到我們想要的判斷結果。第二個修正的道理亦同：如果 count 小於 5，則 Effect 函式不會被執行。總之，這一切的重點皆在於維持 Hook 的值陣列順序一致：[countValue, checkedValue, DependencyArray, DependencyArray, DependencyArray]。

同樣的道理，我們必須將非同步行為實作在 Hook 的引數函式之內。useEffect 只接受標準函式作為第一個引數 —— 而非任何 Promise 或是非同步函式（async function）。然而，我們可以在該引數函式的內部建構非同步函式並執行呼叫：

```
useEffect(() => {
  const fn = async () => {
    await SomePromise();
  };
  fn();
});
```

如上所示，我們建構了一個名為 fn 的非同步函式（請注意它使用了 async 與 await 關鍵字）並執行呼叫。你可以使用如上的命名與呼叫邏輯，或是乾脆直接呼叫匿名函式亦無不可：

```
useEffect(() => {
  (async () => {
    await SomePromise();
  })();
});
```

以上三點，如果能有效遵守，就可以避免掉許多與 Hook 有關的坑。如果你正在使用 Create React App，那麼有一個名為 ESLint 的插件，其中的 eslint-plugin-react-hooks 可以在專案違反以上規則時提供警告訊息。

使用 useReducer 優化程式碼

接下來我們要示範一個 Checkbox 元件，這是一個典型的具有極簡單狀態的元件。Checkbox 只有勾選與非勾選這兩種狀態，在此我們使用 checked 命名狀態變數，並將 Setter 函式命名為 setChecked。當元件第一次渲染時，預設的狀態為非勾選：

```
function Checkbox() {
  const [checked, setChecked] = useState(false);

  return (
    <>
      <input
        type="checkbox"
        value={checked}
        onChange={() => setChecked(prevState => !prevState)}
      />
      {checked ? "checked" : "not checked"}
    </>
  );
}
```

以上程式碼可以正確運作，但有其中一段函式值得留意：

```
onChange={() => setChecked(prevState => !prevState)}
```

這個函式乍看之下沒有問題，但其實它可以不用這麼複雜——我們在 onChange 上設定了一個匿名函式，讀取當前的 checked 變數狀態並切換成相反的值。與這麼做，何不直接設定一個工具函式呢？我們可以新增一個名為 toggle 且功能相同的工具函式，透過呼叫 setChecked 函式將狀態切換成相反的值：

```
function Checkbox() {
  const [checked, setChecked] = useState(false);

  function toggle() {
    setChecked(prevState => !prevState);
  }

  return (
    <>
      <input type="checkbox" value={checked} onChange={toggle} />
      {checked ? "checked" : "not checked"}
    </>
  );
}
```

這看起來清爽多了，onChange 的實作具備了宣告式的語法風格，對於讀者來說也更容易預測函式的行為。然而，我們還可以進一步優化函式的可讀性。還記得 toggle 函式中的內容嗎？

```
setChecked(checked => !checked);
```

在以下討論中，我們將稱呼這段函式 `checked => !checked` 為一個 *Reducer* 函式。Reducer 函式最基本的定義就是它接受前一個狀態作為引數，並回傳新的狀態。舉例來說，如果當前的 `checked` 的狀態是 `false`，那回傳值就會是 `!false`。接下來，我們要使用 `useReducer` 這個 Hook 來取代 `useState` 並創建 `toggle`：

```
function Checkbox() {
  const [checked, toggle] = useReducer(checked => !checked, false);

  return (
    <>
      <input type="checkbox" value={checked} onChange={toggle} />
      {checked ? "checked" : "not checked"}
    </>
  );
}
```

如同以上程式碼所示範：`useReducer` 函式接受一個 Reducer 函式作為第一個引數；狀態的起始值 `false` 作為第二個引數。接著，我們將 `toggle` 傳遞給 `OnChange` 作為事件處理器。

`useReducer` 的概念源自於 JavaScript 的 `Array.reduce` 函式（請參見本書第 3 章說明）。它們的原理相同：接受一個函式以及一個起始值，並將多個數值轉換成單一數值。`Array.reduce` 接受一個 Reducer 函式以及一個起始值，並針對陣列中所有的成員進行處理，最後回傳單一數值：

```
const numbers = [28, 34, 67, 68];

numbers.reduce((number, nextNumber) => number + nextNumber, 0); // 197
```

在 `useReducer` 這個 Hook 中，Reducer 函式可以接受兩個引數。如以下範例示範，使用者每次點擊 `h1`，數字都會增加 30[譯註 3]：

```
function Numbers() {
  const [number, setNumber] = useReducer(
    (number, newNumber) => number + newNumber,
    0
  );

  return <h1 onClick={() => setNumber(30)}>{number}</h1>;
}
```

譯註 3　在 React 官方提供的範例程式碼中，Reducer 函式的簽名為 `fn(state, action)`。這個簽名可以幫助你理解參數的意圖：第一個參數是當前的狀態，第二個參數是你想要控制的行為（例如上例中，每次點擊都會增加數值 30）。

使用 useReducer 來處理複雜的狀態

useReducer 這個 Hook 可以讓我們用更容易預測的方式來處理複雜的狀態。舉例來說，以下物件包含了某個使用者的資料：

```
const firstUser = {
  id: "0391-3233-3201",
  firstName: "Bill",
  lastName: "Wilson",
  city: "Missoula",
  state: "Montana",
  email: "bwilson@mtnwilsons.com",
  admin: false
};
```

接著，我們建構起 User 元件並使用 firstUser 作為起始狀態，該元件展示了必要的資料：

```
function User() {
  const [user, setUser] = useState(firstUser);

  return (
    <div>
      <h1>
        {user.firstName} {user.lastName} - {user.admin ? "Admin" : "User"}
      </h1>
      <p>Email: {user.email}</p>
      <p>
        Location: {user.city}, {user.state}
      </p>
      <button>Make Admin</button>
    </div>
  );
}
```

一個常見的錯誤是在修正狀態時，不小心直接覆蓋掉整個物件：

```
<button
  onClick={() => {
    setUser({ admin: true });
  }}
>
  Make Admin
</button>
```

在以上程式碼中，由 firstUser 提供的物件會直接被覆蓋成我們傳遞給 setUser 函式的物件 {admin: true}。正確的做法是使用延展運算子並且只修改 admin 的值：

```
<button
  onClick={() => {
    setUser({ ...user, admin: true });
  }}
>
  Make Admin
</button>
```

如此一來，我們才能將新的欄位值 {admin: true} 正確地更新至狀態中。然而，只要有類似的用例，我們就必須再次編寫 onClick 的回呼函式——這十分容易造成錯誤。要更新一個具有多個鍵值的狀態物件，其實應該要透過 useReducer 才夠漂亮：

```
function User() {
  const [user, setUser] = useReducer(
    (user, newDetails) => ({ ...user, ...newDetails }),
    firstUser
  );
  ...
}
```

有了以上的實作，我們就可以將任意欄位透過 Reducer 函式的 newDetails 參數進行傳遞，新的欄位會正確地被推送至物件上：

```
<button
  onClick={() => {
    setUser({ admin: true });
  }}
>
  Make Admin
</button>
```

當一個狀態包含了多個從屬數值；或是新的狀態必須大幅依賴前一個狀態時，以上 useReducer 所帶來的設計模式便會非常好用。

舊版的 setState

在舊版的 React 與物件導向的元件中，我們會使用類別的 setState 方法來更新元件的狀態，並透過類別的建構子函式（Constructor）來設定起始狀態：

```
class User extends React.Component {
  constructor(props) {
    super(props);
    this.state = {
      id: "0391-3233-3201",
      firstName: "Bill",
      lastName: "Wilson",
      city: "Missoula",
      state: "Montana",
      email: "bwilson@mtnwilsons.com",
      admin: false
    };
  }
}
<button onSubmit={() => {this.setState({admin: true });}}
  Make Admin
</button>
```

值得注意的是，this.setState 會直結合併狀態物件的鍵與值。就像以下 useReducer 一樣：

```
const [state, setState] = useReducer(
  (state, newState) =>
  ({...state, ...newState}),
initialState);

<button onSubmit={() => {setState({admin: true });}}
  Make Admin
</button>
```

如果你喜歡這種風格的語法，可以在 npm 中安裝 legacy-set-state 並呼叫 useLegacyState 函式。

以上的段落初步介紹了 Reducer 概念的應用。接下來，我們會深入探討更多用以簡化狀態管理的設計模式。

改善元件效能

在 React 應用中，元件會非常頻繁地被渲染。為了提升效能，我們通常必須降低渲染所需要的時間；或是減少不必要的渲染——React 提供了必要的工具來達成後者，例如 memo、useMemo 以及 useCallback。在之前的章節中，我們簡介了 useMemo 以及 useCallback 的概念；接下來，我們要討論更多關於提升網頁效能的細節。

我們可以透過 memo 函式來創建純函式元件。正如在本書第 3 章中所提到的：當對一個純函式輸入相同的數值時，我們永遠會得到相同的結果。而「純元件」亦然，在 React 中，一個純元件在給定相同的屬性時，永遠會渲染出相同的結果。

舉例來說，我們創建一個名為 Cat 的元件：

```
const Cat = ({ name }) => {
  console.log(`rendering ${name}`);
  return <p>{name}</p>;
};
```

Cat 是一個純元件——它永遠會輸出一段包含了 name 屬性的文字。只要 name 屬性提供了相通的值，渲染結果必定相同：

```
function App() {
  const [cats, setCats] = useState(["Biscuit", "Jungle", "Outlaw"]);
  return (
    <>
      {cats.map((name, i) => (
        <Cat key={i} name={name} />
      ))}
      <button onClick={() => setCats([...cats, prompt("Name a cat")])}>
        Add a Cat
      </button>
    </>
  );
}
```

以上程式碼使用了 Cat 元件。在初始化的渲染中，控制台會印出以下訊息：

```
rendering Biscuit
rendering Jungle
rendering Outlaw
```

如果我們透過按鈕新增一個貓咪的名字 "Ripple"，那我們會看到控制台印出 Cat 元件重新渲染的訊息：

```
rendering Biscuit
rendering Jungle
rendering Outlaw
rendering Ripple
```

我們使用的 prompt 函式是一個阻塞式函式。這只是為了示範，請不要在實務應用中使用它。

發現問題了嗎？只要我們新增一個貓咪的姓名，所有的 Cat 元件都會被重新渲染一次。然而 Cat 是一個純元件，在屬性沒有改變的前提下，其輸出結果肯定不會改變，因此也不需要重新渲染。我們可以使用 memo 函式來解決這個問題，透過 memo 創建的元件只會在屬性變動時重新渲染。在使用它之前，我們必須從 React 函式庫中執行導入，並將 Cat 傳入：

```
import React, { useState, memo } from "react";

const Cat = ({ name }) => {
  console.log(`rendering ${name}`);
  return <p>{name}</p>;
};

const PureCat = memo(Cat);
```

在以上程式碼中，我們創建了一個名為 PureCat 的新元件——它會令 Cat 只在屬性改變時重新渲染。因此，我們可以在 App 元件中使用 PureCat 替換掉 Cat：

```
cats.map((name, i) => <PureCat key={i} name={name} />);
```

接著，我們在 prompt 中輸入新的貓咪名稱，例如「Pancake」時，會看到控制台中只印出了一行渲染的訊息：

```
rendering Pancake
```

因為其他的 Cat 元件的 name 屬性並沒有改變，因此並不會被重新渲染。然而，如果我們為 Cat 新增一個函式屬性呢？

```
const Cat = memo(({ name, meow = f => f }) => {
  console.log(`rendering ${name}`);
  return <p onClick={() => meow(name)}>{name}</p>;
});
```

只要渲染出的 DOM 物件被點擊，我們可以透過呼叫這個屬性去印出貓咪喵喵叫的訊息：

```
<PureCat key={i} name={name} meow={name => console.log(`${name} has meowed`)} />
```

此時，在 App 中使用以上程式碼並透過 prompt 新增貓咪時，PureCat 就不再為我們省去不必要的渲染了（即使舊有元件的 name 屬性並沒有改變）。其背後的原因在於，儘管 name 屬性沒有改變，但我們在傳入 meow 這個函式屬性時，JavaScript 永遠會認為新舊兩個函式實體並不相等（儘管它們都做著一樣的事）。對 React 來說，既然某項屬性被改變了，那重新渲染就是必然的。

為了解決這個問題，memo 函式允許我們定義更明確的規則來設定元件重新渲染的時機：

```
const RenderCatOnce = memo(Cat, () => true);
const AlwaysRenderCat = memo(Cat, () => false);
```

我們傳遞給 memo 的第二個引數是一個**決斷函式**（*Predicate*）——這代表該函式只回傳 true 或是 false。在 memo 中，這個函式會負責比對前後兩組屬性，若相等則回傳 true，這意味著該元件**不需要**被重新渲染。在以上範例中，RenderCatOnce 元件因為決斷函式永遠回傳 true，因此只會在應用啟動時進行唯一一次的渲染。一般來說，我們會在該函式中實作客製化的屬性數值比對：

```
const PureCat = memo(
  Cat,
  (prevProps, nextProps) => prevProps.name === nextProps.name
);
```

如以上程式碼示範，該決斷函式具有兩個參數 prevProps 以及 nextProps，我們透過比對 name 屬性來決定兩個狀態物件是否相等——若為真，則代表元件不需要進行重新渲染（反之亦然）。總之，不論 JavaScript 或 React 對於 meow 函式屬性有什麼想法，我們只依賴 name 屬性來做出判斷。

舊語法：shouldComponentUpdate 與 PureComponent

以上討論的概念對 React 來說並不新穎：memo 函式只是針對渲染時機這個經典的難題所提出的新解法。在舊版的 React 中，元件類別有一個名為 shouldComponentUpdate 的方法，讓 React 得以藉此判斷該元件在何種條件下需要被重新渲染。shouldComponentUpdate 曾經是 React 標準函式庫中的一員，並且廣受歡迎。React 團隊甚至因此為這個概念創建了一個名為 PureComponent 的新類別。舉例來說，以下示範一個 React 的類別元件：

```
class Cat extends React.Component {
  render() {
    return (
      {name} is a good cat!
    )
  }
}
```

而一個「純」類別元件的語法如下：

```
class Cat extends React.PureComponent {
  render() {
    return (
      {name} is a good cat!
    )
  }
}
```

PureComponent 類別和 memo 函式的核心精神其實是相同的。只不過前者是物件導向的版本；而後者則是函式導向的版本。

除了 memo 之外，我們也可以透過 useMemo 以及 useCallback 來暫存住物件與函式。舉例來說，我們可以在 Cat 元件中使用 useCallback 來指派函式：

```
const PureCat = memo(Cat);
function App() {
  const meow = useCallback(name => console.log(`${name} has meowed`, []);
  return <PureCat name="Biscuit" meow={meow} />
}
```

在以上程式碼中，我們沒有使用 memo 以及用來判斷屬性變化的決斷函式。相反地，我們使用了 useCallback 來確保 meow 函式永遠是同一個函式物件——這樣的設計模式有助於降低元件樹的再渲染次數。

重構的時機

在本章後段討論的幾個 Hook，例如 memo、useMemo 以及 useCallback 常常被過度使用。React 本身就是設計來處理大量渲染並同時保持高效能的。在你開始使用 React 前，它早就經過了良好的最佳化——它非常快，因此你其實不常需要真的親手去優化。

透過 Hook 來優化元件並非全無代價。抱持著「因為很潮所以不用白不用」的心態去為每一個元件補上 useCallback 或是 useMemo，反而可能會降低應用的效能——在為專案增添許多無謂程式碼的同時，也浪費了工作時數。在開始透過重構優化效能前，最好先想定一個有意義的目標：例如改善畫面閃動或卡頓等等問題；或是已經鎖定了某個極低效能的函式正不成比例地拖慢應用的速度。

瀏覽器插件 React Developer Tools 當中的 *React Profiler* 工具可以用來計算每一個元件的效能。如果你還沒有安裝，可以在 Chrome（*https://oreil.ly/1UNct*）與 Firefox（*https://oreil.ly/0NYbR*）上取得。

在重構前，請務必確認你已經足夠信任程式碼，同時應用可以正常運作。過度重構（或是在應用本身已有異常的狀態下重構）會招來更多怪誕與難以偵測的 Bug，且虛擲光陰。

在過去兩章中，我們介紹了多種 React Hook；示範了個別 Hook 的使用案例；並透過組合來建構自定義的 Hook。在下一章中，我們將基於這些技巧來整合更多函式庫與進階的設計模式。

第八章

整合資料

資料是應用程式的生命，它像水一般流動，賦予了元件生命，而我們創建的使用者介面則像是容納水的容器。透過網路，我們接收並傳遞新的資料。應用程式所展示出的各種數值不只是單純的資料，它們還是資料流動過元件的結果。

當我們提及「資料」時，它的概念有點像水或是食物。而所謂的「**雲端**」，是無窮盡的資料源頭：它包含了整座 Internet，以及其中的各種子網路、服務、系統、資料庫等等——我們可以從其中操作並存取 zettabytes 量級的資料。這朵「雲」透過最新與純淨的資料滋潤了用戶端程式，我們將這些資料在本地端中加以應用並儲存。然而，當本地端的資料失去與雲端的聯繫時，這些資料便失去了鮮度並逐漸**腐化**。

「與資料協作」是開發者最大的挑戰與使命。在本章中，我們將探討各種從源頭取得與應用資料的技巧。

請求資料

在電影《星際大戰》(Star Wars)中，C-3P0 是一個負責通訊協定的機器人，它的專長是溝通！據說 C-3P0 能使用六百萬種語言，我們因此可以理所當然地假定它肯定也會傳送 HTTP(Hyper Text Transfer Protocol)請求——因為 HTTP 是網際網路中最主流的傳送資料的通訊協定。

HTTP 是 Internet 的骨幹。每當在瀏覽器中連結 *http://www.google.com* 時，我們所做的其實是請求 Google 提供搜尋表單——Google 會透過 HTTP 協定將表單傳遞給瀏覽器。接著，當我們搜尋例如「貓咪照片」時，Google 便會搜尋資料庫，並再次將資料與照片透過 HTTP 回傳給瀏覽器。

在 JavaScript 中，遞交 HTTP 請求最常見的方式是透過 fetch 函式。舉例來說，如果我們希望 GitHub 提供關於 Moon Highway 這位使用者的資料，我們可以透過 fetch 實作如下：

```
fetch(`https://api.github.com/users/moonhighway`)
  .then(response => response.json())
  .then(console.log)
  .catch(console.error);
```

fetch 函式會回傳一個 Promise 物件。在以上程式碼中，我們向 *https://api.github.com/users/moonhighway* 發出了一個非同步的 HTTP 請求。資料在網路中傳遞會消耗不少時間。一旦資料抵達，它就會被傳遞給 .then() 當中的回呼函式進行處理。GitHub API 回傳的內容會被放置在 HTTP 回應的 body 區塊當中，並使用 JSON 格式表達，因此我們可以透過呼叫 response.json() 來取出並將之還原成 JavaScript 物件。接著，我們將物件的資訊印出至控制台中；此外，如果發生了錯誤，則透過 console.error 函式回報[譯註 1]。

在 GitHub 中，用戶的基本資料可以透過公開的 API 取得，如果你有帳號，可以透過 *https://api.github.com/users/<username>* 來取得自己的資料。GitHub 回應的 JSON 物件格式如下：

```
{
  "login": "MoonHighway",
  "id": 5952087,
  "node_id": "MDEyOk9yZ2FuaXphdGlvbjU5NTIwODc=",
  "avatar_url": "https://avatars0.githubusercontent.com/u/5952087?v=4",
  "bio": "Web Development classroom training materials.",

  ...

}
```

另一個應用 Promise 物件的方法是透過 async/await 函式。因為 fetch 函式會回傳 Promise 物件，我們可以在 async 函式中透過 await 來等待 fetch() 的回應：

譯註 1 精準地說，以上提到的 HTTP 其實是 HTTPS。HTTPS 是在 HTTP 的通訊協議之上再導入了對稱與非對稱加密的流程，確保網路中的第三者即便攔截了封包，也無法看懂或竄改其中的內容。現代絕大數主流的網站都採用 HTTPS 協定（而非單純的 HTTP）來與用戶進行通訊，但為了討論的方便起見，各種文章與書籍中還是常常會用 HTTP 來泛稱 HTTPS。

```
async function requestGithubUser(githubLogin) {
  try {
    const response = await fetch(
      `https://api.github.com/users/${githubLogin}`
    );
    const userData = await response.json();
    console.log(userData);
  } catch (error) {
    console.error(error);
  }
}
```

以上函式在呼叫後，會和前一段使用 `fetch` 並串聯 `.then` 的版本產生一樣的效果。當我們針對 Promise 物件進行 `await` 時，下一行程式碼會等待 `Promise` 被解析之後才執行。這兩種語法能讓非同步的程式碼變得更容易閱讀，在接下來的章節中，我們會常常使用到。

在請求中附帶資料

我們常常必須在 HTTP 請求中附上資料。舉例來說，透過收集使用者填寫的表單資料來創建新帳號；或是使用最新的資料來更新使用者的帳號狀態。

一般來說，我們會使用 POST 請求來處理資料的新增；並使用 PUT 請求來處理修改。當發出 HTTP 請求時，`fetch` 函式的第二個引數會接受一個設定物件：

```
fetch("/create/user", {
  method: "POST",
  body: JSON.stringify({ username, password, bio })
});
```

在以上程式碼中，`fetch` 的呼叫會發出一個 POST 請求來創建新用戶，其中 `username`、`password` 以及 `bio` 變數會被轉換成 JSON 字串並附加至 `body` 之中。

使用 fetch 上傳檔案

在較傳統的網頁實作中，透過表單上傳檔案時需要在 `form` 標籤加上屬性 `enctype=multipart-formdata`。這意味著告知伺服器：body 中存在一個或多個檔案。但在透過 JavaScript 實作檔案上傳時，我們只需要使用 `FormData` 物件組織資料即可：

```
const formData = new FormData();
formData.append("username", "moontahoe");
formData.append("fullname", "Alex Banks");
forData.append("avatar", imgFile);

fetch("/create/user", {
  method: "POST",
  body: formData
});
```

在以上創建新使用者的程式碼中，我們在請求裡附上了 `formData` 物件，其中包含了 `username`、`fullname` 以及 `avatar` 圖片。在這個範例裡我們暫時先將資料寫死，但隨時可以視需求轉換成收集動態的表格資料。

授權請求

在某些情況下，例如取用個人私密資料時，我們傳送出的請求需要先經過伺服器授權。而絕大多數的 POST、PUT 以及 DELETE 請求，因為涉及資料操作，都必須經過伺服器授權。

用戶端通常會在請求中附加一個獨特的 Token，讓伺服器得以藉此驗證使用者的授權狀態。這個 Token 通常會被存放在 Header 中的 `Authorization` 欄位。在 GitHub 中，如果我們在請求中附加了自己的登入 Token，就可以得到帳號的私人資料欄位：

```
fetch(`https://api.github.com/users/${login}`, {
  method: "GET",
  headers: {
    Authorization: `Bearer ${token}`
  }
});
```

在大部分的時候，我們可以透過提供正確的使用者帳號與密碼來取得某項服務的 Token。此外，如果該服務實作了第三方認證，我們也可以選擇透過 OAuth 協定向第三方認證的提供者（例如 GitHub 以及 Facebook）取得 Token。

此外，GitHub 也允許使用者創建個人 Token。我們可以在登入 GitHub 帳號後，在 Settings > Developer Settings > Personal Access Tokens 當中創建一個，並設定各種讀寫權限。有了這個 Token 之後，我們就可以將其附加在 `fetch()` 請求中，來向 GitGub API 存取各種私人資料。

進入正題！要在 React 元件中存取雲端資料，通常必須配合 useState 以及 useEffect 這兩個 Hook：前者用於將回傳的資料儲存成狀態；後者則用來發出請求。舉例來說，如果我們想要在元件中展示一個 GitHub 的的使用者資訊，其程式碼大致如下：

```
import React, { useState, useEffect } from "react";

function GitHubUser({ login }) {
  const [data, setData] = useState();

  useEffect(() => {
    if (!login) return;
    fetch(`https://api.github.com/users/${login}`)
      .then(response => response.json())
      .then(setData)
      .catch(console.error);
  }, [login]);

  if (data)
    return <pre>{JSON.stringify(data, null, 2)}</pre>;

  return null;
}

export default function App() {
  return <GitHubUser login="moonhighway" />;
}
```

在以上程式碼中，App 渲染了 GitHubUser 元件並且展示關於使用者 moonhighway 的 JSON 資料。在應用初始化的渲染中，GitHubUser 使用 useState 設定了狀態變數 data；接著，因為此時 data 的值是 null，因此元件也回傳 null。這意味著 React 不會渲染任何東西，但也不會產生錯誤——我們只會看到空白畫面。

此時，在元件渲染完畢之後，useEffect 便開始運作。我們在其中透過 fetch() 發出了 HTTP 請求；在得到回應後，將資料取出並使用 JSON 格式將其轉換成物件；接著，我們將這個物件傳遞給 setData 函式——這將會使元件依據新的資料重新渲染並顯示出畫面。此後，只有在 login 屬性改變時，才會再次觸發 useEffect。

在請求到資料後，我們透過 JSON.stringify 方法將其轉換為 JSON 字串，並放置於 pre 元素中進行重新渲染。JSON.stringify 接受三個引數：第一個是想要轉換的物件；第二個是 Replacer 函式（可以用來針對鍵與值進行額外的處理）；第三個則是排版上空白的數量。在本範例中，我們使用 null 作為第二個引數（因為不需要任何額外的資料處理）；並使用 2 來代表回傳的字串應該使用兩個空白進行縮排。此外，pre 元素可以讓內容以等寬字呈現，並保存空白。如此一來，我們的 JSON 資料便會具有更佳的可讀性。

在本地端儲存資料

我們可以透過 Web Storage API 將資料儲存在瀏覽器端。其中第一個實作方法是透過 window.sessionStorage 物件：這會讓資料只在本次 Session 中被保存，不論是重新啟動瀏覽器或是關閉頁籤都會刪除資料。第二個實作方法則是透過 window.localStorage 物件，這會讓資料永久保存，除非使用者主動將其刪除。

在儲存 JSON 物件至瀏覽器前，必須先將其轉換成字串，這意味著我們必須在讀取時將其重新還原成物件。以下程式碼示範了如何處理 JSON 的儲存以及讀取：

```
const loadJSON = key =>
  key && JSON.parse(localStorage.getItem(key));
const saveJSON = (key, data) =>
  localStorage.setItem(key, JSON.stringify(data));
```

以上的 loadJSON 函式會透過 key 以及 localStorage.getItem 函式從瀏覽器中讀取資料。如果資料存在，那麼便將之以 JSON 格式轉換成物件並回傳；反之，則回傳 null。

另一方面，saveJSON 函式會將資料結合唯一的 key 與 localStorage.setItem 函式儲存至瀏覽器中。在儲存之前，我們會將資料轉換成 JSON 字串。

值得注意的是，以上的所有操作都是阻塞式的——如果我們過度頻繁地呼叫，或是資料過於巨大時，都可能造成效能上的問題。如果遇到這樣的狀況，適度地控制執行頻率常常是必要的（如果有興趣，讀者可以搜尋 JavaScript 的 Throttle 或是 Debounce 設計模式）。

透過以上工具函式，我們可以將 GitHub 回傳的資料儲存在瀏覽器中。在下次面對同樣的使用者時，則可以直接從 localStorage 取出資料而無需再次發送請求。要達成這樣的目的，我們可以將 GitHubUser 元件擴充如下：

```
const [data, setData] = useState(loadJSON(`user:${login}`));
useEffect(() => {
  if (!data) return;
```

```
    if (data.login === login) return;
    const { name, avatar_url, location } = data;
    saveJSON(`user:${login}`, {
      name,
      login,
      avatar_url,
      location
    });
  }, [data]);
```

在以上程式碼中，我們將 loadJSON 與 useState 合併使用，藉此為狀態變數提供起始值：當瀏覽器中存在以 user:moonhighway 為鍵值的資料時，便將其作為狀態的初始值；反之，則將狀態設定為 null。

此外，當我們從 GitHub 上取得新資料並改變 data 的狀態時，我們會使用 saveJSON 函式來保存需要的欄位（name、login、avatar_url 以及 location）並略過其他欄位。在以上操作中，如果 data 為 null，或是目前的用戶名稱 login 與 data.login 相同時，則直接略過儲存。

以下是完整的 GitHubUser 程式碼，該元件使用了 localStorage 來實作本地端的資料儲存：

```
import React, { useState, useEffect } from "react";

const loadJSON = key =>
  key && JSON.parse(localStorage.getItem(key));
const saveJSON = (key, data) =>
  localStorage.setItem(key, JSON.stringify(data));

function GitHubUser({ login }) {
  const [data, setData] = useState(
    loadJSON(`user:${login}`)
  );

  useEffect(() => {
    if (!data) return;
    if (data.login === login) return;
    const { name, avatar_url, location } = data;
    saveJSON(`user:${login}`, {
      name,
      login,
      avatar_url,
      location
    });
  }, [data]);
```

```
  useEffect(() => {
    if (!login) return;
    if (data && data.login === login) return;
    fetch(`https://api.github.com/users/${login}`)
      .then(response => response.json())
      .then(setData)
      .catch(console.error);
  }, [login]);

  if (data)
    return <pre>{JSON.stringify(data, null, 2)}</pre>;

  return null;
}
```

請注意以上的 GitHubUser 元件使用了兩個 useEffect。第一個會在 data 改變時執行本地端的資料儲存；第二個則用來向 GitHub API 發出資料請求。請注意其中的 if (data && data.login === login) 語法意味著當 data 存在且用戶名稱 login 相同時，則略過請求並直接使用本地端資料。

當我們第一次執行應用，並將 login 設定為 moonhighway 時，頁面會顯示以下物件資料：

```
{
  "login": "MoonHighway",
  "id": 5952087,
  "node_id": "MDEyOk9yZ2FuaXphdGlvbjU5NTIwODc=",
  "avatar_url": "https://avatars0.githubusercontent.com/u/5952087?v=4",
  "gravatar_id": "",
  "url": "https://api.github.com/users/MoonHighway",
  "html_url": "https://github.com/MoonHighway",

  ...

}
```

我們可以辨識出這是第一手來自 GitHub 中的資料，因為其中包含了許多我們不打算使用的額外欄位。然而，當我們第二次進入頁面時，內容就會精簡許多：

```
{
  "name": "Moon Highway",
  "login": "moonhighway",
  "avatar_url": "https://avatars0.githubusercontent.com/u/5952087?v=4",
  "location": "Tahoe City, CA"
}
```

這一次，我們直接使用了前一輪儲存在本地端的資料來進行渲染——因為在儲存時只保留了四個欄位，因此取出時也只剩四個欄位。往後我們將只會看到這一段離線資料，直到我們清除本地端的紀錄為止：

```
localStorage.clear();
```

sessionStorage 與 localStorage 都是前端開發者必備的工具。舉例來說，我們可以透過本地端儲存的資料來設定應用的離線行為；或是透過它來減少網路請求並提高效能。然而，我們必須妥善使用這些儲存工具，並認知到它們同時也會為專案帶來額外的複雜度與維護工作。除此之外，如果只是單純地希望透過快取機制（Cache）來降低延遲，則只需要透過 HTTP Header 中的欄位 Cache-Control: max-age=<seconds> 來進行設定即可——其中的 <seconds> 意味著該次請求會將距離現在 X 秒內產生的快取視作可接受的資料，因此不必真正送出請求。

處理 Promise 的狀態

HTTP 請求與 Promise 物件都有三種狀態：等待、成功與失敗。當我們送出請求但尚未收到回應時，便是處於**等待狀態**，如果一切順利（這意味著順利連接上伺服器並收到資料），我們會說 HTTP 請求成功了（Successful）或是 Promise **被解析了**（*Resolved*）。相反地，如果發生了意外，我們可以說 HTTP 請求失敗了（Failed）或是 Promise 物件**被拒絕了**（*Rejected*）——在這個情況下，我們會收到錯誤與相關訊息。

在請求資料時，我們往往必須為這三個狀態提供必要的處置。舉例來說，我們可以修改 GitHubUser 元件並增加成功以外的渲染行為：像是在等待回應時顯示「讀取中」的訊息；或是在發生錯誤時顯示相關訊息。

```
function GitHubUser({ login }) {
  const [data, setData] = useState();
  const [error, setError] = useState();
  const [loading, setLoading] = useState(false);

  useEffect(() => {
    if (!login) return;
    setLoading(true);
    fetch(`https://api.github.com/users/${login}`)
      .then(data => data.json())
      .then(setData)
      .then(() => setLoading(false))
      .catch(setError);
  }, [login]);
```

```
  if (loading) return <h1>loading...</h1>;
  if (error)
    return <pre>{JSON.stringify(error, null, 2)}</pre>;
  if (!data) return null;

  return (
    <div className="githubUser">
      <img
        src={data.avatar_url}
        alt={data.login}
        style={{ width: 200 }}
      />
      <div>
        <h1>{data.login}</h1>
        {data.name && <p>{data.name}</p>}
        {data.location && <p>{data.location}</p>}
      </div>
    </div>
  );
}
```

在以上程式碼中，當請求成功時，Moon Highway 的資訊便會被展示出來（見圖 8-1）：

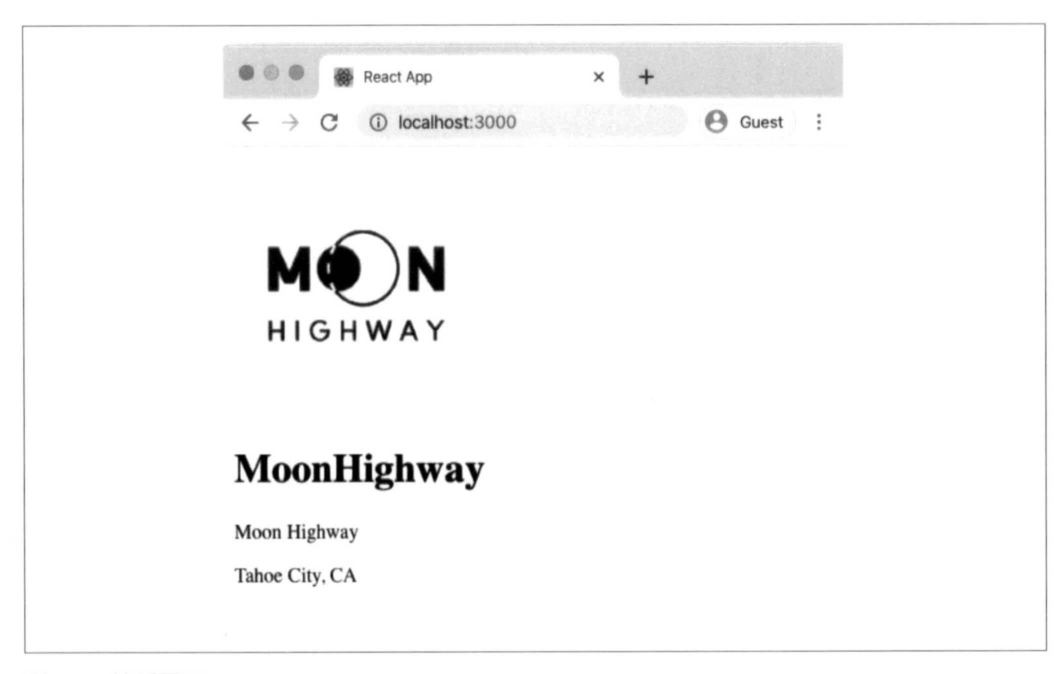

圖 8-1　範例頁面

如果發生了不可預料的錯誤，我們暫時只會以 JSON 格式展示 error 物件的資料。在實務的專案中，通常必須進行更完整的錯誤處理（例如：將其回傳至後端並且記下錯誤訊息，或是再次發送其他請求）。然而，在測試環境中暫時只印出資訊是沒問題的，這麼做有助於測試。

此外，當請求處於 pending 狀態中時，我們也只簡單地展示讀取中的訊息：「loading...」。

在某些時候，HTTP 請求會「成功地失敗了」。這並不矛盾：請求的「成功」意味著順利連結上伺服器並收到回應，但回應的內容卻包含了伺服器回傳的錯誤。舉例來說，最常見的 404 錯誤代表著伺服器收到請求，但卻找不到對應的資源——這通常發生在用戶端請求了一個不存在的頁面、檔案或是其他資源。

以上三個狀態的處置也許會使我們的程式碼大幅擴張，但這是必要的。HTTP 請求會需要消耗時間；雲端上也永遠會佈滿了不可知的錯誤。不過別擔心，既然所有的請求（以及對應的 Promise 物件）都脫不了這幾個狀態，我們可以透過各種 React 元件、Hook 或是另一個稱之為 *Suspense* 的機制來進行有效的處置。我們會在後續的討論中逐一介紹這些手法——首先，我們將重新檢視元件的設計模式。

透過元件屬性提高重用性

我們在第 5 章中已經介紹了元件的**屬性**（*props*）。然而，屬性的資料型態不只侷限於數字、字串或是陣列，它還可以是函式甚至是另一個元件。舉例來說，我們可以透過函式來產生子元件，或是在某些條件下改由另一個元件負責渲染。

靈活地運用元件的屬性可以大幅提高重用性——這在處理非同步行為時非常有用。在以下的討論中，我們將示範如何藉由屬性封裝複雜的機制，解決程式碼肥大的問題。

首先，假設我們需要渲染一個資料陣列：

```
import React from "react";

const tahoe_peaks = [
  { name: "Freel Peak", elevation: 10891 },
  { name: "Monument Peak", elevation: 10067 },
  { name: "Pyramid Peak", elevation: 9983 },
  { name: "Mt. Tallac", elevation: 9735 }
];

export default function App() {
```

```
  return (
    <ul>
      {tahoe_peaks.map((peak, i) => (
        <li key={i}>
          {peak.name} - {peak.elevation.toLocaleString()}ft
        </li>
      ))}
    </ul>
  );
}
```

在以上範例中，我們展示了四個 Tahoe 地區的最高峰，並將之渲染成一個無序清單（Unordered List）。以上的程式碼完全正常，但考量到渲染陣列是一個非常常見的工作，也許可以再將之抽象化：我們可以創造一個 `List` 元件，只要涉及到無序清單時，就可以重複使用該段程式碼。

在 JavaScript 中，陣列只可能屬於兩種狀態：空白或是非空白。當陣列是空白時，我們必須渲染一段訊息通知用戶。然而，不同的使用場景往往需要渲染出不同的空白訊息。我們可以將這樣的特點抽象出來，透過屬性傳入另一個元件來設定陣列是空白時的渲染行為：

```
function List({ data = [], renderEmpty }) {
  if (!data.length) return renderEmpty;
  return <p>{data.length} items</p>;
}

export default function App() {
  return <List renderEmpty={<p>This list is empty</p>} />;
}
```

在以上程式碼中，`List` 元件接受兩個屬性：`data` 以及 `renderEmpty`。`data` 代表著原本需要執行 `map` 的資料陣列（預設值為空白陣列）；`renderEmpty` 則代表著當 `data` 為空白時應該渲染出的元件。在範例中，我們提供了一個文字段落及「This list is empty」的訊息。

請注意在此我們透過屬性傳遞了另一個元件。在特定條件下（也就是資料陣列為空白時），會由它來作為渲染的結果。

有了這樣的設計，我們當然也可以直接將資料傳遞給 List 元件：

```
export default function App() {
  return (
    <List
      data={tahoe_peaks}
      renderEmpty={<p>This list is empty</p>}
    />
  );
}
```

除此之外，我們還可以透過屬性傳遞函式給 List 元件，將 map 中逐項處理資料陣列的工作抽象出來。例如以下的 renderItem 屬性：

```
export default function App() {
  return (
    <List
      data={tahoe_peaks}
      renderEmpty={<p>This list is empty</p>}
      renderItem={item => (
        <>
          {item.name} - {item.elevation.toLocaleString()}ft
        </>
      )}
    />
  );
}
```

在以上程式碼中，我們將 renderItem 函式作為元件的屬性，並同樣使用 data 屬性來傳遞資料。在 renderItem 中我們表達了希望將每一個 data 中的成員渲染成一個 React Fragment，並在其中顯示名稱以及高度。

簡言之，以上的設計手法透過 List 元件建構了一層額外的抽象層，並將陣列的 map 語法封裝起來。為此，我們必須改為在 List 元件中實作 map：

```
function List({ data = [], renderItem, renderEmpty }) {
  return !data.length ? (
    renderEmpty
  ) : (
    <ul>
      {data.map((item, i) => (
        <li key={i}>{renderItem(item)}</li>
      ))}
    </ul>
  );
}
```

在以上程式碼中，當 data 是空白時，renderEmpty 會成為渲染的結果；反之，則會透過陣列的 map 函式來呼叫 renderItem，並依照 data 內的逐筆成員資料渲染出 <li> 的內容。此外，List 元件確保了每一個 <li> 元素都被賦予唯一的鍵值。產出的結果就是一個包含了多個山峰名稱與高度的無序清單。

這麼做的好處是我們可以反覆使用 List 元件來建構各種無序清單。但關於取得資料並渲染陣列，或許還存在其他我們沒考慮到的議題[譯註 2]。

虛擬化陣列清單

在針對陣列資料設計可重用的元件時，有許多使用場景必須被納入考慮。其中之一的議題就是：陣列可能非常巨大。舉例來說，Google 搜尋結果可能包含了幾千個頁面；在 Airbnb 上搜尋一個地點時，也可能會找到幾百間旅館。簡言之，在實務的應用程式中，我們取得的資料長度往往不需要一次全部渲染出來。

這麼做的考量在於渲染並不是毫無成本的——它需要時間、處理效能以及記憶體，而這三者資源都是有限的。

以 Airbnb 為例，它搜尋出的住宿地點可能包含了數以千計的資料。然而，使用者並不可能一次看完，且螢幕空間也不足以一次展示全部的資訊與圖片。在大部分的情況下，用戶一次頂多只能瀏覽五到十筆左右的結果。

既然如此，我們何不只渲染部分的結果呢？舉例來說，只渲染當前看得到的五筆資料，以及其上下的額外五筆。如此一來，當使用者滑動介面時，效果仍然會非常即時（見圖 8-2）。

[譯註 2] React 最大的特色就是讓我們得以自由地執行抽象化並重複使用程式碼。然而，一開始就建構過分繁複的抽象未必是件好事：它會讓程式碼顯得晦澀並拖慢開發速度，且未必真正符合需求。一般的建議是：你可以在專案持續成長時，適時回來檢討重用問題並依此重構。

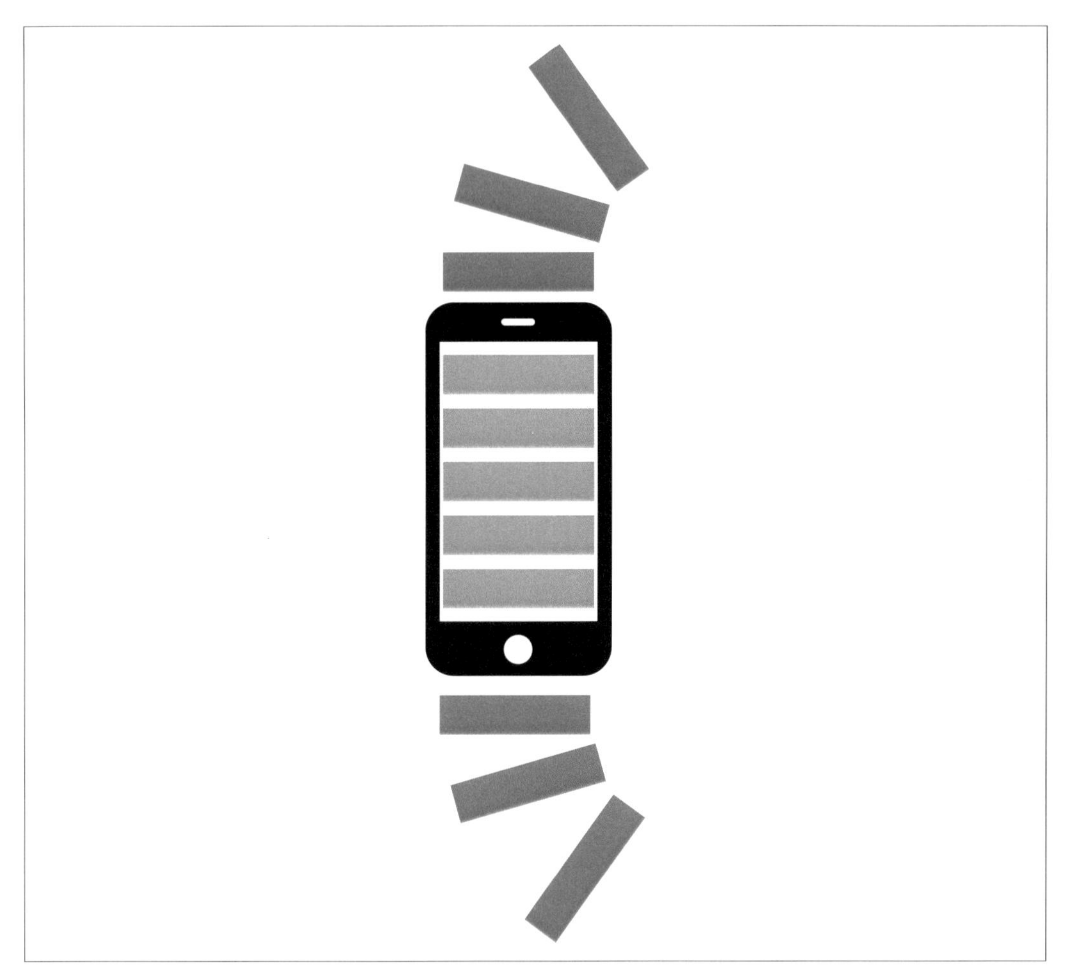

圖 8-2 只渲染當前視窗中及其上下數筆備用資料

而在介面捲動時，我們可以將已經渲染但暫時不會見到的資料從 DOM 當中移除，並且即時渲染新的即將被看到的資料——這意味著瀏覽器只需要渲染極小一部分的資料，而非整體。這樣的技巧我們稱之為**窗口化**（*Windowing*）或是**虛擬化**（*virtualization*）。它可以避免當使用者在瀏覽非常巨大的（有時甚至是無限的）資料列表時，不慎癱瘓瀏覽器。

要實作虛擬化陣列清單包含了非常多技術細節的考量。幸運的是，我們並不需要重新發明輪子：React 社群早就設計了好用的元件。在絕大多數的狀況下，我們只需要知道如何使用它即可。

在實作之前，我們先要有一個足夠巨大的假資料陣列。faker 套件正是為此而生：

```
npm i faker
```

安裝完畢，我們便可以透過 faker 建構假資料。舉例來說，我們需要數千筆隨機產生的假用戶物件：

```
import faker from "faker";

const bigList = [...Array(5000)].map(() => ({
  name: faker.name.findName(),
  email: faker.internet.email(),
  avatar: faker.internet.avatar()
}));
```

在以上程式碼中，我們先產生了一個長度為 5000 的陣列，藉此透過 map 生成另一個充滿了假用戶物件的陣列並指派給 bigList。假用戶物件包含了三個欄位：name、email 以及 avatar，這些資料都可以透過 faker 套件來產生。

如果直接使用之前設計的 List 元件，它將會一次渲染五千筆資料：

```
export default function App() {
  const renderItem = item => (
    <div style={{ display: "flex" }}>
      <img src={item.avatar} alt={item.name} width={50} />
      <p>
        {item.name} - {item.email}
      </p>
    </div>
  );

  return <List data={bigList} renderItem={renderItem} />;
}
```

以上程式碼將每一筆用戶資料渲染成一個 div 元素，其中包含了使用者的照片、姓名以及 email（見圖 8-3）。

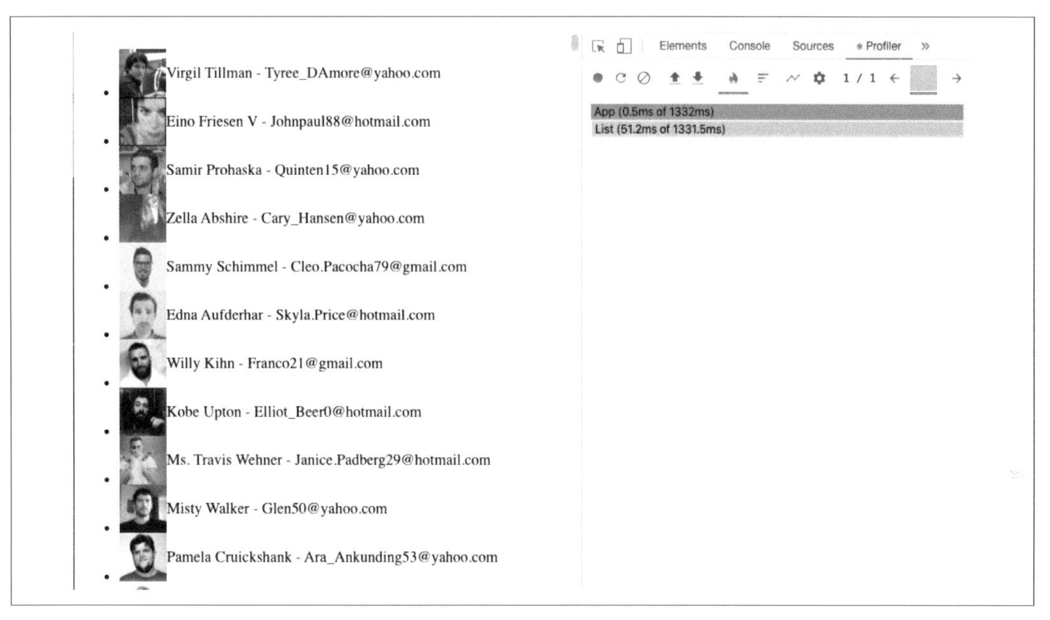

圖 8-3　渲染出的使用者清單

React 在現代瀏覽器中的效能相當驚人：我們幾乎可以一次渲染出五千筆資料，但這仍會產生稍微有感的延遲（圖片中顯示的數值是 52 毫秒）。但是當資料筆數更多時，可以預期這個數字終將突破可以忍受的臨界值。

因此，我們必須安裝並導入新的工具 `react-window`：

```
npm i react-window
```

`react-window` 是一個包含多種元件的函式庫。在接下來的討論中，我們要使用其中的 `FixSizeList` 元件：

```
import React from "react";
import { FixedSizeList } from "react-window";
import faker from "faker";

const bigList = [...Array(5000)].map(() => ({
  name: faker.name.findName(),
  email: faker.internet.email(),
  avatar: faker.internet.avatar()
}));


export default function App() {
```

```
  const renderRow = ({ index, style }) => (
    <div style={{ ...style, ...{ display: "flex" } }}>
      <img
        src={bigList[index].avatar}
        alt={bigList[index].name}
        width={50}
      />
      <p>
        {bigList[index].name} - {bigList[index].email}
      </p>
    </div>
  );

  return (
    <FixedSizeList
      height={window.innerHeight}
      width={window.innerWidth - 20}
      itemCount={bigList.length}
      itemSize={50}
    >
      {renderRow}
    </FixedSizeList>
  );
}
```

FixedSizeList 與我們自行製作的 List 元件稍有不同。首先，它需要的屬性包含了清單的總長度 itemCount、元件的長寬（height 與 width，單位是 px）以及單一元件的高度（itemSize，單位也是 px）。另一個差異是我們必須將渲染的元件放置於 FixedSizeList 之中——這在往後會是一個常見的語法模式。

修改完程式碼後，我們可以檢測改善後的效能（見圖 8-4）。這一次，React 不再一口氣渲染 5000 筆用戶資料，而只會渲染使用者當前看得到，或是在合理的捲動範圍內的資料。從數據上來看，第一次渲染只消耗 2.6 毫秒。

如果我們試著上下滑動，會發現 FixedSizeList 元件會努力渲染新的資料並移除超過合理使用範圍的資料；且不論是上下捲動或是資料再長，都可以合宜地處理。儘管 FixedSizeList 會頻繁地進行重新渲染，但每一次都快如閃電。

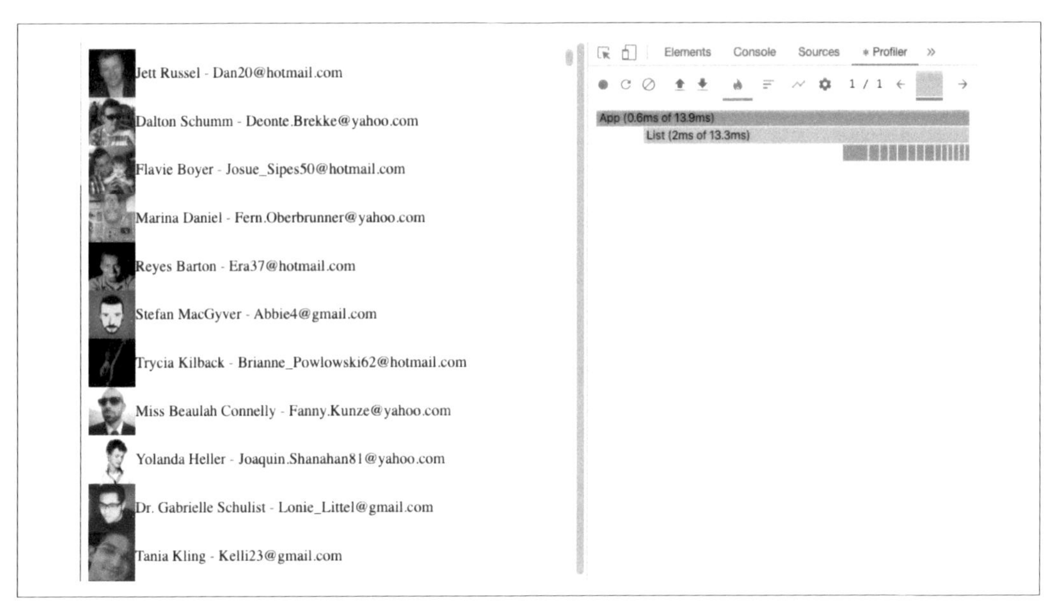

圖 8-4　渲染可以在 2.6 毫秒內完成

自定義的 Hook：useFetch

如同之前討論所提到的：HTTP 請求具有三種狀態：等待、成功或失敗——這代表著我們有機會重複使用執行 `fetch` 函式時的後續處理邏輯。要達成這個目的，我們要創建一個名為 `useFetch` 的自定義 Hook，並在多個執行請求的元件中使用它：

```
import React, { useState, useEffect } from "react";

export function useFetch(uri) {
  const [data, setData] = useState();
  const [error, setError] = useState();
  const [loading, setLoading] = useState(true);

  useEffect(() => {
    if (!uri) return;
    fetch(uri)
      .then(data => data.json())
      .then(setData)
      .then(() => setLoading(false))
      .catch(setError);
  }, [uri]);

  return {
```

```
      loading,
      data,
      error
    };
  }
```

在以上程式碼中，我們透過 useState 以及 useEffect 這兩個 Hook，組合成了名為 useFetch 的自定義 Hook。其中處置了 HTTP 請求的三種狀態：首先，當請求已送出並在等待時，狀態變數 loading 會被設定為 true；接著，當請求成功並收到回應後，先依照 JSON 格式將其還原成物件，再透過 setData 將狀態變數 data 更新並使用 setLoading 將變數 loading 設定為 false；最後同樣的道理，當發生錯誤時，則使用 setError 來改變狀態變數 error。

我們只透過 *useFetch* 這個 Hook 就有效封裝並管理了三種狀態。只要 uri 發生變化，它就會主動更新所有資料；反之，如果沒有提供 uri，則 fetch 永遠不會被執行。

現在，我們已經可以在元件中使用任意 useFetch。在以下範例中，只要 loading、data 或是 error 這三個狀態變數一有變化，就會使得 GitHubUser 這個元件重新渲染：

```
function GitHubUser({ login }) {
  const { loading, data, error } = useFetch(
    `https://api.github.com/users/${login}`
  );

  if (loading) return <h1>loading...</h1>;
  if (error)
    return <pre>{JSON.stringify(error, null, 2)}</pre>;

  return (
    <div className="githubUser">
      <img
        src={data.avatar_url}
        alt={data.login}
        style={{ width: 200 }}
      />
      <div>
        <h1>{data.login}</h1>
        {data.name && <p>{data.name}</p>}
        {data.location && <p>{data.location}</p>}
      </div>
    </div>
  );
}
```

在以上程式碼中，儘管 GitHubUser 並沒有太多與邏輯相關的程式碼，它仍然優雅地處理了請求的三種狀態。假設我們有另外一個名為 SearchForm 的搜尋表單來收集使用者想要搜尋的 GitHub 用戶名稱字串（也就是 login 狀態變數），我們可以將之結合入 App 元件之中：

```
import React, { useState } from "react";
import GitHubUser from "./GitHubUser";
import SearchForm from "./SearchForm";

export default function App() {
  const [login, setLogin] = useState("moontahoe");

  return (
    <>
      <SearchForm value={login} onSearch={setLogin} />
      <GitHubUser login={login} />
    </>
  );
}
```

在以上程式碼中，App 元件使用了 login 狀態變數來儲存搜尋目標的 GitHub 用戶名稱，用戶可以透過搜尋表單來改變這個變數。只要 login 的狀態改變，就會連帶地透過 GitHubUser 傳遞給 useFetch 進行處理 —— 因為 GitHubUser 使用了 login 屬性來構成 useFetch 的目標網址。接著，新的請求便會透過 fetch 函式發送給 GitHub 並尋找可能的用戶。

至此，我們成功創建了一個自定義的 Hook 並且很快地建構了一個小型應用。在接下來的討論中，我們會繼續使用 useFetch[譯註 3]。

建構 Fetch 元件

React Hook 可以讓開發者在多個元件中重複使用相似的功能。只要我們發現自己不斷在重複某些程式碼段落時（例如：多個元件都使用了相同的等待邏輯以及「讀取中」圖示；又或是類似的錯誤處理邏輯），與其複製貼上相同的程式碼，我們可以選擇建構一個額外的元件來渲染等待中的圖示並統一處理錯誤。例如以下的 Fetch 元件：

```
function Fetch({
  uri,
  renderSuccess,
  loadingFallback = <p>loading...</p>,
```

譯註 3　其實本章中有關 GitHubUser 元件中的 login 變數，可以稱之為 username 或是 githubUsername 會比較貼切。

```
  renderError = error => (
    <pre>{JSON.stringify(error, null, 2)}</pre>
  )
}) {
  const { loading, data, error } = useFetch(uri);
  if (loading) return loadingFallback;
  if (error) return renderError(error);
  if (data) return renderSuccess({ data });
}
```

在以上程式碼中，useFetch 是我們之前就建構的 Hook，它抽象了透過 fetch 函式發送 HTTP 請求的機制。而 Fetch 元件則是另一層抽象層：它抽象了資料處理與渲染的機制。當請求處於等待中的狀態時，Fetch 元件會渲染出 loadingFallback 屬性的內容；而當請求成功時，JSON 資料則會被傳送給 renderSuccess 進行渲染；反之，則交給 renderError。請注意 loadingFallback 與 renderError 屬性都存在預設值，使用者可以選擇是否提供自定義的行為。

有了 Fetch 元件，我們就可以大幅簡化 GitHubUser 元件：

```
import React from "react";
import Fetch from "./Fetch";

export default function GitHubUser({ login }) {
  return (
    <Fetch
      uri={`https://api.github.com/users/${login}`}
      renderSuccess={UserDetails}
    />
  );
}

function UserDetails({ data }) {
  return (
    <div className="githubUser">
      <img
        src={data.avatar_url}
        alt={data.login}
        style={{ width: 200 }}
      />
      <div>
        <h1>{data.login}</h1>
        {data.name && <p>{data.name}</p>}
        {data.location && <p>{data.location}</p>}
      </div>
    </div>
```

```
    );
  }
```

在以上程式碼中，GitHubUser 元件透過 login 屬性接受一個 GitHub 的用戶名稱作為查詢目標；藉此建構起請求的網址；並交由 Fetch 元件進行處理。如果請求成功，則使用 UserDetails 元件進行渲染；當請求處於等待狀態時，則渲染預設的「loading...」訊息；如果發生錯誤，則亦使用屬性的預設值，直接展示錯誤物件的資訊。

我們當然也可以傳入自定義的屬性。以下範例便展示了如何善用 Fetch 提供的彈性來自定義元件的行為：

```
<Fetch
  uri={`https://api.github.com/users/${login}`}
  loadingFallback={<LoadingSpinner />}
  renderError={error => {
    // handle error
    return <p>Something went wrong... {error.message}</p>;
  }}
  renderSuccess={({ data }) => (
    <>
      <h1>Todo: Render UI for data</h1>
      <pre>{JSON.stringify(data, null, 2)}</pre>
    </>
  )}
/>
```

如此一來，Fetch 元件便會渲染我們提供的讀取中元件；請求失敗時，則只提供提示而非錯誤的細節；成功時則改為顯示 TODO 標題以及資料的細節。

在本節的討論中，我們透過了 Fetch 元件以及 useFetch 這個 Hook 來封裝程式碼並提高系統的重用性，但別忘了這麼做亦有成本。不論是透過 Hook 或是元件建構額外的抽象層，都有可能帶來額外的系統複雜度。這些重構是否能為專案整體帶來正面的效益，以及何時才是最佳時機，都是必須謹慎考慮的議題。

同時處理多個請求

請求資料的慾望是個無底洞！常見的狀況是：我們必須同時發送多個 HTTP 請求來為應用程式注入資料的活水。舉例來說，在向 GitHub 詢問特定用戶的基本資料時，我們可能也會想知道該用戶擁有的儲存庫（Repository）資訊——如此便需要送出兩個請求。

GitHub 的用戶通常擁有多個儲存庫，因此 API 會將回應封裝成一個物件陣列。在此，我們要建構一個名為 useIterator 的自定義 Hook 來逐一訪問陣列中的物件：

```
export const useIterator = (
  items = [],
  initialIndex = 0
) => {
  const [i, setIndex] = useState(initialIndex);

  const prev = () => {
    if (i === 0) return setIndex(items.length - 1);
    setIndex(i - 1);
  };

  const next = () => {
    if (i === items.length - 1) return setIndex(0);
    setIndex(i + 1);
  };

  return [items[i], prev, next];
};
```

在以上程式碼中，useIterator 讓我們得以在陣列中進行循環操作：它回傳了陣列中某個目標物件，以及切換至該物件前後的方法——我們可以透過陣列解構（Array Destructuring）來妥善命名這三個工具：

```
const [letter, previous, next] = useIterator([
  "a",
  "b",
  "c"
]);
```

在以上程式碼中，letter 的起始值會是「a」。如果我們呼叫了 next 函式，該元件會重新渲染，此時 letter 會成為「b」——如果再接著呼叫 next 兩次，則 letter 又會回到「a」。因為我們在函式中設定了循環的邏輯，因此索引不會超過陣列的範圍。

細看實作的內部，useIterator 這個 Hook 接受兩個屬性：其一為資料陣列，其二為起始的索引值。整個 Hook 圍繞著索引值為核心，因此我們使用 useState 將其設定為狀態，並透過索引值來決定回傳的目標物件。useIterator 會回傳三個項目：目標物件以及切換前後的兩個函式 prev 以及 next——只要呼叫這兩者，都會執行 setIndex 函式，進而改變索引值的狀態並找到新的目標物件。

暫存值

useIterator 這個 Hook 很棒，但它還可以更好。我們可以針對 item 以及 prev 與 next 實作記憶化（Memoization）：

```
import React, { useCallback, useMemo } from "react";

export const useIterator = (
  items = [],
  initialValue = 0
) => {
  const [i, setIndex] = useState(initialValue);

  const prev = useCallback(() => {
    if (i === 0) return setIndex(items.length - 1);
    setIndex(i - 1);
  }, [i]);

  const next = useCallback(() => {
    if (i === items.length - 1) return setIndex(0);
    setIndex(i + 1);
  }, [i]);

  const item = useMemo(() => items[i], [i]);

  return [item || items[0], prev, next];
};
```

在以上程式碼中，prev 以及 next 函式都透過 useCallback 實作。這可以確保它們只有在索引值改變時才會變化。同樣的道理，item 也只有在索引值改變時會產生變化。

以上的記憶化實作並不會帶來顯著的效能提升——至少相較其額外增加的複雜度，效能的提升可說是微乎其微。然而，這使得當程式碼的使用者在導入 useIterator 時，只要索引值沒有改變，目標物件以及 prev 與 next 函式就會永遠指向同一個物件（而非創建新的實體）。這會讓目標物件在進行相等比較時，產生符合預期的行為。

討論至此，話題終於要回到 GitHub 的儲存庫列表上了！我們要建構一個名為 RepoMenu 的使用者介面元件，並在其中應用 useIterator 這個 Hook。RepoMenu 會顯示當前的儲存庫名稱，而使用者可以透過按下 Previous 與 Next 按鈕來向前或向後瀏覽儲存庫陣列：

```
import React from "react";
import { useIterator } from "../hooks";

export function RepoMenu({
  repositories,
  onSelect = f => f
}) {
  const [{ name }, previous, next] = useIterator(
    repositories
  );

  useEffect(() => {
    if (!name) return;
    onSelect(name);
  }, [name]);

  return (
    <div style={{ display: "flex" }}>
      <button onClick={previous}>&lt;</button>
      <p>{name}</p>
      <button onClick={next}>&gt;</button>
    </div>
  );
}
```

在以上程式碼中 RepoMenu 接受一個 repositories 陣列作為屬性。並且透過 useIterator 這個自定義的 Hook 取出當前儲存庫物件的 name 欄位，連同 prev 與 next 兩個函式。請注意我們在回傳的語法中使用了 < 以及 >，這兩者分別用來跳脫（Escape）作為按鈕說明文字的小於符號（<，代表向前）以及大於符號（>，代表向後）。當使用者按下任一按鈕時，RepoMenu 就會重新渲染並顯示新的 name。

我們可以藉此再次複習陣列解構。在呼叫 useIterator 時，以上範例使用了 previous 以及 next 來承接兩個操作用的函式。你可以使用任何適合的變數名稱，包含和 useIterator 內部一模一樣的命名 prev 以及 next 亦無不可。

接下來，我們要建構 UserRepositories 元件。它負責向 GitHub 發出指定用戶名稱的請求，一旦收到回應，就將資料陣列傳遞給 RepoMenu 進行渲染：

```
import React from "react";
import Fetch from "./Fetch";
import RepoMenu from "./RepoMenu";
```

```
export default function UserRepositories({
  login,
  selectedRepo,
  onSelect = f => f
}) {
  return (
    <Fetch
      uri={`https://api.github.com/users/${login}/repos`}
      renderSuccess={({ data }) => (
        <RepoMenu
          repositories={data}
          selectedRepo={selectedRepo}
          onSelect={onSelect}
        />
      )}
    />
  );
}
```

以上 UserRepositories 透過 login 屬性建構出儲存庫的請求網址，接著便傳遞給 Fetch 元件。一旦請求成功，就使用 GitHub 回傳的儲存庫陣列作為資料，並渲染出 RepoMenu。最後，我們要將以上成果進一步與之前的 UserDetails 元件進一步整合：

```
function UserDetails({ data }) {
  return (
    <div className="githubUser">
      <img src={data.avatar_url} alt={data.login} style={{ width: 200 }} />
      <div>
        <h1>{data.login}</h1>
        {data.name && <p>{data.name}</p>}
        {data.location && <p>{data.location}</p>}
      </div>
      <UserRepositories
        login={data.login}
        onSelect={repoName => console.log(`${repoName} selected`)}
      />
    </div>
  );
```

現在，UserDetails 不只展示了 GitHub 的指定使用者資料，同時也渲染了與其相關的儲存庫資訊。舉例來說，如果我們針對使用者 eveporcello 進行搜尋，其渲染結果如圖 8-5。

圖 8-5　使用者介面中新增了儲存庫資訊

為了取得用戶的個人檔案以及儲存庫清單，我們使用了兩個 HTTP 請求。作為一個 React 開發者，我們常常將生命花費在這些美好的事物上：送出多個請求，並將資料組建成優雅的使用者介面。發出兩個請求還只是一個開始。在接下來的章節中，我們會從 GitHub 取得更多資訊，例如儲存庫的 README.md 內容。

瀑布式的請求

在前一節中，我們發出了兩個 HTTP 請求：先取得用戶的個人檔案，接著才請求儲存庫清單（一次一個）。

第一次請求個人檔案的程式碼片段如下：

```
<Fetch
  uri={`https://api.github.com/users/${login}`}
  renderSuccess={UserDetails}
/>
```

在取得個人檔案後，我們渲染了 `UserDetails` 元件，並觸發第二個 `fetch` 請求：

```
<Fetch
  uri={`https://api.github.com/users/${login}/repos`}
```

```
    renderSuccess={({ data }) => (
      <RepoMenu repositories={data} onSelect={onSelect} />
    )}
  />
```

我們稱呼這樣的模式為**瀑布式**（*Waterfall*）的請求——因為它們是依序發生並彼此相依的。如果在個人檔案就發生了錯誤，那麼接下來的請求也都不會被執行。

你或許已經開始思考更合理的做法。在那之前，我們要再為這座「瀑布」新增一個 HTTP 請求：在依序取得用戶檔案與儲存庫之後，再向 GitHub 索取目標儲存庫的 *README.md* 檔案。當用戶在不同的儲存庫之間切換時，使用者介面會展示對應的 README 資訊。

在 GitHub 中，儲存庫的 README 檔案是使用 Markdown 格式編寫的。我們可以透過 `ReactMarkdown` 元件輕鬆地將 Markdown 渲染成 HTML 語法。首先，我們必須執行安裝：

```
npm i react-markdown
```

取得儲存庫 README 內容的流程依然很「瀑布」。首先，我們必須向 GitHub API 的路徑 *https://api.github.com/repos/${login}/${repo}/readme* 送出請求。然而，API 並不會直接回傳 README 的內容，而是回傳相關的資訊，其中名為 `download_url` 的欄位才是可以真正取得檔案的網址——為此，我們必須再發出一個額外的請求。這整個流程可以透過 `async` 函式實作如下：

```
const loadReadme = async (login, repo) => {
  const uri = `https://api.github.com/repos/${login}/${repo}/readme`;
  const { download_url } = await fetch(uri).then(res =>
    res.json()
  );
  const markdown = await fetch(download_url).then(res =>
    res.text()
  );

  console.log(`Markdown for ${repo}\n\n${markdown}`);
};
```

如以上程式碼所示，為了取得 README，我們需要 GitHub 的使用者名稱 `login` 以及儲存庫名稱 `repo`。這兩者可以建構起一個唯一的 API 網址 *https://api.github.com/repos/moonhighway/learning-react/readme*。當請求成功後，便從回應中解構出 `download_url` 欄位，再藉此發出真正的 README 檔案請求。請注意我們使用了 `res.text()` 而非 `res.json()`——因為該回應的 body 是 Markdown 文字而非 JSON。

只要取得了 Markdown 文字，便可以進行渲染。我們將以上的 loadReadme 函式改為放置在 RepositoryReadme 元件之中：

```
import React, {
  useState,
  useEffect,
  useCallback
} from "react";
import ReactMarkdown from "react-markdown";

export default function RepositoryReadme({ repo, login }) {
  const [loading, setLoading] = useState(false);
  const [error, setError] = useState();
  const [markdown, setMarkdown] = useState("");

  const loadReadme = useCallback(async (login, repo) => {
    setLoading(true);
    const uri = `https://api.github.com/repos/${login}/${repo}/readme`;
    const { download_url } = await fetch(uri).then(res =>
      res.json()
    );
    const markdown = await fetch(download_url).then(res =>
      res.text()
    );
    setMarkdown(markdown);
    setLoading(false);
  }, []);

  useEffect(() => {
    if (!repo || !login) return;
    loadReadme(login, repo).catch(setError);
  }, [repo]);

  if (error)
    return <pre>{JSON.stringify(error, null, 2)}</pre>;
  if (loading) return <p>Loading...</p>;

  return <ReactMarkdown source={markdown} />;
}
```

以上程式碼針對 loadReadme 函式做了一些調整：首先，我們在初始化渲染時便將函式使用 useCallback 暫存在元件之中；其次，當 loadReadme 被呼叫時，會先將 loading 狀態變數設定為 true，並在完成任務之後將其恢復為 false；最後，當取得 Markdown 文字時，則將其透過 setMarkdown 函式儲存在狀態變數 markdown 中。

接著，我們透過 useEffect 來實際執行 loadReadme——如果 repo 或是 login 這兩個屬性因為某種原因而不存在，則略過執行。請注意 useEffect 使用了 [repo] 作為相依陣列（Dependency Array）。這代表著只有 repo 發生變化時，才需要讀取新的 README。此外，如果請求的過程發生錯誤，則交由 setError 函式進行處置。

儘管程式碼看似複雜，但仍然沒有超出幾個基本的道理：我們必須針對請求的等待、成功與失敗三種狀態進行妥善處置。當請求成功時，我們選擇直接交由 ReactMarkdown 元件進行渲染。

現在，我們已經可以將 RepositoryReadme 元件整合進 RepoMenu 當中了。當使用者在不同的儲存庫之間瀏覽時，對應的 README 資訊將會被讀取並展示：

```
export function RepoMenu({ repositories, login }) {
  const [{ name }, previous, next] = useIterator(
    repositories
  );
  return (
    <>
      <div style={{ display: "flex" }}>
        <button onClick={previous}>&lt;</button>
        <p>{name}</p>
        <button onClick={next}>&gt;</button>
      </div>
      <RepositoryReadme login={login} repo={name} />
    </>
  );
}
```

至此，我們的應用程式更加「瀑布」了：它一共發出四個請求，分別取得了使用者檔案、儲存庫清單、對應儲存庫的 README 資訊以及 README 實際的文字內容。這些都是瀑布式的請求，因為它們是一次一個依序執行。

除此之外，當使用者操作應用程式時，也會觸發更多的請求。舉例來說：瀏覽每個不同的儲存庫，都必須再使用兩個請求來取得 README 的內容；而當使用者變更搜尋的 GitHub 用戶名稱時，所有的瀑布式請求都會被重新執行一遍。

使用較低的網路速度進行測試

以上所有的 HTTP 請求都可以在瀏覽器開發者工具中的 Network 標籤中檢視，除此之外，我們還可以控制網路的傳輸速度，藉此測試在低網速時應用的執行狀態。舉例來說，如果想要體驗瀑布式的請求式如何被依序執行，你可以將網路速度調降至 3G 並重新讀取頁面。

主流的瀏覽器基本上都支援網路速度測試的功能。以 Google Chrome 為例，你可以選擇「Online」文字旁邊的小箭頭來設定網速（見圖 8-6）。

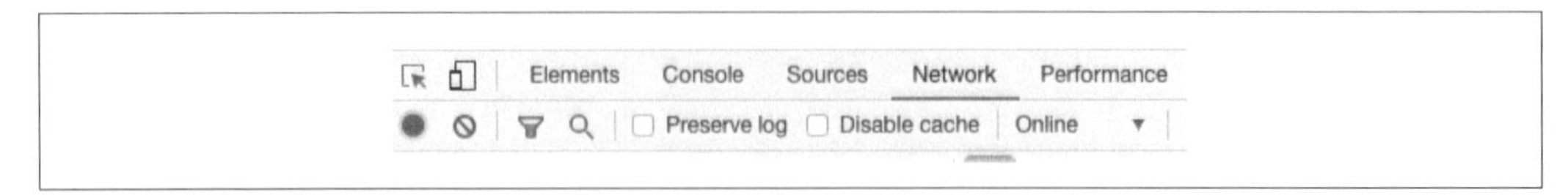

圖 8-6　改變請求的網路速度

接著，你可以選擇各種速度（見圖 8-7）。

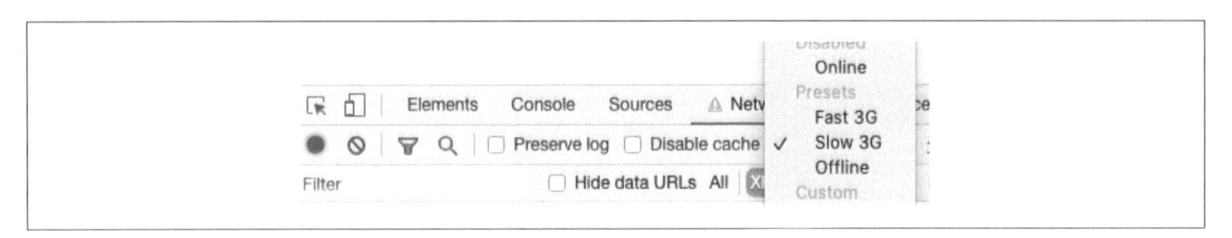

圖 8-7　選擇不同的網路速度（快速 3G、慢速 3G 與離線）。選擇慢速 3G 會顯著地降低應用的讀取速度。

除此之外，在 Network 標籤中還展示了所有 HTTP 請求的時間軸。你可以只篩選出「XHR」類別──這意味著只檢視透過 `fetch` 發出的請求（見圖 8-8）。

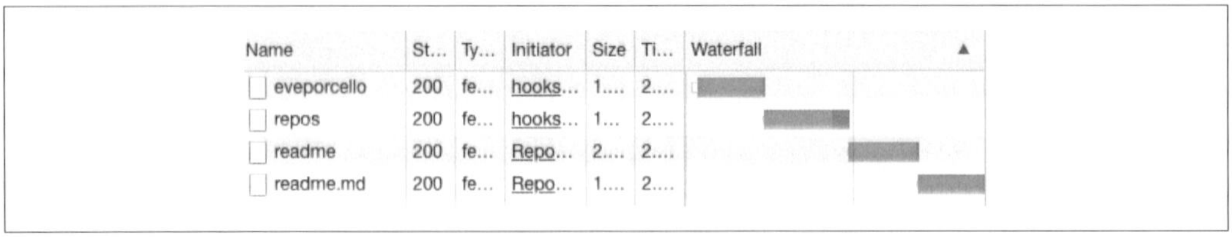

Name	St...	Ty...	Initiator	Size	Ti...	Waterfall
eveporcello	200	fe...	hooks...	1....	2....	
repos	200	fe...	hooks...	1...	2....	
readme	200	fe...	Repo...	2....	2....	
readme.md	200	fe...	Repo...	1....	2....	

圖 8-8　瀑布式的請求時間軸

如上圖所示，我們可以見到四個請求被依序且一次一個地執行，即所謂的「瀑布」。

平行請求

在某些情況下，我們可以透過一次送出所有請求來提高應用的效能，而非逐一執行。這樣的模式稱為平行（*Parallel*）請求。

目前為止，我們的應用之所以為瀑布模式的原因在於巢狀的渲染結構：GitHubUser 元件在獲得用戶檔案後才開始渲染 UserRepositories 並送出儲存庫請求；請求再次完成之後才是 RepositoryReadme。

要將應用修改為平行請求必須重構程式碼。首先從最深處的元件開始，我們必須將 <RepositoryReadme /> 自 RepoMenu 元件的渲染結果中移出。這是個十分合理的想法，因為 RepoMenu 應該專注在渲染導覽列。

同樣的道理，我們必須將 <RepoMenu /> 從 UserRepositories 的 renderSuccess 屬性中移出；並將 <UserRepositories /> 從 UserDetails 元件中移出。

總而言之，我們的目標就是拆解巢狀的請求結構，並且將多個涉及請求的元件放置在同一個層級，也就是 App 元件中：

```
import React, { useState } from "react";
import SearchForm from "./SearchForm";
import GitHubUser from "./GitHubUser";
import UserRepositories from "./UserRepositories";
import RepositoryReadme from "./RepositoryReadme";

export default function App() {
  const [login, setLogin] = useState("moonhighway");
  const [repo, setRepo] = useState("learning-react");
  return (
  <>
    <SearchForm value={login} onSearch={setLogin} />
    <GitHubUser login={login} />
    <UserRepositories
      login={login}
      repo={repo}
      onSelect={setRepo}
    />
    <RepositoryReadme login={login} repo={repo} />
  </>
  );
}
```

在以上程式碼中，當三個元件被放在同一個層級進行渲染時，HTTP 請求也因此平行化了：GitHubUser、UserRepositories 以及 RepositoryReadme 將同時對 GitHub API 發送請求。

三個元件各自需要不同的屬性才能發出請求：GitHubUser 需要代表用戶名稱的 login 屬性；UserRepositories 與 RepositoryReadme 則同時需要 login 與代表目標儲存庫的 repo 屬性。在以上程式碼中，為了確保測試可以順利進行，我們使用了「moonhighway」以及「learning-react」作為預設的用戶名稱與儲存庫。

如果用戶透過 SearchForm 提交了其他的搜尋對象，則狀態變數 login 會隨之改變，接著便會觸發 useEffect 使得上述三個被關聯的元件發送新的請求並重新渲染。同樣的道理，如果用戶在多個儲存庫之間瀏覽，則 UserRepositories 的 onSelect 函式會被呼叫，進而修改 repo 狀態變數，接著也是觸發 useEffect 並再次發送新的資料請求。不同的是，這次受影響的元件只包含了 UserRepositories 與 RepositoryReadme，GitHubUser 則維持不變。

最後一個需要調整的地方是，RepoMenu 元件永遠會從第一個儲存庫開始展示，而非我們選定的起始儲存庫。為此，RepoMenu 必須新增並確認 selected 屬性是否存在：如果是，則使用對應的索引值：

```
export function RepoMenu({ repositories, selected, onSelect = f => f }) {
  const [{ name }, previous, next] = useIterator(
    repositories,
    selected ? repositories.findIndex(repo => repo.name === selected) : null
  );
  ...
}
```

在以上程式碼中，useIterator 的第二個引數是起始的索引值。如果 selected 傳入了起始的儲存庫名稱，那麼我們就應該使用對應的起始索引值。這麼做可以確保 RepoMenu 不會盲目地從第一個儲存庫開始，並渲染出錯誤的介面。

```
<Fetch
  uri={`https://api.github.com/users/${login}/repos`}
  renderSuccess={({ data }) => (
    <RepoMenu
      repositories={data}
      selected={repo}
      onSelect={onSelect}
    />
  )}
/>
```

現在，repositories 屬性傳遞給了 RepoMeny，該元件會選擇正確的初始儲存庫，也就是 "learning-react"。

如果我們打開瀏覽器開發者工具的 Network 標籤，可以見到三個請求會被平行化地處理（見圖 8-9）：

Name	Status	Type	Initiator	Size	Time	Waterfall
moonhighway	200	fetch	hooks.js:11	1.8 KB	2.22 s	
repos	200	fetch	hooks.js:11	14.7 KB	2.57 s	
readme	200	fetch	RepositoryRe...	3.4 KB	2.22 s	
README.md	200	fetch	RepositoryRe...	2.0 KB	2.11 s	

圖 8-9　平行化的請求

如上圖所示，我們將大部分的請求平行化了。儘管 RepositoryReadme 仍然必須發出瀑布式的請求來取得 README 文字，但仍然可以接受。受限於 API 原本的架構，我們不一定永遠能在應用啟動時就發出所有請求。在大部分的時候，這兩種請求必須相互配合。

等待資料輸入

目前為止，我們的應用程式為 login 以及 repo 提供了預設值。然而，我們不總是有辦法在應用啟動時就預測到合理的輸入值。在這樣的情況下，我們只能選擇暫時不渲染元件，直到使用者提供資料為止：

```
export default function App() {
  const [login, setLogin] = useState();
  const [repo, setRepo] = useState();
  return (
    <>
      <SearchForm value={login} onSearch={setLogin} />
      {login && <GitHubUser login={login} />}
      {login && (
        <UserRepositories
          login={login}
          repo={repo}
          onSelect={setRepo}
        />
      )}
      {login && repo && (
        <RepositoryReadme login={login} repo={repo} />
      )}
    </>
  );
}
```

在以上程式碼中，除了 SearchForm 以外的元件都不會在初始化渲染時被執行，直到取得必要的屬性值為止。當使用者透過 SearchForm 搜尋用戶名稱時，login 的狀態值會因此改變，並觸發 GitHubUser 與 UserRepositories 的重新渲染。而當 UserRepositories 取得儲存庫陣列時，它會透過 setRepo 來選擇陣列中的第一個成員作為 repo 的狀態值。最後，當我們終於同時擁有了 login 以及 repo 兩個狀態值，便會觸發 RepositoryReadme 元件的重新渲染。

取消 HTTP 請求的後續執行

作為一個前端工程師，我們常常必須思考許多預期之外的使用者操作。舉例來說，用戶或許會清空搜尋欄位，並搜尋一個空字串。在這樣的情境下，我們會希望確保 repo 也同時被設定為空白（避免後續可能引發的錯誤），並且不要對 GitHub 發出任何請求。我們可以新增一個 handleSearch 函式來實作這項功能：

```
export default function App() {
  const [login, setLogin] = useState("moonhighway");
  const [repo, setRepo] = useState("learning-react");

  const handleSearch = login => {
    if (login) return setLogin(login);
    setLogin("");
    setRepo("");
  };

  if (!login)
    return (
      <SearchForm value={login} onSearch={handleSearch} />
    );

  return (
    <>
      <SearchForm value={login} onSearch={handleSearch} />
      <GitHubUser login={login} />
      <UserRepositories
        login={login}
        repo={repo}
        onSelect={setRepo}
      />
      <RepositoryReadme login={login} repo={repo} />
    </>
  );
}
```

在以上程式碼中，如果使用者搜尋的內容為空字串，repo 的狀態值也會同時被歸零為空字串。此外，如果因為某種原因使得 login 為空白字串、undefined 或是 null，則 App 只會渲染 SearchForm 元件。

如此一來，應用程式的介面將存在兩種可能：在應用啟動時，只渲染搜尋表單元件；當搜尋表單中存在 login 的狀態值時，才會渲染其它三個與搜尋結果相關的元件——這意味著我們將依照使用者行為去移除（Unmount）某些元件。然而，如果用戶在和 GitHub API 請求某位使用者檔案的同時，立刻清空搜尋欄位並搜尋空字串，會發生什麼事呢？首先，React 會立刻移除已經渲染的 GitHubUser、UserRepositories 與 RepositoryReadme 三個元件；接著，當前一個 fetch 終於成功取得資料，便會發現元件已經被移除了……

我們可以透過以下步驟重現這個情境：

1. 在開發者工具中的 Network 標籤裡將網路速度調降至「Slow 3G」——這將使我們有合理的時間可以觀測問題
2. 搜尋「moonhighway」
3. 當資料在讀取時，清空搜尋欄位並搜尋空字串

最後，當 fetch 請求的 HTTP 回應抵達，但元件卻被移除的狀況下，試圖改變元件中的狀態值便會觸發錯誤（見圖 8-10）。

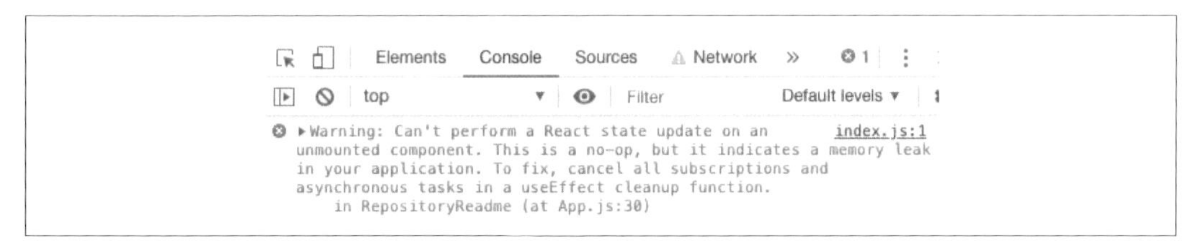

圖 8-10　在被移除的元件上更新狀態會引發錯誤

類似錯誤常常發生在網路速度不穩定的環境中，然而，React 也存在對應的策略。首先，我們建構一個自定義的 Hook，並依此判斷當前的元件是否已經被移除：

```
export function useMountedRef() {
  const mounted = useRef(false);
  useEffect(() => {
    mounted.current = true;
    return () => (mounted.current = false);
  });
  return mounted;
}
```

在以上程式碼中，useMountedRef 呼叫 useRef 建立了 Ref 物件。當元件被移除時，狀態變數會被清理，但 Ref 物件仍然會存在。接著，我們呼叫了 useEffect 但不提供相依陣列，這會使得回呼函式在每一次元件渲染完成後都會被執行，並將 Ref 物件設定為 true（代表元件存在）。最後，我們在 useEffect 函式中回傳了另一個函式，該函式會在元件被移除時執行，並將 Ref 物件設定為 false（代表元件已被移除）——如果你對於 useRef 以及 useEffect 這兩個 React 原生的 Hook 的運作原理感到疑惑，可以參考本書第 6 章的說明。

現在，我們可以將新的 Hook 應用在 RepositoryReadme 元件中，確保元件在修改狀態變數之前仍然存在：

```
export default function RepositoryReadme({ repo, login }) {
  // ... 設定 loading/error/markdown 狀態（略）

  const mounted = useMountedRef();

  const loadReadme = useCallback(async (login, repo) => {
    setLoading(true);
    const uri = `https://api.github.com/repos/${login}/${repo}/readme`;
    const { download_url } = await fetch(uri).then(res =>
      res.json()
    );
    const markdown = await fetch(download_url).then(res =>
      res.text()
    );
    if (mounted.current) {
      setMarkdown(markdown);
      setLoading(false);
    }
  }, []);

  // ... 回傳 JSX（略）
}
```

在以上程式碼中，在兩個 HTTP 請求都得到結果後，我們先透過 mounted.current 來確認元件是否依然存在（沒有被移除），之後才會呼叫 setMarkdown 以及 setLoading。

我們可以將一樣的邏輯實作在 useFetch 這個自定義的 Hook 當中：

```
export function useFetch(uri) {
  // ... 設定 data/error/lodaing 狀態（略）

  const mounted = useMountedRef();
```

```
  useEffect(() => {
    if (!uri) return;
    if (!mounted.current) return;
    setLoading(true);
    fetch(uri)
      .then(data => {
        if (!mounted.current) throw new Error("component is not mounted");
        return data;
      })
      .then(data => data.json())
      .then(setData)
      .then(() => setLoading(false))
      .catch(error => {
        if (!mounted.current) return;
        setError(error);
      }

  return {loading, data, error};
);
```

useFetch 這個 Hook 是當前的應用程式用來發送 HTTP 請求的抽象層（請見本章前幾個小節的說明），我們會在其中呼叫 .then() 方法來串連資料處理的程序——當然，你也可以使用 async/await 函式來實作。當 fetch 取得回應時，我們先在第一個 .then() 之中確認元件是否已經被刪除：如果是，則直接回報錯誤並中斷接下來 .then() 的後續執行；反之，則使一切如常運作。值得注意的是，我們同時也修改了 .catch() 的邏輯，使其在呼叫 setError 前也先確認元件是否已被移除。

在以上討論中，雖然我們沒有真正地取消 HTTP 請求，但已經避免了幾種與非同步行為有關的元件錯誤。使用低網速的環境來測試應用永遠是個好主意，許多錯誤都可以透過類似的技巧被偵測與排除。

GraphQL

GraphQL 與 React 都是由 Facebook 設計的。React 透過宣告式的語法建構使用者介面；GraphQL 則透過宣告式的語法建構 API 的溝通模式。此外，當我們發送出平行化的請求來一次取得所有需要的資料時，GraphQL 也能妥善地支援。

為了從 GraphQL API 取得資料，我們必須針對指定的網址發送 HTTP 請求；此外，我們還必須在請求中附上一段宣告式的描述；如此一來，API 便能妥善解析請求內容並將目標資料回傳。

GitHub GraphQL API

要透過 GraphQL 的模式與後端 API 溝通，首先要確認 API 是否支援 GraphQL 規格。幸運的是，GitHub 早就已經開放支援了。大多數的 GraphQL 服務都提供了名為 GraphQL Explorer 的使用者介面讓我們進行探索（*https://developer.github.com/v4/explorer*）。在使用之前，你必須先登入 GitHub 帳號。

登入以上網址之後，GraphQL Explorer 左側的面板是我們撰寫 GraphQL 查詢（Query）的地方，在介面中，我們可以透過以下查詢來取得特定的 GitHub 使用者的資料：

```
query {
  user(login: "moontahoe") {
    id
    login
    name
    location
    avatarUrl
  }
}
```

以上程式碼就是一段標準的 GraphQL 查詢。我們向 GitHub 請求了使用者「moontahoe」的資料；且只要求了部分的欄位，包含 `id`、`login`、`avatarUrl`、`name` 以及 `location`。在按下 Play 按鈕之後，這項請求就透過 HTTP POST 傳送至 *https://api.github.com/graphql*。所有 GitHub 的 GraphQL 請求會被傳送至這個網址。在本案例中，GitHub 會解析請求並回傳指定的欄位如下：

```
{
  "data": {
    "user": {
      "id": "MDQ6VXNlcjU5NTIwODI=",
      "login": "MoonTahoe",
      "name": "Alex Banks",
      "location": "Tahoe City, CA",
      "avatarUrl": "https://github.com/moontahoe.png"
    }
  }
}
```

我們可以將類似的請求正規化為一個名為 `findRepos` 的可重複使用查詢：這個語法可以用於尋找使用者資訊以及他們的儲存庫。在查詢的時候，我們必須提供為 `$login` 變數提供值：

```
query findRepos($login: String!) {
  user(login: $login) {
    login
    name
    location
    avatar_url: avatarUrl
    repositories(first: 100) {
      totalCount
      nodes {
        name
      }
    }
  }
}
```

以上程式碼建構了名為 `findRepos` 的查詢。我們可以透過 GraphQL Expolorer 左下角的介面提供並修改變數 `$login` 的值，來重複使用這項查詢（見圖 8-11）。

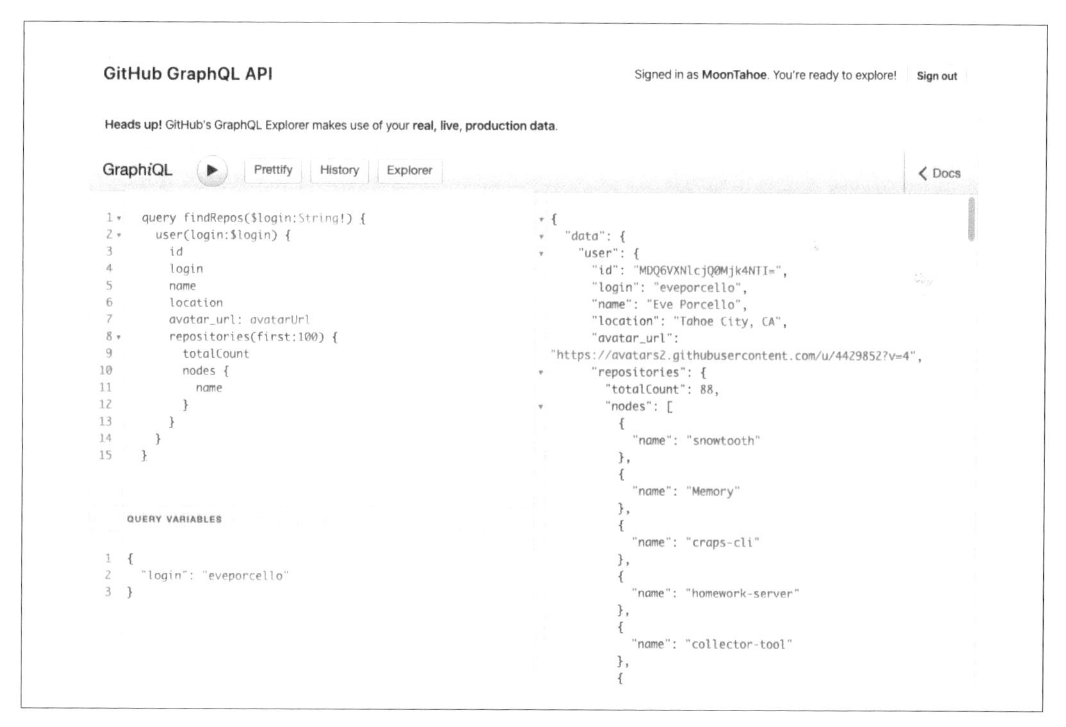

圖 8-11　GitHub GraphQL Explorer

以上查詢不只包含了使用者資料，還包含了指定用戶的前一百個儲存庫、儲存庫的總數量 `totalCount` 以及每一個儲存庫的名稱 `name`。GraphQL 的特點就是它只會回應指定的欄位，例如我們只會得到儲存庫的 `name` 資訊，此外無他。

另一點值得注意的是以上查詢使用了別名 `avatar_url`。在 GitHub GraphQL 中，使用者頭像圖片網址的原生名稱是 `avatarUrl`，但我們希望該欄位能被改名為 `avatar_url`。依據回傳的內容可知，GitHub 也的確接受了欄位改名的請求。

GraphQL 是一個龐大的主題，我們甚至為它寫了一本專書《*Learning GraphQL*》。在此暫且點到為止。然而，GraphQL 正逐漸成為所有開發者都必須了解的主題。如果你想要成為新時代的程式設計師，就必須對 GraphQL 有所了解才行。

發送 GraphQL 請求

GraphQL 請求是一則在 `body` 中包含了查詢指令的 HTTP 請求。我們可以使用最基本的 `fetch` 函式來發送請求，當然也有許多不同的框架與函式庫提供了更豐富的功能。在本節中，我們將會示範如何透過 `graphql-request` 函式庫來向 GraphQL 取得資料，藉此建構應用程式。

GraphQL 其實不只限定在 HTTP 或是其他任何網路協定中使用，也不限定於任何程式語言。精確地說，它是一個規格（Specification），規範了在網路系統中存取資料的語法格式。

首先，我們要安裝 `graphql-request`：

```
npm i graphql-request
```

GitHub 的 GraphQL API 需要客戶端提供權限證明，才會處理請求。在實作以下範例之前，你必須先在 GitHub 上取得個人的存取權杖（Access Token），並且在每一個請求中都附上該資料。

你可以在 GitHub 的 Settings > Developer Settings > Personal Access Tokens 中建構權杖並設定存取權限。為了執行 GraphQL 查詢，你所使用的權杖必須包含以下讀取權限：

- user
- public_repo
- repo
- repo_deployment
- repo:status

- read:repo_hook
- read:org
- read:public_key
- read:gpg_key

我們可以使用 graphql-request 以及 JavaScript 來發出請求：

```
import { GraphQLClient } from "graphql-request";

const query = `
  query findRepos($login:String!) {
    user(login:$login) {
      login
      name
      location
      avatar_url: avatarUrl
      repositories(first:100) {
        totalCount
        nodes {
          name
        }
      }
    }
  }
`;

const client = new GraphQLClient(
  "https://api.github.com/graphql",
  {
    headers: {
      Authorization: `Bearer <PERSONAL_ACCESS_TOKEN>`
    }
  }
);

client
  .request(query, { login: "moontahoe" })
  .then(results => JSON.stringify(results, null, 2))
  .then(console.log)
  .catch(console.error);
```

在以上程式碼中，我們使用 graphql-request 函式庫建構 GraphQLClient 物件來傳送請求。在創建物件時，我們必須提供 GitHub GraqphQL API 的網址 *https://api.github.com/graphql*，並在 Header 中附上存取權杖——我們將透過該權杖向 API 表明身分。最後，我們便透過 client 送出請求。

為了建構查詢語法，我們建構了 query 字串作為模板，接著便將該字串連同所有使用到的變數傳遞給 request 函式：在以上範例中，我們的查詢使用到了 **$login** 變數，因此必須傳入一個包含對應欄位 login 的物件。

最後，我們將回應的結果轉換成 JSON 字串並且印出至控制台中：

```
{
  "user": {
    "id": "MDQ6VXNlcjU5NTIwODI=",
    "login": "MoonTahoe",
    "name": "Alex Banks",
    "location": "Tahoe City, CA",
    "avatar_url": "https://avatars0.githubusercontent.com/u/5952082?v=4",
    "repositories": {
      "totalCount": 52,
      "nodes": [
        {
          "name": "snowtooth"
        },
        {
          "name": "Memory"
        },
        {
          "name": "snowtooth-status"
        },

        ...

      ]
    }
  }
}
```

就像 fetch 函式一樣，client.request 函式會回傳一個 Promise 物件。在 React 元件中使用 clinet.request 來存取資料的概念及語法也十分相似：

```
export default function App() {
  const [login, setLogin] = useState("moontahoe");
  const [userData, setUserData] = useState();
  useEffect(() => {
    client
      .request(query, { login })
      .then(({ user }) => user)
      .then(setUserData)
      .catch(console.error);
  }, [client, query, login]);
```

```
  if (!userData) return <p>loading...</p>;

  return (
    <>
      <SearchForm value={login} onSearch={setLogin} />
      <UserDetails {...userData} />
      <p>{userData.repositories.totalCount} - repos</p>
      <List
        data={userData.repositories.nodes}
        renderItem={repo => <span>{repo.name}</span>}
      />
    </>
  );
}
```

在以上程式碼中，我們透過 useEffect 這個 Hook 執行了 clinet.request：只要 client、query 或是 login 的狀態改變，就會觸發 useEffect 發送請求，最後便將回傳的 JSON 字串渲染出來（見圖 8-12）。

圖 8-12　透過 GraphQL 建構的簡單應用

目前為止，這個應用並不處理讀取中的畫面，或是任何錯誤發生時的流程，但是我們可以輕易地將本章中學習到的所有概念套用過來——React 並不在意我們是透過 Restful API 或是 GraphQL API 來取得資料，只要掌握了非同步請求以及 Promise 物件的概念，後續的處理都是依此類推即可。

總而言之，透過網路存取資料是一個非同步的任務。請求需要時間來完成，且永遠可能發生意外。在 React 元件中，我們可以透過狀態管理以及 useEffect 等 Hook 來處置等待、失敗與成功等三種請求狀態。

因為 HTTP 協定仍然是網際網路中最主流的資料交換方式，我們在本章中花了大量的篇幅來討論 fetch、Promise 物件以及 HTTP。在某些時候，你也許會使用到不同的通訊協定，例如 WebSocket——別擔心，這一切都可以透過狀態管理以及 useEffect 等 Hook 完成。

以下是一個簡短的範例，展示了我們如何將 socket.io 整合入 useChatRoom 這個自定義的 Hook 中：

```
const reducer = (messages, incomingMessage) => [
  messages,
  ...incomingMessage
];

export function useChatRoom(socket, messages = []) {
  const [status, setStatus] = useState(null);
  const [messages, appendMessage] = useReducer(
    reducer,
    messages
  );

  const send = message => socket.emit("message", message);

  useEffect(() => {
    socket.on("connection", () => setStatus("connected"));
    socket.on("disconnecting", () =>
      setStatus("disconnected")
    );
    socket.on("message", setStatus);
    return () => {
      socket.removeAllListeners("connect");
      socket.removeAllListeners("disconnect");
      socket.removeAllListeners("message");
    };
  }, []);
```

```
  return {
    status,
    messages,
    send
  };
}
```

在以上程式碼中，useChatRoom 這個自定義的 Hook 包含了訊息陣列 messages 的狀態變數、websocket 的連線狀態 status 的狀態變數以及透過 socket 發送新訊息的函式 send。前兩個狀態變數都會被 useEffect 當中的 Listeners 影響：當 socket 發生連線或是終止連線事件時，status 狀態變數會連帶改變；而當 socket 收到新訊息時，會透過 appendMessage 函式被新增到 messages 陣列中。

在本章中，我們討論了許多處理非同步請求的技巧。非同步行為是前端框架最重要的議題之一。在下一章中，我們將討論 Suspense 的概念——它「也許」會在未來的非同步處理中扮演重要的角色[譯註4]。

譯註 4　socket 是網路連線在作業系統之上的抽象層。在此作者並沒有針對 websocket 進行完整的講解，只是提供一個簡短的示範。socket（以及透過 socket 概念發展出的 websocket）是一個龐大的主題，如果你暫時沒有使用到相關的技術，建議可以先隨意瀏覽相關資料，建構一個大致的觀念，暫時不用強求一次弄懂。

第九章

Suspense

這一章是本書中最不重要的一個段落——至少，React 團隊是這麼告訴我們的。當然，他們不是直接說：「噢，這些內容真的超不重要，請不要寫」。不過，它們發了一系列的貼文向 React 的推廣者提出警訊：Suspense 當中的功能很有可能在未來被大幅修改，或是被快速淘汰。

React 團隊設計出的 Suspense、Fiber 以及同步模式（Concurrent Mode）有可能代表了網站開發的未來——它們甚至有可能改變瀏覽器執行 JavaScript 的方式——這聽起來超級重要！我們之所以說它「不重要」，只是為了平衡開發者社群過分期待的心情。別忘了，Suspense 所倡議的概念、API 以及設計模式並不是唯一一個潛在的革命性理論。

此外，Suspense 有可能是一個你並不需要的功能。Facebook 透過 Suspense 來解決龐大的前端應用程式所遇到的特殊問題。然而，我們未必會遇到與 Facebook 相同的問題。因此，在使用這些功能前請務必三思——它們有可能為專案帶來不必要的複雜度。再者，這些概念也仍然處於實驗狀態，未來還有可能大幅改動。React 團隊也強烈建議不要將這些概念應用在實務的程式碼當中。事實上，大部分與 Suspense 相關的概念都與 Hook 有關，如果你並沒有總是在製作複雜的自定義 Hook，你極有可能根本不需要理解它，只需要妥善地運用 Hook 進行合宜的抽象化即可。

然而，除了以上的警告之外，本章所描述的概念會是十分具有啟發性的。如果使用得宜，Suspense 會協助我們創造更完美的使用者體驗。如果你是一個 React 函式庫或是元件庫的擁有者，你會發現這些概念十分具有價值——它們可以協助你進一步優化自定義的 Hook，並且讓其他開發者更願意使用你的工具。

在本章中，我們會建構另一個小型的應用程式來示範相關的新功能。首先，先試著重新建立第 8 章中的應用。但這次，我們先從頁面最基本的版型開始。請見以下 SiteLayout 元件：

```
export default function SiteLayout({
  children,
  menu = c => null
}) {
  return (
    <div className="site-container">
      <div>{menu}</div>
      <div>{children}</div>
    </div>
  );
}
```

SiteLayout 會在 App 元件中被渲染並建構使用者介面：

```
export default function App() {
  return (
    <SiteLayout menu={<p>Menu</p>}>
      <>
        <Callout>Callout</Callout>
        <h1>Contents</h1>
        <p>This is the main part of the example layout</p>
      </>
    </SiteLayout>
  );
}
```

以上元件會展示出一個具有樣式的頁面（見圖 9-1），並讓我們清楚地見到不同元件的渲染時機與位置。

錯誤邊界

至此，我們還沒有辦法處理元件錯誤可能帶來的影響——任何一個環節只要發生錯誤，都會直接癱瘓掉整個應用。當應用發展得更複雜，我們的專案也會因此變得更難以除錯。在某些情境下，定位出錯誤的源頭是很困難的——特別是在元件不是我們親手開發的時候。

錯誤邊界是用於防止一些微小的錯誤直接癱瘓掉整個應用的元件，它還可以用於顯示並追蹤錯誤訊息，並將其回報至追蹤與管理系統當中。

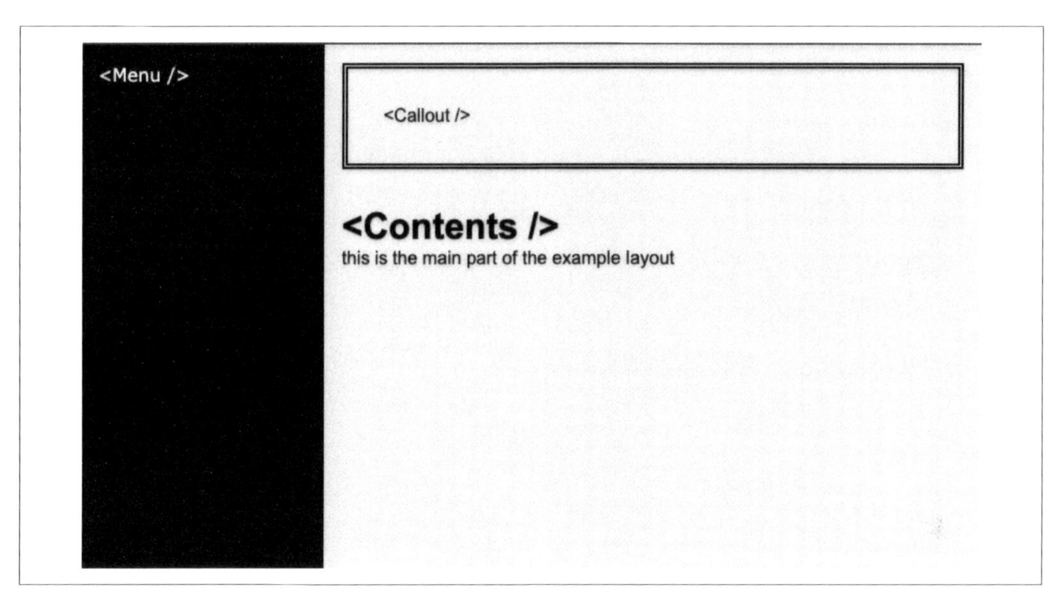

圖 9-1 範例頁面

截至目前為止，在 React 當中建構錯誤邊界唯一的方式是使用類別元件。然而就像本章中大部分的主題一樣，這一切在未來都有可能改變。可能在某一天，我們可以使用 Hook 或是其他的方案在函式風格的元件中建構錯誤邊界。但現在，我們要先示範如何建構一個 ErrorBoundary 元件：

```
import React, { Component } from "react";

export default class ErrorBoundary extends Component {
  state = { error: null };

  static getDerivedStateFromError(error) {
    return { error };
  }

  render() {
    const { error } = this.state;
    const { children, fallback } = this.props;

    if (error) return <fallback error={error} />;
    return children;
  }
}
```

以上程式碼是一個類別元件，它使用了我們較不習慣的語法來儲存狀態，且沒有使用任何 Hook。類別函式提供了特定的方法可以在不同的元件生命週期中進行呼叫，例如 `getDerivedStateFromError` 方法，會在子元件的渲染發生錯誤時將 `state.error` 設定為錯誤物件，並且改為渲染 `fallback` 元件（且使用 `error` 作為屬性）。

現在，我們可以使用 `ErrorBoundary` 來捕捉錯誤。舉例來說，我們可以將整個 `App` 放置在其中，並提供 `fallback` 元件來定義錯誤發生時的渲染行為：

```
function ErrorScreen({ error }) {
  //
  // 我們可以在函式元件中處理或是追蹤錯誤
  //

  return (
    <div className="error">
      <h3>We are sorry... something went wrong</h3>
      <p>We cannot process your request at this moment.</p>
      <p>ERROR: {error.message}</p>
    </div>
  );
}

<ErrorBoundary fallback={ErrorScreen}>
  <App />
</ErrorBoundary>;
```

以上的 `ErrorScreen` 為使用者提供了一則溫暖的錯誤警告，並同時展示了錯誤資訊。它同時也提供了開發者關於錯誤位置的線索（因為當錯誤發生時，該元件會取代原本的元件進行渲染）。我們可以加上一些 CSS 來使得錯誤訊息更好看：

```
.error {
  background-color: #efacac;
  border: double 4px darkred;
  color: darkred;
  padding: 1em;
}
```

為了測試，我們可以建構一個刻意產生錯誤的元件。例如以下 `BreakThings` 元件：

```
const BreakThings = () => {
  throw new Error("We intentionally broke something");
};
```

在之前的範例中，我們使用 ErrorBoundary 包覆了整個 App 元件。當然，它也可以只包覆 App 當中特定的區塊：

```
return (
  <SiteLayout
    menu={
      <ErrorBoundary fallback={ErrorScreen}>
        <p>Site Layout Menu</p>
        <BreakThings />
      </ErrorBoundary>
    }
  >
    <ErrorBoundary fallback={ErrorScreen}>
      <Callout>Callout<BreakThings /></Callout>
    </ErrorBoundary>
    <ErrorBoundary fallback={ErrorScreen}>
      <h1>Contents</h1>
      <p>this is the main part of the example layout</p>
    </ErrorBoundary>
  </SiteLayout>
```

每個 ErrorBoundary 都會在自己的子元件發生錯誤時，透過 fallback 屬性渲染出錯誤畫面。在以上程式碼中，我們分別在左側欄以及 Callout 當中使用了 BreakThings 元件。這會使得 ErrorScreen 被渲染兩次（見圖 9-2）。

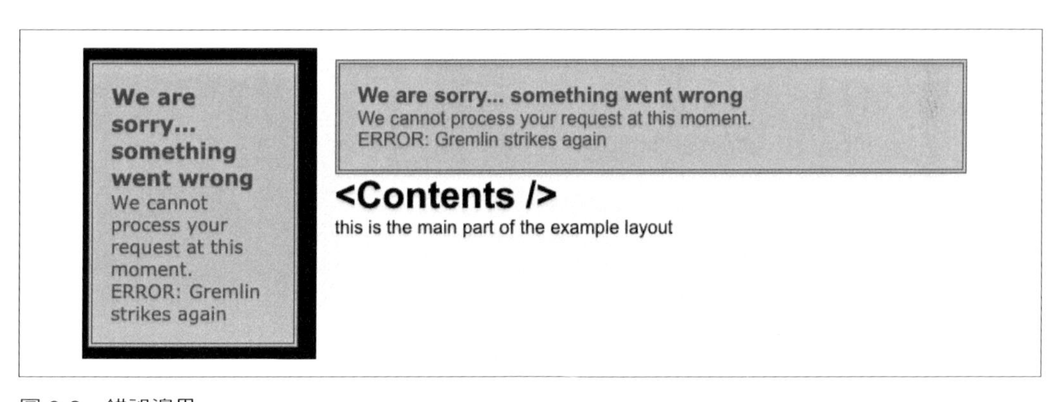

圖 9-2　錯誤邊界

請注意圖中兩個錯誤訊息都被包覆在指定區塊裡。錯誤邊界就像一堵牆一樣，避免問題蔓延到其他部分。儘管我們刻意造成了兩個錯誤，其他區塊仍然如預期地完成了渲染。

如果我們只在右下角的內容版面中使用 BreakThings，則結果如下（見圖 9-3）

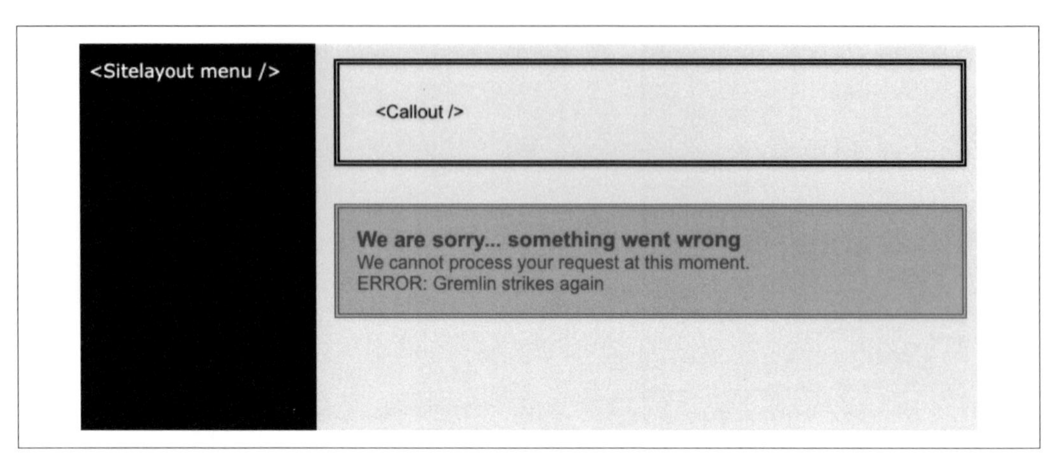

圖 9-3　修改錯誤發生的位置

如此一來，我們會發現左側導覽列與右上方區塊順利運作了，改為右下方區塊發生錯誤。妥善使用錯誤邊界可以協助我們快速定位問題，且避免應用直接癱瘓。

我們也可以將 ErrorBoundary 的 fallback 改為非必要的屬性 —— 當開發者沒有提供時，就預設使用 ErrorScreen 所設定的畫面：

```
render() {
  const { error } = this.state;
  const { children } = this.props;

  if (error && !fallback) return <ErrorScreen error={error} />;
  if (error) return <fallback error={error} />;

  return children;
}
```

以上的解決方案令人滿意，它可以在整體應用中一致地處理錯誤。我們只需要使用 ErrorBoundary 包覆住元件樹中的指定區塊即可：

```
<ErrorBoundary>
  <h1>&lt;Contents /&gt;</h1>
  <p>this is the main part of the example layout</p>
  <BreakThings />
</ErrorBoundary>
```

錯誤邊界是個超棒的概念！它提供了更好的使用者體驗，避免次要元件中的微小錯誤癱瘓整個應用。

拆分程式碼

不論你當前手上的專案規模如何，總有一天它們會逐漸變得龐大，並且包含數以百計甚至千計的元件。一部分的使用者可能會使用手機以及延遲嚴重的網路來使用前端應用程式。在這個情境下，他們可能無法等待到應用程式下載完畢並完成第一次畫面渲染。

程式碼拆分（*Code Splitting*）讓我們可以將應用程式拆分成可管理的片段，並視需要逐一載入。為了示範這一切，我們首先建立一個使用者條款的畫面：

```
export default function Agreement({ onAgree = f => f }) {
  return (
    <div>
      <p>Terms...</p>
      <p>These are the terms and stuff. Do you agree?</p>
      <button onClick={onAgree}>I agree</button>
    </div>
  );
}
```

接著，我們將大部分的元件從 App 內重構至 Main 當中：

```
import React from "react";
import ErrorBoundary from "./ErrorBoundary";

const SiteLayout = ({ children, menu = c => null }) => {
  return (
    <div className="site-container">
      <div>{menu}</div>
      <div>{children}</div>
    </div>
  );
};

const Menu = () => (
  <ErrorBoundary>
    <p style={{ color: "white" }}>TODO: Build Menu</p>
  </ErrorBoundary>
);
```

```
const Callout = ({ children }) => (
  <ErrorBoundary>
    <div className="callout">{children}</div>
  </ErrorBoundary>
);

export default function Main() {
  return (
    <SiteLayout menu={<Menu />}>
      <Callout>Welcome to the site</Callout>
      <ErrorBoundary>
        <h1>TODO: Home Page</h1>
        <p>Complete the main contents for this home page</p>
      </ErrorBoundary>
    </SiteLayout>
  );
}
```

接著我們將 App 的運作邏輯修改如下：當使用者開啟應用時，會先看到使用者條款的畫面（也就是 Agreement 元件）；在他們同意條款後，才會見到 Main 的畫面：

```
import React, { useState } from "react";
import Agreement from "./Agreement";
import Main from "./Main";
import "./SiteLayout.css";

export default function App() {
  const [agree, setAgree] = useState(false);

  if (!agree)
    return <Agreement onAgree={() => setAgree(true)} />;

  return <Main />;
}
```

在以上程式碼中，初始化渲染只會產生 Agreement 元件的畫面。當用戶點選同意，狀態變數 agree 會被修改為 true，接著主畫面 Main 才會被渲染。然而在實際的運作中，整個應用的程式碼（包含 Agreement 以及 Main）都會被打包成單一的 JavaScript 檔案。這意味著使用者必須等待整個應用（即便是那些暫時用不到的程式碼）都下載完畢，才能見到 Agreement 的畫面。

為了解決這個問題，我們可以透過 `React.lazy` 函式來延後元件的載入。如此一來，`Main` 只有在真正需要被渲染時，才會被下載：

```
const Main = React.lazy(() => import("./Main"));
```

以上程式碼意味著 React 會先完成第一次的渲染後，才開始讀取 `Main` 元件。當 `Main` 讀取完畢，才會被導入至當前的程式碼中。這樣的行為我們統稱為**延遲載入**（*Lazy Loading*）。

在執行期間導入元件就像透過網路存取資料一樣。首先，導入的請求會處於等待（Pending）狀態；接著，當狀態轉變為成功時則載入程式碼；失敗時則回報錯誤。也正如載入資料一般，我們必須告訴使用者：應用程式正在取得資料或是程式碼。

Suspense 元件

至此，我們再次發現自己正在處理與非同步請求概念非常相似的任務——Suspense 元件便是為此而生！它的運作原理類似 `ErrorBoundary` 元件，我們使用它包覆指定的元件區塊。主要的差異只在於：`ErrorBoundary` 負責在錯誤發生時展示錯誤畫面；而 `Suspense` 負責在延遲載入時展示讀取畫面。

在應用中，我們可以透過延遲載入讀取 `Main` 元件：

```
import React, { useState, Suspense, lazy } from "react";
import Agreement from "./Agreement";
import ClimbingBoxLoader from "react-spinners/ClimbingBoxLoader";

const Main = lazy(() => import("./Main"));

export default function App() {
  const [agree, setAgree] = useState(false);

  if (!agree)
    return <Agreement onAgree={() => setAgree(true)} />;

  return (
    <Suspense fallback={<ClimbingBoxLoader />}>
      <Main />
    </Suspense>
  );
}
```

如此一來，應用程式在初始化時只會先讀取 React、Agreement 以及 ClimbingBoxLoader 元件。React 會在用戶同意使用者條款之後才開始讀取 Main 元件。此時對於 Main 的程式碼請求會處於等待的狀態，因此 Suspense 會暫時先渲染 ClimbingBoxLoader。一旦載入完成，ClimbingBoxLoader 就會被移除並改為渲染 Main。

React Spinner 是一個載入動畫圖示的函式庫。在本章後續的內容中，我們會示範該函式庫中不同的元件。讀者可以透過 npm i react-spinners 進行安裝。

此時請思考另一個情境：如果在載入 Main 元件時網路突然斷線了，會發生什麼事呢？當然，React 會產生錯誤。而我們可以透過在 Suspense 外增加一層 ErrorBoundary 來處理這個狀況：

```
<ErrorBoundary fallback={ErrorScreen}>
  <Suspense fallback={<ClimbingBoxLoader />}>
    <Main />
  </Suspense>
</ErrorBoundary>
```

以上的實作方式處置了絕大多數非同步行為會遇到的例外狀況：Suspense 負責渲染等待中的畫面；ErrorBoundary 負責渲染錯誤發生時的畫面（同時避免錯誤波及到整個應用）；如果一切順利，則渲染出 Main。

使用 Suspense 處理資料

在前一章中，我們建構了 useFetch 這個 Hook 以及 Fetch 元件，用以處理向 GitHub API 發送請求時的三種狀態（等待、成功與失敗）。然而，那只是當時所能想出的解決方案而已。現在，我們可以更優雅地透過 ErrorBoundary 以及 Suspense 來建構同樣的功能。儘管我們目前只示範了透過 Suspense 來處理延遲載入，但它當然也可以用來處理非同步的資料請求。

首先，假設我們有一個 Status 元件，可以用來渲染文字訊息：

```
import React from "react";

const loadStatus = () => "success - ready";

function Status() {
  const status = loadStatus();
  return <h1>status: {status}</h1>;
}
```

在以上程式碼中，Status 元件會呼叫 loadStatus 函式來取得當前的狀態訊息。我們可以在 App 中渲染 Status 元件：

```
export default function App() {
  return (
    <ErrorBoundary>
      <Status />
    </ErrorBoundary>
  );
}
```

如果我們執行這段程式，會得到一個包含了成功訊息的畫面（見圖 9-4）：

圖 9-4　渲染結果

作為一個思慮周詳的開發者，我們會將 Status 放置在 ErrorBoundary 之中。如果渲染過程發生了任何錯誤，便會交由 ErrorBoundary 的 fallback 屬性來產生錯誤畫面。例如以下範例，我們刻意在 loadStatus 中觸發錯誤：

```
const loadStatus = () => {
  throw new Error("something went wrong");
};
```

執行之後，會產生以下結果（見圖 9-5）。

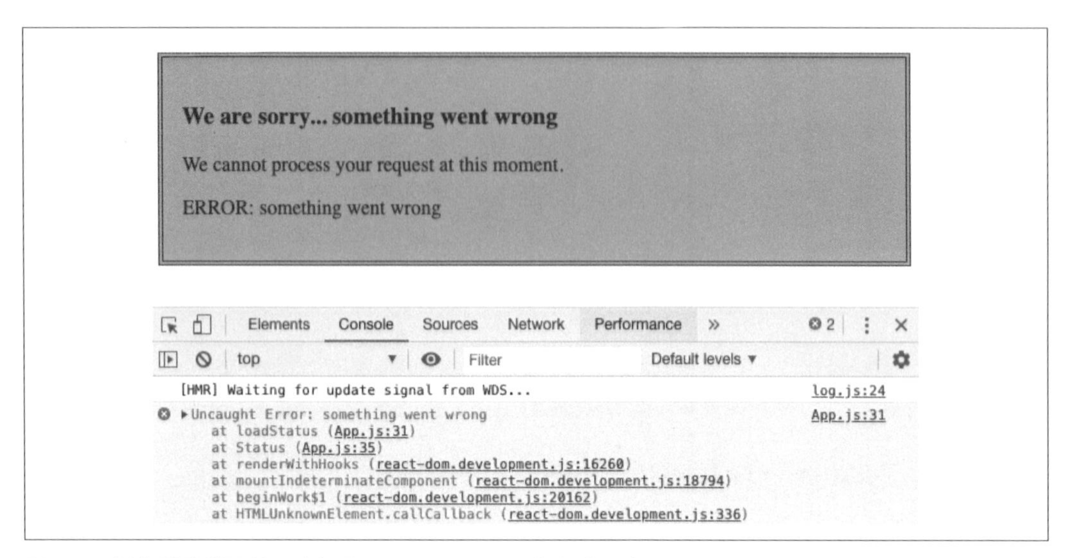

圖 9-5　刻意引發錯誤後，會觸發 ErrorBoundary 產生錯誤畫面

目前為止，一切都如常運作。將 ErrorBoundary 與 Status 元件一起使用解決了三種非同步行為狀態中的兩種：成功與錯誤——精準地說，Promise 物件的錯誤狀態其實是拒絕（Rejected），但錯誤與拒絕的概念其實是一致的。

既然我們處理了三種狀態中的兩種，那剩下的一個（也就是等待）該怎麼辦呢？答案是：我們可以透過拋出一個 Promise 物件來觸發等待的狀態：

```
const loadStatus = () => {
  throw new Promise(resolves => null);
};
```

如果我們在 loadStatus 函式中拋出（Throw）一個 Promise 物件，會在瀏覽器中發現一個特殊的錯誤（見圖 9-6）。

這個錯誤的大意是：程式碼觸發了等待狀態，但是在元件樹較高階處並沒有找到對應的 Suspense 元件來進行處理。這意味著：當我們在 React 中的某節點拋出 Promise 物件時，必須提供對應的 Suspense 元件來渲染等待中的畫面：

```
export default function App() {
  return (
    <Suspense fallback={<GridLoader />}>
      <ErrorBoundary>
        <Status />
      </ErrorBoundary>
```

```
      </Suspense>
    );
  }
```

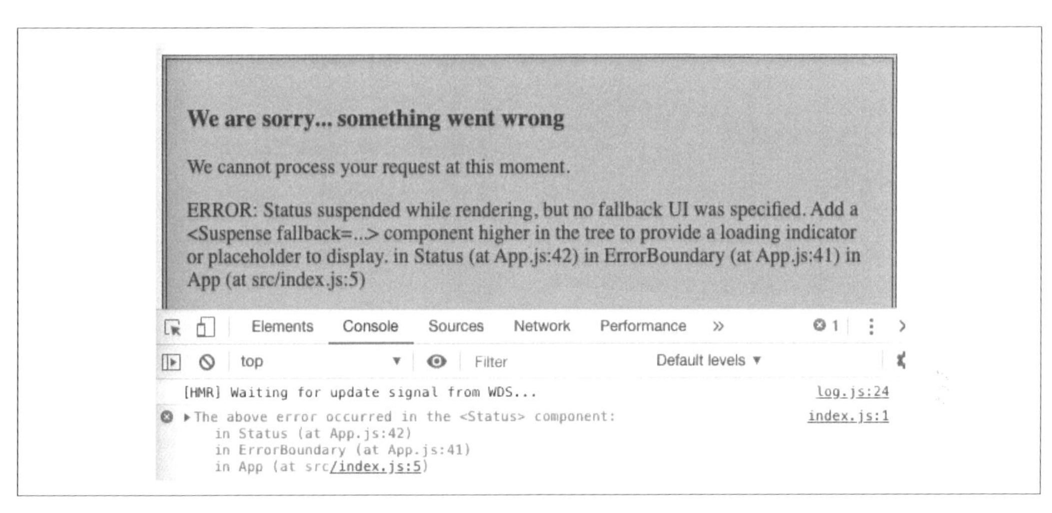

圖 9-6　拋出 Promise 物件會觸發錯誤

如此一來，我們的程式碼處理了非同步行為中的第三種狀態。`loadStatus` 函式仍然會拋出 Promise 物件，但元件樹中更高層的 `Suspense` 元件會負責處理它——也就是渲染出 `fallback` 屬性中的 `GridLoader` 元件（見圖 9-7）。

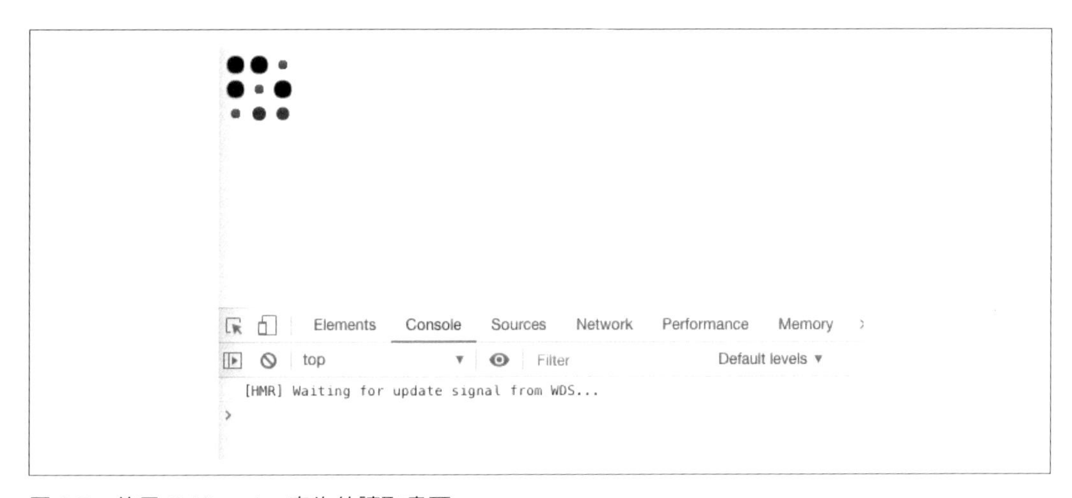

圖 9-7　使用 GridLoader 產生的讀取畫面

目前為止，我們使用了寫死的方式進行了示範：當 `loadStatus` 回傳字串，React 便會如預期地渲染 `Status` 元件；如果 `loadStatus` 拋出了錯誤，則交由 `ErrorBoundary` 接手；如果 `loadStatus` 拋出了 Promise 物件，`Suspense` 元件會負責展示讀取中的動畫。

這個設計模式看起來超酷，但是且慢……究竟什麼是「拋出 Promise 物件」？

拋出 Promise 物件

在讀者熟悉的 JavaScript 中，`throw` 關鍵字通常是用來處理錯誤。你可能常常在專案中使用類似的語法：

```
throw new Error("inspecting errors");
```

這一行程式碼會產生錯誤。如果錯誤沒有被上層的程式碼處理，就會讓整個應用程式當機（如圖 9-8）。

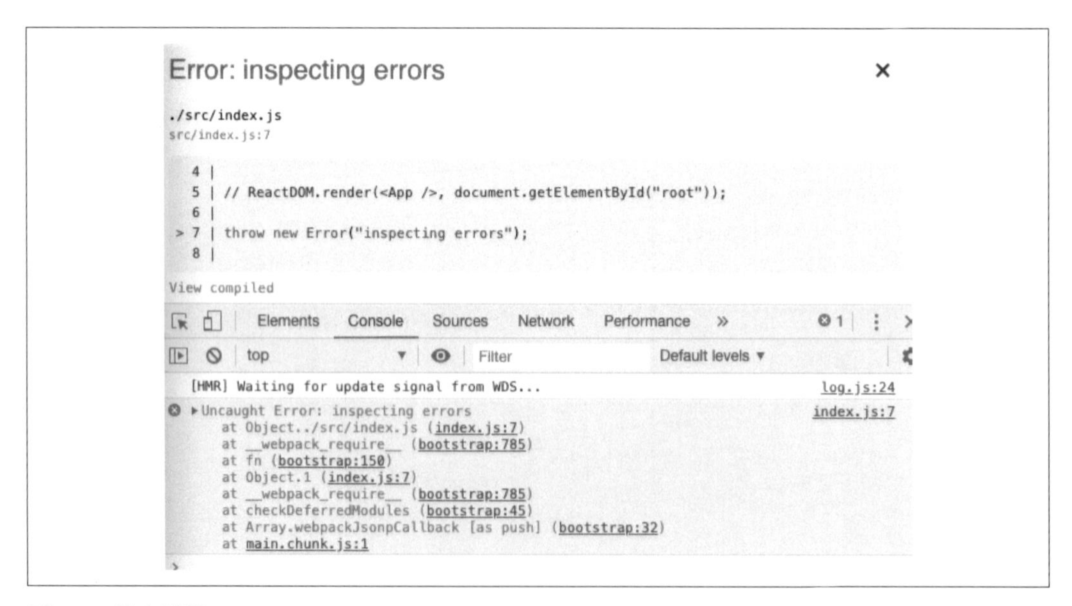

圖 9-8　拋出錯誤

以上畫面是由 Create React App 的開發者模式所產生的。在該模式中，所有未處理的錯誤都會被捕捉並展現在畫面中。如果點擊畫面右上方的關閉按鈕，我們就可以見到實際上使用者會看到的畫面——在本案例中，就只是一個什麼都沒有的空白頁。

未經處理的錯誤也會以紅色字體被顯示在控制台中，每一則紅色訊息都對應著一筆被拋出錯誤。

JavaScript 是一個相當放縱不羈的語言：它允許我們執行許多在傳統強型別語言中匪夷所思的事。舉例來說，我們可以 throw 任何資料類別：

```
throw "inspecting errors";
```

在以上程式碼中，我們拋出了一個字串。瀏覽器會告訴我們：呃……有一些東西被拋出且沒有人處理，但那不是一個錯誤物件（見圖 9-9）。

圖 9-9 GridLoader

如果我們在 React 當中拋出一個字串，Create React App 的錯誤畫面不會因此渲染出任何東西——它能分辨錯誤物件與字串的差別。

既然 JavaScript 允許我們拋出任何資料類別，這代表著 Promise 物件也可以被拋出：

```
throw new Promise(resolves => null);
```

如果執行以上程式碼，瀏覽器會告訴我們：某個未被處理的東西被拋出了。但那是一個 Promise 物件而非錯誤（見圖 9-10）。

圖 9-10　拋出 Promise 物件

延續之前的範例，我們在 React 元件樹之中，也就是 loadStatus 函式內拋出 Promise 物件：

```
const loadStatus = () => {
  console.log("load status");
  throw new Promise(resolves => setTimeout(resolves, 3000));
};
```

如果我們在 React 應用當中的某個節點呼叫上述的 loadStatus 函式，在初始化渲染時便會拋出 Promise 物件。接著，元件樹上層的某個 Suspense 元件（如果存在）就會捕捉到它——沒錯！既然 JavaScript 允許拋出任何資料類別，我們當然也可以捕捉（Catch）任何資料型別。

請想像以下 try 與 catch 範例：

```
safe(loadStatus);

function safe(fn) {
  try {
    fn();
  } catch (error) {
    if (error instanceof Promise) {
      error.then(() => safe(fn));
    } else {
```

```
      throw error;
    }
  }
}
```

在以上程式碼中，我們將 loadStatus 函式作為呼叫 safe 函式的引數（這意味著 safe 是一個高階函式）。接著 safe 函式便會試著執行 fn，此時 loadStatus 便會立刻拋出 Promise 物件——這個 Promise 物件會成為 catch 區塊中的 error 變數，並執行類別檢查。在本範例中，因為被拋出的一定是 Promise 物件，因此便會接著等待 setTimeout 所設定的三千毫秒，接著再次呼叫 safe(fn)。

你發現了嗎？以上所執行的其實是一個帶有三秒延遲的遞迴呼叫，我們會因此得到一個帶有延遲的無窮迴圈（見圖 9-11）。

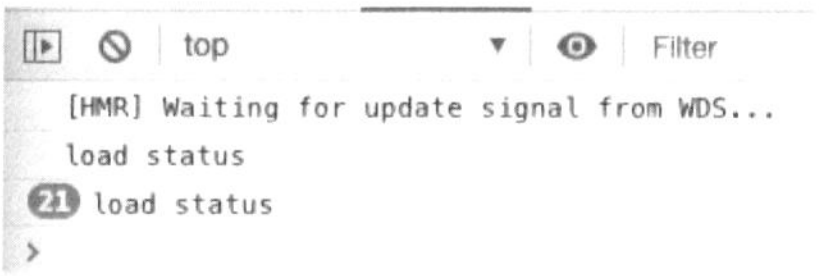

top
Filter
[HMR] Waiting for update signal from WDS...
load status
21 load status

圖 9-11　程式碼陷入了無窮迴圈

總而言之，safe 函式開始執行後會捕捉到 Promise 物件，等待三秒後，便再次呼叫 safe(fn)。每次完成一個循環，就會在控制台中印出「load status」字串——至於會看到多少個字串呢？這取決於你的耐心……

當然，這個範例的目的並不是要考驗你的耐心。在以下範例中，我們將 loadStatus 函式與原本的 Status 元件合併使用：

```
const loadStatus = () => {
  console.log("load status");
  throw new Promise(resolves => setTimeout(resolves, 3000));
};

function Status() {
  const status = loadStatus();
  return <h1>status: {status}</h1>;
}

export default function App() {
```

```
    return (
      <Suspense fallback={<GridLoader />}>
        <ErrorBoundary>
          <Status />
        </ErrorBoundary>
      </Suspense>
    );
  }
```

既然 loadStatus 會拋出 Promise 物件，那麼 GridLoader 動畫元件就會被渲染出來。如果打開控制台，你就會看到熟悉的無窮迴圈（見圖 9-12）。

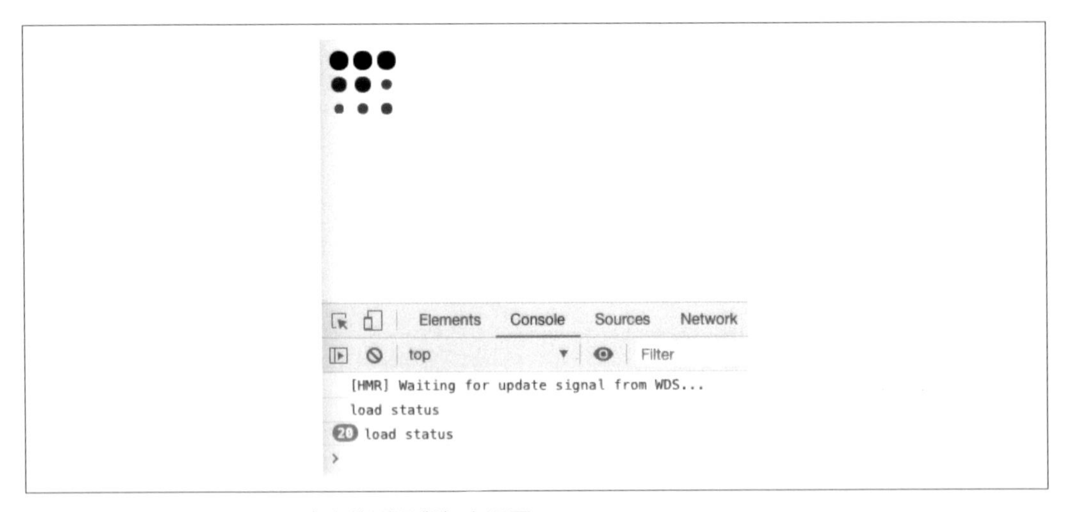

圖 9-12　Suspense 元件所產生的遞迴與無窮迴圈

在以上範例中，Suspense 元件捕捉到了拋出的 Promise 物件，接著便透過 fallback 屬性渲染出等待中的動畫（也就是 GridLoader），並等待 Promise 物件被解析——就像之前的 safe 函式所做的一樣。一旦解析完成，Suspense 元件便會立刻重新渲染 Status 元件……然而，這會再次呼叫 loadStatus 函式，接著便是重複以上流程：每三秒一次，永無止盡。

無窮迴圈通常不是程式預期的行為，當然在 React 中也不例外。在理想的情境中，我們會希望可以拋出一個 Promise 物件交給 Suspense 元件展示等待中的動畫——此時 Promise 處於等待中的狀態，直到解析成功或失敗，則展開後續的渲染。

建構 Suspense 風格的資料來源

一個符合 Suspense 風格的資料來源意味著：你可以放心地將非同步行為放在 Suspense 元件之下，而不用擔心出錯。它必須要是一個可以同時處理等待、成功與錯誤三狀態的函式。我們之前寫的 loadStatus 函式是寫死的，只能在回傳資料或是拋出 Promise 或錯誤中三選一。然而，我們期待的功能是讓 loadStatus 可以在讀取中時拋出 Promise；成功時回傳 response；並在發生錯誤時拋出錯誤：

```
function loadStatus() {
  if (error) throw error;
  if (response) return response;
  throw promise;
}
```

以上程式碼只是示意。我們會需要一個實際的空間來宣告 error、response 以及 promise，同時也需要確保這些變數不會與外部的命名衝突或是被不小心修改到。為了達成這個目的，我們可以使用 JavaScript 的閉包（Closure）來實作：

```
const loadStatus = (function() {
  let error, promise, response;

  return function() {
    if (error) throw error;
    if (response) return response;
    throw promise;
  };
})();
```

以上程式碼展示了一個典型的閉包設計。當我們在宣告 loadStatus 變數時，在等號的右側是一個創建後即被呼叫的匿名函式，如此一來，loadStatus 的值就會是「匿名函式內部的匿名函式」（也就是程式碼的四至八行處）。該函式能夠存取 let、error 以及 response 變數，除此之外，所有外部的 JavaScript 程式碼都再也無法接觸這三個變數。

接著要來處理 error、response 以及 promise 的值。程式碼中的 Promise 物件會先等待三秒才會進行解析。接著，如果沒有發生錯誤，response 會被設定為「success」；反之，我們會捕捉到錯誤並且設定 error 的值。

```
const loadStatus = (function() {
  let error, response;
  const promise = new Promise(resolves =>
    setTimeout(resolves, 3000)
  )
    .then(() => (response = "success"))
```

```
      .catch(e => (error = e));
    return function() {
      if (error) throw error;
      if (response) return response;
      throw pending;
    };
  })();
```

在以上程式碼中，我們建構了一個 Promise 物件並且在解析前執行 3000 毫秒的延遲。如果在延遲結束前便呼叫 loadStatus，便會拋出該 Promise 物件；又或著，在延遲結束後且順利解析的情況下，response 會被設定為「success」，此時呼叫 loadStatus，就會得到回傳值「success」；最後，如果過程中發生任何意外，呼叫 loadStatus 則會回傳錯誤物件。

以上所示範的 loadStatus 函式便是一個具有 Suspense 風格的資料來源——它可以有效與 Suspense 元件互動。目前為止，loadStatus 的內部運作邏輯是寫死的，但這是一個具有啟發性的示範：如果我們可以將 Promise 提取出來，就可以透過傳入任意的 Promise 物件，來建構行為一致的資料來源。

為了達成這樣的目的，我們要建構一個函式，該函式接受一個 Promise 物件，並且回傳一個能夠隨時查詢 Promise 狀態的物件。其呼叫的介面如下：

```
const resource = createResource(promise);
const result = resource.read();
```

以上的 createResouece 函式接受一個 Promise 物件，並回傳一個資料來源物件（其實就是一個普通的物件）。該物件具有 read 方法，可以得知 Promise 的即時狀態：等待與錯誤時分別拋出 Promise 物件與錯誤物件；成功時則回傳結果。

這些功能可以透過閉包的概念實作如下：

```
function createResource(pending) {
  let error, response;
  pending.then(r => (response = r)).catch(e => (error = e));
  return {
    read() {
      if (error) throw error;
      if (response) return response;
      throw pending;
    }
  };
}
```

在以上程式碼中，該函式接受一個名為 pending 的 Promise 物件，並且創造了一個閉包切斷了 error 以及 response 與外部程式碼的聯繫。在解析 pending 時，我們透過 then 處理結果，也就是設定 response 變數；如果失敗，則由 catch 設定 error。

createResource 函式會回傳一個代表資源的物件。該物件具備了 read 方法：當 Promise 處於等待狀態時，error 與 response 為 undefined，此時呼叫 read 便會拋出 Promise 物件；同樣的道理，在 error 有值的狀態下呼叫 read 會拋出錯誤物件；最後，如果在 response 有值的狀態下呼叫 read 則會得到 Promise 解析成功的結果。不論我們呼叫幾次 read，都能夠得到當前最準確的 Promise 狀態。

為了在 React 中測試 createResource，我們需要一個 Promise 物件，以下將之命名為 threeSecondsToGnar[譯註 1]：

```
const threeSecondsToGnar = new Promise(resolves =>
  setTimeout(() => resolves({ gnar: "gnarly!" }), 3000)
);
```

在以上程式碼中，threeSecondsToGnar 會在三秒後解析出一個帶有 gnar 欄位的物件。我們將使用這個 Promise 物件來建構一個具有 Suspense 風格的資料來源，並將之使用在一個小型的 React 應用中：

```
const threeSecondsToGnar = new Promise(resolves =>
  setTimeout(() => resolves({ gnar: "gnarly!" }), 3000)
);

const resource = createResource(threeSecondsToGnar);

function Gnar() {
  const result = resource.read();
  return <h1>Gnar: {result.gnar}</h1>;
}

export default function App() {
  return (
    <Suspense fallback={<GridLoader />}>
      <ErrorBoundary>
        <Gnar />
      </ErrorBoundary>
    </Suspense>
  );
}
```

[譯註 1] Gnar 是咆哮、怒吼之意。

在以上程式碼中，Gnar 元件會在得到回應前被渲染數次。在每次渲染中，resource.read() 都會被呼叫。在應用初始化時，Gnar 會拋出一個 Promise 物件，此時 Suspense 元件會捕捉到它，並且渲染出等待動畫。

當 Promise 被解析時，Gnar 會被重新渲染，並再次呼叫 resource.read()。此時一切都已就緒，result 會得到回傳的字串，並且渲染成 <h1> 元素當中的文字。此外，如果過程中發生意外，則會拋出錯誤並交由 ErrorBoundary 負責處理。

createResource 的機制相當牢固。我們可以實作各種不同的功能組合。舉例來說，當網路的非同步資料存取拋出錯誤時，我們可以選擇等待幾秒後再次嘗試請求資料；又或是在請求時記錄下連線的延遲時間。總之，實際運用的方式族繁不及備載，只要有一個隨時可以檢查 Promise 狀態的函式，結合閉包、throw 以及 return 這幾個關鍵技巧，我們可以實作任何複雜的功能，卻同時保有極佳的重用性。

在本節中，我們討論了 Suspense 元件的運作機制，它可以用來與任何非同步的資料來源進行互動。儘管 Suspense 的 API 尚未完全確定，且隨時可能變動，但我們已經做好心理準備：不論如何，它永遠會圍繞著非同步行為的等待、成功與失敗三狀態而設計。

本章目前所有針對 Suspesne 的討論都著重於高階的概念——我們是刻意這麼設計的，因為其內部的機制仍然是實驗性的。可以放心的是，React 團隊會在機制具備成熟的效能之後，才會正式將其釋出。

Fiber

目前為止，我們設計了大量的函式元件來建構使用者介面。每當資料（例如 props 與狀態等等）改變時，React 便會重新渲染元件。舉例來說，在點擊星等評價的介面時，我們完全相信 React 會高效率地重新渲染使用者介面。然而，React 是如何做到的呢？

想像一個情境：你正在為公司的部落格寫一篇文章。為了確保品質，你在正式發表前先將草稿寄給同事。他們為此提供了一些建議，而你希望將之整合進文章中。於是，你開啟了一個全新的文件檔，重新開始打字，並且視狀況編輯那些需要修改的地方……

沒錯，你立刻發現重新打字是不必要的。然而在 React 之前，這的確是許多前端函式庫採用的解決方案：為了修改局部的頁面變動，它們選擇把現有的 DOM 結構全部放棄，然後重頭開始建構。

回到寫作的情境，這次你採用了進化的工作方式：透過 GitHub 將文章草稿上傳，並請同事下載儲存庫後開啟一個分支（Branch），修改完畢後再接回 Master 上，最後再進行提交（Commit）與推送（Push）。

這其實就是 React 的運作原理。當用戶的行為觸發了狀態的改變時，React 會先透過 JavaScript 建構起新的元件樹並與舊有的樹相互比較，找出應該發生變化的區域並進行更新。值得強調的是，DOM 在這個過程中並不會被砍掉重練，而仍然保留著那些沒有被改變的部分。舉例來說，如果我們想要將以下清單中的「red」修改為「green」：

```
<ul>
  <li>blue</li>
  <li>purple</li>
  <li>red</li>
</ul>
```

React 並不會在 DOM 中丟棄掉第三個 `<li>`。相反地，它只會替換掉子元素，也就是將 red 文字替換成 green 文字。這樣的做法具有良好的效能，同時也是 React 一直以來用於更新 DOM 的方式。然而，這整組邏輯具有一個潛在的問題：從產生新的元件樹到更新 DOM，這整個流程都是同步行為。如果使用者執行了某項特別繁重的介面操作，在調和（Reconciliation）與渲染完成前，主執行緒都會被阻塞，無法執行其他的任務。換言之，使用者必須等待 React 反覆地處理完所有的更新。儘管在大部分的狀態下，這個時間極短，但仍然可能會帶來不良的使用者體驗。

為此，React 團隊提出的解決方案是從頭改寫**調和演算法**（*Reconciliation Algorithm*），並將新版本的演算法命名為 Fiber。Fiber 在 React 16.0 當中被釋出，它改用了大量非同步的設計模式來實作 React 執行元件樹比較與更新 DOM 的方式。在 16.0 當中的第一個改動是將 reconciler 與 renderer 分開：前者包含了判斷更新行為的演算法函式庫；後者則包含了渲染的函式庫。

將 reconciler 與 renderer 分開是個重大的改變。在拆分後，調和演算法仍然被保留在 React 的核心當中（也就是 `import React` 的內容），但開發者可以替換成不同的渲染模組。舉例來說，我們可以使用 ReactDOM、React Native、React 360 等等模組來執行不同平台上的渲染行為，且它們都可以與 React 核心的調和演算法對接。

另一個 Fiber 帶來的重大改變在於任務的拆分。在新版的演算法中，React 將漫長的計算與比對分解成名為 Fiber 的小型工作單元。每個 Fiber 都是一個 JavaScript 物件，記錄著自身的更新任務以及在更新循環中的位置。在更新的過程中，React 會確認主執行緒裡沒有更重要的任務（如果有，則禮讓其優先執行），接著才繼續執行下一個 Fiber 與 DOM 的渲染。

回到 GitHub 的例子中，Fiber 就像是分支上的版本提交（Commit）。當我們將分支接回主幹（Master）時，就像是在更新 DOM 一般。透過將工作拆分成較小的片段，Fiber 允許其他重要的任務插隊至主執行緒上，其回報就是更流暢的使用者體驗。

Fiber 還有其他更令人興奮的可能性。除了透過拆分工作所帶來的效能提升以外；作為一個先行的基礎建設，未來 Fiber 或許能讓開發者自定義更新的優先順序。這樣的概念稱之為**排程化**（*Scheduling*）。此外，目前拆發出來的工作都是透過並行（Concurrency）來處理，但它們其實已經具有被平行（Parallel）處理的潛力。

如果以上的討論讓你感到茫然，也不用太過擔心。你並不需要徹底了解 Fiber 也能順利地使用 React 開發應用。然而，React 對調和演算法的修改提供了我們一個窺探函式庫內部運作機制的契機，也讓使用者得以理解開發者社群正如何思考 React 的未來。

第十章

測試 React

為了使軟體產品保有競爭力，開發者必須兼顧開發速度與可靠性。其中一個讓我們得以順利達成任務的技術稱之為**單元測試**（*Unit Testing*），其目的在於確保軟體中的每一個小片段（也就是單元）可以如期運作[1]。

函式導向程式設計最大的優勢便在於高可測試性：React 元件同時兼具純函式（Pure Function）與不可變性（Immutability），堪稱是最完美的測試對象。

在本章中，我們將示範 React 單元測試的技巧，以及一些可以用來協助你衡量與改善程式品質的測試工具。

ESLint

在許多程式語言中，程式碼必須先經過編譯才能被執行。編譯式的語言通常具備較嚴格的語法，如果違反了語法規則，將無法成功編譯。JavaScript 的語法則相對地靈活，且在瀏覽器中不需要編譯便可執行——開發者只需要寫出程式碼，按下 Enter 鍵，就可以立刻看到執行結果。然而，我們還是可以借助其他的軟體工具，透過類似靜態編譯的概念，來分析並且確保程式碼符合某些標準的格式與設計原則。

我們將這些分析 JavaScript 程式碼格式，並提供改善建議的過程稱為 *Lint* 或是 *Hint*，其中最常用的工具就是 JSHint 以及 JSLint。我們要介紹的 *ESLint*（*http://eslint.org*）支援最新的 JavaScript 語法，且採用模組化設計——這意味著開發者可以在社群中分享各種檢查格式與功能。

1 請參考 Martin Fowler 關於單元測試的介紹文章 “Unit Testing”（*https://martinfowler.com/bliki/UnitTest.html*）。

接下來，我們要示範一個名為 eslint-plugin-react（*https://oreil.ly/3yeXO*）的插件，它支援了 JavaScript、JSX 以及 React 的語法分析。

首先，我們要使用 `npm` 或是 `yarn` 來安裝 `eslint` 作為開發套件：

```
npm install eslint --save-dev

# or

yarn add eslint --dev
```

在使用 ESLint 前，我們必須先提供設定檔。ESLint 的設定檔位於專案的根目錄。它可以是 JSON 或是 YAML 格式（YAML 是一個類似 JSON 的資料格式，但語法較為單純，也比較容易閱讀）。

ESLint 工具內建了建立設定檔的功能，在社群上的許多公司與開發者都公開分享了他們的程式碼檢查規則。因此，我們可以直接下載他們的設定檔，或是從頭創建亦無不可。

我們可以執行 `npx eslint --init`，並回答數個問題來建構新的設定檔：

```
npx eslint --init

How would you like to configure ESLint?
> To check syntax and find problems

What type of modules does your project use?
> JavaScript modules (import/export)

Which framework does your project use?
> React

Does your project use TypeScript?
> N

Where does your code run? (Press space to select, a to toggle all,
i to invert selection)
> Browser

What format do you want your config file to be in?
> JSON

Would you like to install them now with npm?
> Y
```

從安裝到執行完 `eslint --init` 命令後，發生了三件事：

1. `eslint-plugin-react` 被安裝至本地端的 *./node_modules* 資料夾中。
2. 相關的相依性套件會被加入至 *package.json* 檔案裡。
3. ESLint 的設定檔 *.eslintrc.json* 會被新增至專案的根目錄中。

接著，打開 *.eslintrc.json* 會見到以下設定物件：

```
{
  "env": {
    "browser": true,
    "es6": true
  },
  "extends": [
    "eslint:recommended",
    "plugin:react/recommended"
  ],
  "globals": {
    "Atomics": "readonly",
    "SharedArrayBuffer": "readonly"
  },
  "parserOptions": {
    "ecmaFeatures": {
      "jsx": true
    },
    "ecmaVersion": 2018,
    "sourceType": "module"
  },
  "plugins": ["react"],
  "rules": {}
}
```

檢視以上的 `extends` 欄位，會發現 `eslint` 以及 `react` 被預設開啟了。這意味著我們不需要手動輸入冗長的文字，ESLint 會依據我們提供的答案產生設定檔。

接著，我們要建構一個 *sample.js* 檔來測試 ESLint 的設定以及檢查功能：

```
const gnar = "gnarly";

const info = ({
  file = __filename,
  dir = __dirname
}) => (
  <p>
    {dir}: {file}
```

```
    </p>
  );

  switch (gnar) {
    default:
      console.log("gnarly");
      break;
  }
```

以上的程式碼有一些潛在的問題，但「暫時」不會真正在瀏覽器中產生錯誤。我們可以試著對該檔案執行 ESLint 設定好的檢查：

```
npx eslint sample.js

3:7 error 'info' is assigned a value but never used no-unused-vars
4:3 error 'file' is missing in props validation react/prop-types
4:10 error 'filename' is not defined no-undef
5:3 error 'dir' is missing in props validation react/prop-types
5:9 error 'dirname' is not defined no-undef
7:3 error 'React' must be in scope when using JSX react/react-in-jsx-scope

✖ 6 problems (6 errors, 0 warnings)
```

以上，ESLint 基於設定檔的要求，針對 *sample.js* 檔案執行了靜態分析，並回報了一些錯誤，例如 `info` 變數被宣告但從未被使用；屬性沒有執行檢查；`__filename` 與 `__dirname` 不存在（因為 ESLint 並不會自動導入 node global object）；在使用 JSX 語法時必須導入 React 等等。

執行 `eslint .` 將會檢查整個專案資料夾。在這麼做時，我們通常會希望 ESLint 可以忽略掉某些 JavaScript 檔案。要達成這個目的，可以使用 *.eslintignore* 檔案進行忽略設定：

```
dist/assets/
sample.js
```

以上檔案內容會使 ESLint 略過我們剛創建的 *sample.js* 檔案，以及所有位在 *dist/assets* 資料夾中的內容——如果不這麼做，ESLint 會針對所有的 *bundle.js* 檔案進行檢查，然後回報排山倒海的錯誤訊息。

為了快速進行測試，我們可以在 *package.json* 檔案中新增以下內容：

```
{
  "scripts": {
    "lint": "eslint ."
  }
}
```

如此一來，只要執行 npm run lint，就可以使 ESLint 針對專案中所有被忽略以外的 JavaScript 進行檢查。

ESLint 插件

ESLint 有許多插件可以輔助我們撰寫程式。對 React 開發者來說，使用 eslint-plugin-react-hooks（*https://reactjs.org/docs/hooks-rules.html*）來檢查 Hook 通常是必要的。這個插件是由 React 團隊所開發，用以避免 Hook 使用上可能產生的潛在錯誤。

首先，使用 npm 或是 yarn 進行安裝：

```
npm install eslint-plugin-react-hooks --save-dev

# OR

yarn add eslint-plugin-react-hooks --dev
```

接著，打開 *.eslintrc.json* 檔案並且加入以下內容：

```
{
  "plugins": [
    // ...
    "react-hooks"
  ],
  "rules": {
    "react-hooks/rules-of-hooks": "error",
    "react-hooks/exhaustive-deps": "warn"
  }
}
```

這個插件會確認所有以「use」開頭的函式符合 React Hook 指定的規範。

設定完成後，可以使用一些簡單的程式碼來測試插件。我們在 *sample.js* 當中加入以下內容：

```
function gnar() {
  const [nickname, setNickname] = useState(
    "dude"
  );
  return <h1>gnarly</h1>;
}
```

執行 *npx eslint sample.js* 或是 npm run lint 後可以看到多個錯誤。其中最重要的一個內容是：程式碼試圖在不是 React 元件的函式中使用 useState 這個 Hook：

```
4:35 error React Hook "useState" is called in function "gnar" that is neither
a React function component nor a custom React Hook function
react-hooks/rules-of-hooks
```

這些提示有助於我們正確地使用 React Hook。

另一個有用的 ESLint 插件是 eslint-plugin-jsx-a11y。A11y 是 Accessibility 的簡寫（因為 A 與 Y 之間有十一個字母），它主張網頁乃至所有應用程式都應該考量到各種形式的身心障礙使用者，並確保他們也可以順利操作軟體。

無障礙的網頁設計是所有現代開發者都必須掌握的議題。透過這個插件，我們可以針對應用進行分析，並確保它沒有違反任何 A11y 所倡議的設計規範。

同樣地，我們可以透過 npm 或是 yarn 來安裝：

```
npm install eslint-plugin-jsx-a11y

// or

yarn add eslint-plugin-jsx-a11y
```

接著，在 *.eslintrc.json* 中加入以下設定：

```
{
  "extends": [
    // ...
    "plugin:jsx-a11y/recommended"
  ],
  "plugins": [
    // ...
    "jsx-a11y"
  ]
}
```

最後，將 *sampe.js* 的檔案改成如下內容進行測試，我們設定了一張沒有提供 alt 替代文字的圖片。依照 A11y 的設計規範，圖片必須提供替代文字來確保辨色能力不足或是在較低網速環境中的使用者仍然可以有效判讀網頁的內容。如果該圖片不影響使用者理解網頁的上下文，也仍然必須提供空白字串作為 alt：

```
function Image() {
  return <img src="/img.png" />;
}
```

接著執行 *npx eslint sample.js* 或是 `npm run lint` 會得到以下錯誤：

```
5:10 error img elements must have an alt prop, either with meaningful text,
or an empty string for decorative images
```

除了以上所介紹的，ESLint 還有許多插件可以提供各種協助，你可以逐步迭代專案的設定檔來建立起最合用的檢查流程。如果讀者有興趣深入探索，可以參考 GitHub 上的 Awesome ESLint 專案（*https://github.com/dustinspecker/awesome-eslint*）。

Prettier

Prettier 是一個自動化的程式碼排版工具，它能為工程師帶來驚人的效益。根據歷史紀錄，JavaScript 開發者平均花費 87% 的精力在爭辯程式格式與語法風格上。在過去，我們必須手動編排程式碼以符合特定的風格；有了 Prettier 之後，這項工作得以完全地自動化並根據不同的專案客製化——這節省了大量的時間。除了 JS 以外，Prettier 也支援了其他像是 Markdwon 等檔案。讀者可以試著在一個雜亂無章的 Markdown 表格語法上使用 Prettier，你會見證到超快速超香的處理結果。

在過去，ESLint 也曾經內建自動排版，但這項功能逐漸被被劃分出來：ESLint 專注於程式碼的品質，而 Prettier 負責自動化排版。

為了在 ESLint 中整合 Prettier，必須針對之前的設定檔稍作修改。首先，我們可以先在系統上安裝 Prettier：

```
sudo npm install -g prettier
```

如此一來，我們就可以在任何專案中使用 Prettier。

調整設定檔

Prettier 設定檔的預設檔名是 *.prettierrc*，以下為一個預設的範例：

```
{
  "semi": true,
  "trailingComma": none,
  "singleQuote": false,
  "printWidth": 80
}
```

當然，這只是一個參考，你可以依照個人喜好或是團隊要求進行調整。Prettier 的官方文件提供了更多的格式設定選項，讀者可以自行參考（*https://prettier.io/docs/en/options.html*）。

為了示範如何使用 Prettier，我們將 *sample.js* 檔案修改成一個不合理但仍然可以正確運作的格式：

```
console.log
('Prettier Test')
```

接著，在命令列中執行以下指令：

```
prettier --check "sample.js"
```

Prettier 會展開測試並回報以下訊息：`Code style issues found in the above file(s). Forgot to run Prettier?`。這意味著雖然 Prettier 發現了格式上的問題，但是因為沒有得到指令，它不會擅自更動檔案內容。我們可以改為使用 `write` 旗標：

```
prettier --write "sample.js"
```

執行後可以看到 Prettier 回報了任務所耗用的毫秒數。打開 *sample.js*，我們可以發現程式碼會依照 *.prettierrc* 所指定的內容被重新編排了（單引號改成雙引號、不合理的分行被移除且加上了分號）。如果你仍然嫌棄這個流程過於繁瑣，想要尋求更快更自動的方式——沒錯！這些方法的確存在。

首先，我們需要先安裝以下套件，將 Prettier 整合進 ESLint 的設定與套件中：

```
npm install eslint-config-prettier eslint-plugin-prettier prettier --save-dev
```

以上的 `eslint-config-prettier` 會關閉掉 ESLint 與 Prettier 衝突的規則；而 `eslint-plugin-prettier` 會將 Prettier 自動整併入 ESLint 的執行流程。換言之，未來只要執行 ESLint，就會連帶執行 Prettier。

當然，我們必須將以下設定加入 *.eslintrc.json* 設定檔中：

```
{
  "extends": [
    // ...
    "plugin:prettier/recommended"
  ],
  "plugins": [
    //,
  "prettier"],
  "rules": {
```

```
      // ...
      "prettier/prettier": "error"
    }
  }
```

為了測試，我們可以在 *sample.js* 當中加入一些違反檢查規則的語法，例如使用單引號而非雙引號來創造字串：

```
console.log('Prettier Test');
```

執行 *npx eslint sample.js* 或是 `npm run lint` 會得到以下錯誤：

```
1:13 error Replace `'Prettier·Test')` with `"Prettier·Test");` prettier/prettier
```

如此一來我們的自動化檢查功能就更強大了！接著我們可以執行以下 Prettier 指令來自動修改程式：

```
prettier --write "sample.js"
```

或是使用以下語法來直接修改某個特定資料夾中的所有 JavaScript 檔案：

```
prettier --write "src/*.js"
```

在 VSCode 中使用 Prettier

如果你是 VSCode 的使用者，我們建議在 VSCode 中整合 Prettier。這麼做的設定過程非常簡單，但卻可以大幅提高工作效率。

首先，你必須在 VSCode 的插件中安裝 Prettier（請見連結 *https://oreil.ly/-7Zgz* 並點擊 Install）。安裝完畢後，你可以按下 Control + Command + P（MacOS）或是 Ctrl + Shift + P（Windows）來進行自動排版。

更棒的是，VSCode 允許使用者在存檔時自動執行 Prettier。你可以打開 Code 選單；開啟 Preferences 中的 Settings（或是使用 Mac 的快捷鍵 Command + 逗點；與 PC 的快捷鍵 Ctrl + 逗點）；接著點選右上角的文件圖示來開啟 VSCode 的 JSON 設定檔，加入以下內容：

```
{
  "editor.formatOnSave": true
}
```

自動化完畢！你還可以在 Settings 當中的 Prettier 設定裡修改排版格式——這些設定會儲存在 VSCode 裡，即便你的專案中沒有 *.prettierrc* 檔案也能正常運作。

Prettier 還支援許多不同的編輯器與 IDE，你可以確認在以下網址（*https://prettier.io/docs/en/editors.html*）當中尋找相關的支援來優化開發流程。

型別檢查

在大型專案中，我們通常會希望能執行型別檢查來找出潛在的錯誤，藉此提升程式碼的品質。React 有三個常見的工具，分別是 PropTypes、Flow 以及 TypeScript。在這一節中，我們將逐一介紹這些工具的使用與設定方式。

PropTypes

在本書第一版發行時，PropTyeps 是 React 核心的一部分，同時也是官方推薦的型別檢查工具。後來，因為其他工具像是 Flow 與 TypeScript 的興起與成熟，PropTypes 被移出了 React 核心並成為獨立的函式庫，以確保 React 檔案的精簡。儘管如此，它仍然是一個廣泛被使用的解決方案。

透過 npm 安裝 PropTypes 的語法如下：

```
npm install prop-types --save-dev
```

為了測試，我們建構一個小型的 App 元件，渲染出某個函式庫的名稱字串：

```
import React from "react";
import ReactDOM from "react-dom";

function App({ name }) {
  return (
    <div>
      <h1>{name}</h1>
    </div>
  );
}

ReactDOM.render(
  <App name="React" />,
  document.getElementById("root")
);
```

接著，導入 prop-types 函式庫並且透過 App.propTypes 來定義屬性的預期型別：

```
import PropTypes from "prop-types";

function App({ name }) {
  return (
    <div>
      <h1>{name}</h1>
    </div>
  );
}

App.propTypes = {
  name: PropTypes.string
};
```

以上程式碼宣告了 App 元件應該具有一個名為 name 的屬性，且為字串型別。如果我們傳入錯誤的資料給 name，例如使用布林值而非字串：

```
ReactDOM.render(
  <App name={true} />,
  document.getElementById("root")
);
```

我們會在瀏覽器的控制台中得到以下警告訊息：

```
Warning: Failed prop type: Invalid prop name of type boolean supplied to App,
expected string. in App
```

值得注意的是，以上訊息只會在開發者模式中顯示。

當然，我們可以使用其他的資料型別來檢查屬性。例如使用布林值來檢查某公司是否有使用特定技術：

```
function App({ name, using }) {
  return (
    <div>
      <h1>{name}</h1>
      <p>
        {using ? "used here" : "not used here"}
      </p>
    </div>
  );
}

App.propTypes = {
  name: PropTypes.string,
```

```
  using: PropTypes.bool
};

ReactDOM.render(
  <App name="React" using={true} />,
  document.getElementById("root")
);
```

PropType 支援的資料型別舉例如下：

- PropTypes.array
- PropTypes.object
- PropTypes.bool
- PropTypes.func
- PropTypes.number
- PropTypes.string
- PropTypes.symbol

此外，我們還可以串連 .isRequired 來確保屬性存在。舉例來說，針對某一個絕對必要的字串屬性，可以使用：

```
App.propTypes = {
  name: PropTypes.string.isRequired
};

ReactDOM.render(
  <App />,
  document.getElementById("root")
);
```

如此一來，當該字串不存在元件中時，瀏覽器的控制台會顯示以下訊息：

```
index.js:1 Warning: Failed prop type: The prop name is marked as required in App,
but its value is undefined.
```

在某些時候，你也許不在意屬性的資料型別，但卻希望確保它存在，此時可以使用 any 關鍵字：

```
App.propTypes = {
  name: PropTypes.any.isRequired
};
```

以上設定意味著 name 屬性可是字串、數字或是任何型態——只要它不是 undefined，就不會產生警告。

除了以上基本的型別檢查，PropTypes 還提供了一些較為偏門但卻非常實用的功能。舉例來說，以下元件預設 status 可能是 Open 或是 Closed：

```
function App({ status }) {
  return (
    <div>
      <h1>
        We're {status === "Open" ? "Open!" : "Closed!"}
      </h1>
    </div>
  );
}

ReactDOM.render(
  <App status="Open" />,
  document.getElementById("root")
);
```

直覺上來說，既然 status 是一個字串，那麼應該使用字串檢查：

```
App.propTypes = {
  status: PropTypes.string.isRequired
};
```

這麼使用當然沒有問題，但是如果元件傳入了 Open 與 Closed 以外的文字，其實也該被歸類為非預期的狀況。這意味著，我們其實最想要執行的是一個 Enum 風格的檢查：只限定某些被列舉出的結果可以通過檢查：

```
App.propTypes = {
  status: PropTypes.oneOf(["Open", "Closed"])
};
```

如此一來，只要不是 ["Open", "Closed"] 陣列中的字串，都會回報警告訊息。

當然，以上所示範的只是 PropTypes 中一部分的功能，你可以參閱官方文件（*https://oreil.ly/pO2Js*）來檢視所以可以使用的資料型態。

Flow

Flow 是 Facebook Open Source 專案中的一個型別檢查函式庫。與 PropTypes 不同的是，Flow 會執行靜態的型別檢查。

首先，我們先使用 Create React App 建構一個測試專案：

```
npx create-react-app in-the-flow
```

接著，我們要將 Flow 加入至專案中。Create React App 並不會預設我們要使用 Flow，因此必須進行簡單的手動設定與安裝：

```
npm install --save flow-bin
```

安裝完畢後，我們必須修改 *package.json* 設定檔的 `scripts` 欄位。之後我們就可以透過 `npm run flow` 執行 Flow：

```
{
  "scripts": {
    "start": "react-scripts start",
    "build": "react-scripts build",
    "test": "react-scripts test",
    "eject": "react-scripts eject",
    "flow": "flow"
  }
}
```

在檢查檔案前，必須先建立 *.flowconfig* 設定檔：

```
npm
npm run flow init
```

以上指令會建構一個只有骨架的設定檔，其內容如下：

```
[ignore]

[include]

[libs]

[lints]

[options]

[strict]
```

在大部分的時候，我們可以使用 Flow 的預設值並將這份檔案維持原狀。如果你發現專案需要特定的客製化功能，可以參考官方文件（*https://flow.org/en/docs/config/*）。

Flow 最棒的特色之一就是允許使用者漸進式地採用與擴充——你並不需要一開始就準備好鉅細靡遺的檢查設定，或是為了初始化進行煩冗的整備。相反地，只需要在目標檔案的最上方加上 `//@flow`，Flow 就會在執行時主動進行檢查。

現在，我們要修改 *index.js* 檔案中的內容來示範 Flow。為了簡化流程，我們會將所有的內容都放在 *index.js* 當中。請務必記得添加 `//@flow` 在檔案的第一行：

```
//@flow

import React from "react";
import ReactDOM from "react-dom";

function App(props) {
  return (
    <div>
      <h1>{props.item}</h1>
    </div>
  );
}

ReactDOM.render(
  <App item="jacket" />,
  document.getElementById("root")
);
```

延續以上程式碼，在 `App` 之前設定 `Props` 物件指定資料型別：

```
type Props = {
  item: string
};

function App(props: Props) {
  //...
}
```

接著執行 `npm run flow`。在某些較舊的 Flow 的版本中，你可能會見到以下訊息：

```
Cannot call ReactDOM.render with root bound to container because null [1] is
incompatible with Element [2]
```

以上訊息意味著 Flow 對我們發出警告：如果 document.getElementById("root") 回傳 null，應用程式將會無法運作。為了確保這個意外不要發生（其實主要是為了迴避掉這個警告，因為該狀況不太可能真的發生），我們可以選擇兩種解法。其一是添加一層 if 檢查：

```
skip
const root = document.getElementById("root");
if (root !== null) {
  ReactDOM.render(<App item="jacket" />, root);
}
```

又或是為以下 root 加上 Flow 的型別檢查語法：

```
const root = document.getElementById("root");

ReactDOM.render(<App item="jacket" />, root);
```

不論何者，都能解決以上問題。接著便會得到訊息：

```
No errors!
```

在探索測試工具時，試著刻意違反規則通常是個好主意。舉例來說，我們可以為 item 屬性提供數字而非字串：

```
ReactDOM.render(<App item={3} />, root);
```

在刻意破壞程式邏輯後，我們立刻會得到錯誤訊息：

```
Cannot create App element because number [1] is incompatible with string [2]
in property item.
```

回到原本的案例中，我們也可以在元件中以及 Props 物件裡添加另一個名為 cost 的屬性並將其預設為數字：

```
type Props = {
  item: string,
  cost: number
};

function App(props: Props) {
  return (
    <div>
      <h1>{props.item}</h1>
      <p>Cost: {props.cost}</p>
    </div>
  );
}
```

```
ReactDOM.render(
  <App item="jacket" cost={249} />,
  root
);
```

以上程式碼可以順利通過檢查，但如果我們刻意移除 cost，會發生什麼事呢：

```
ReactDOM.render(<App item="jacket" />, root);
```

當然是立即得到關於屬性遺漏的錯誤：

```
Cannot create App element because property cost is missing in props [1] but
exists in Props [2].
```

如果某個屬性是非必要的，我們可以在鍵值後加上半型問號，例如以下的 cost?：

```
type Props = {
  item: string,
  cost?: number
};
```

如此一來，再次執行測試時便不會看到錯誤。

當然以上提供的示範只是 Flow 眾多的功能之一。如果你有興趣知道更完整的功能以及最新的發展，可以參考官方網站中的文件說明（*https://flow.org/en/docs/getting-started/*）。

使用 TypeScript

在 React 中進行型別檢查的另一個主流工具是 TypeScript。TypeScript 是 JavaScript 的超集合（Superset），這意味著它支援了比 JS 更豐富的功能及語法，可以協助我們在開發大型應用時提早發現錯誤，藉此加快迭代速度。

TypeScript 由 Microsoft 負責開發與維護，在近年廣受社群喜愛，其生態系與工具組也因此快速發展——其中之一就包含了我們曾經使用過的 Create React App。在透過 Create React App 創建 React 模板時，我們可以選擇使用 TypeScript 而非 JavaScript。以下段落將示範如何透過 TypeScript 執行基本的型別檢查——就像我們在 PropTypes 以及 Flow 中所做的一樣。

首先，使用 Creat React App 建構新的專案。但這次，我們要傳入不同的旗標：

```
npx create-react-app my-type --template typescript
```

瀏覽專案的架構，我們會發現 src 資料夾中檔案的副檔名變成了 *.ts* 或是 *.tsx*；此外，還可以發現一個名為 *.tsconfig.json* 的檔案，其中包含了 TypeScript 的設定。

如果瀏覽 *package.json* 檔案，會發現多了許多與 TypeScript 相關的相依性套件，包含了 TypeScript 本身的 typescript、Jest 的型別定義還有我們熟悉的 React 與 ReactDOM。所有以 @types/ 開頭的模組都包含了其目標函式庫的型別設定，這意味著我們不需要親自為像是 React 當中的函式提供型別定義。

如果發現無法透過 Create React App 創建使用 TypeScript 的專案，可能是使用的版本過舊。你可以透過 npm uninstall -g create-react-app 再重新安裝來修正此問題。

為了示範 TypeScript，我們先將之前在 Flow 的主題中就製作好的元件加到專案中的 *index.ts* 檔案裡：

```
import React from "react";
import ReactDOM from "react-dom";

function App(props) {
  return (
    <div>
      <h1>{props.item}</h1>
    </div>
  );
}

ReactDOM.render(
  <App item="jacket" />,
  document.getElementById("root")
);
```

如果此時執行 npm start，便會看到以下 TypeScript 錯誤：

```
Parameter 'props' implicitly has an 'any' type.
```

以上訊息說明：參數 props 在沒有宣告為 any 的情況下，被預設為 any 型別。其原因在於 TypeScript 會預期使用者為變數提供明確的型別標示，如此一來便可以提早發現 bug。既然如此，就讓我們先從 item 字串下手，並新增一個新的型別物件 AppProps：

```
type AppProps = {
  item: string;
};
```

```
ReactDOM.render(
  <App item="jacket" />,
  document.getElementById("root")
);
```

接著，將 props 設定為 AppProps 型別：

```
function App(props: AppProps) {
  return (
    <div>
      <h1>{props.item}</h1>
    </div>
  );
}
```

如此一來，再次執行應用就不會產生 TypeScript 錯誤了。我們可以透過物件解構進一步將語法精練：

```
function App({ item }: AppProps) {
  return (
    <div>
      <h1>{item}</h1>
    </div>
  );
}
```

我們還可以透過刻意傳入錯誤的值給 item 屬性進行測試：

```
ReactDOM.render(
  <App item={1} />,
  document.getElementById("root")
);
```

執行後，會立刻得到 TypeScript 錯誤：

```
Type 'number' is not assignable to type 'string'.
```

除此之外，我們還可以得到錯誤的行數，這對於除錯大有幫助。

TypeScript 的功能不只局限於針對參數或是屬性進行檢查。我們還可以透過**型別參照**（*Type Inference*）來針對 Hook 的狀態值進行型別檢查。舉例來說，以下程式碼建構了一個 fabricColor 的狀態變數，並以 purple 字串作為起始值：

```
type AppProps = {
  item: string;
};
```

```
function App({ item }: AppProps) {
  const [fabricColor, setFabricColor] = useState(
    "purple"
  );
  return (
    <div>
      <h1>
        {fabricColor} {item}
      </h1>
      <button
        onClick={() => setFabricColor("blue")}
      >
        Make the Jacket Blue
      </button>
    </div>
  );
}
```

在以上程式碼中，我們並沒有針對 `fabricColor` 提供型別定義。然而，TypeScript 會自動透過起始值 `purple` 來推論出 `fabricColor` 應該要是一個字串。如果此時我們傳入數字而非字串：

```
<button onClick={() => setFabricColor(3)}>
```

將會產生錯誤如下：

```
Argument of type '3' is not assignable to parameter of type string.
```

如上所示，TypeScript 附加了許多極低成本的型別檢查，讓專案更為可靠。當然，我們也可以客製化各種型別檢查的功能，但目前的討論已足以作為一個扎實的起步！

如果你想要了解 TypeScript 的進階功能，可以參考官方網站（*https://oreil.ly/97_Px*）以及 GitHub 上這份絕佳的參考專案 React+TypeScript Cheatsheets（*https://oreil.ly/vmran*）。

測試驅動開發

測試驅動開發（Test-Driven Development，簡稱 TDD）是一個軟體開發的方法論，而非某項特定的工具。測試驅動開發不只要求開發者必須撰寫高覆蓋率的測試，還主張讓測試來主導開發流程，其步驟如下：

測試先行

這是最重要的一個步驟。開發者必須先宣告想要建構的功能，接著在實作前先透過編寫測試來描述該功能的預期行為。而一段開發循環必須包含紅色、綠色、以及金色三個過程：

紅色：執行測試並確保失敗

在動手實作程式的功能前，確認測試可以正確地產生失敗訊息。

綠色：編寫最小規模但可以通過測試的程式碼

以「通過測試」為目標主導程式碼的實作，盡可能地不要加入測試範圍以外的功能。

金色：重構測試與主程式

一旦測試完全通過，試著重構測試與主程式，盡可能地維持語法簡潔與清晰[2]。

測試驅動開發提供了 React 絕佳的方法指引，特別是在測試 React Hook 的情境下，我們會建議你在動手前優先思考測試的設計，接著才開始實作功能。有了測試驅動開發，開發者得以在不透過使用者介面與人工操作的情況下，確保內部的資料結構正確運作。

學習建議

如果你是第一次接觸到測試驅動開發，或是對當前的程式語言不完全熟悉，要在實作功能前先編寫測試並不容易。在這個情況下，我們會建議暫時先針對實作下手無妨。其工作流程修改為：先編寫少量的功能，再補上測試，如此不斷循環——直到你真的有能力做到「測試先行」為止。

在下一個小節中，我們將會針對已經開發好的元件實作測試。技術上來說，這並不完全符合「測試先行」的主張。然而你還是可以想像其實元件的程式碼其實尚未產生，藉此來體會測試驅動開發的精神。

使用 Jest

在開始編寫測試前，我們必須先挑選一個測試框架。理論上，任何 JavaScript 中的測試框架都可以用在 React 上。Jest 是 React 官方推薦的選項，它是一個能使開發者透過 JSDOM 存取 DOM 的測試工具——為了確保渲染結果是正確的，存取 DOM 絕對是必要的功能。

2 關於這個設計模式，請參考 Jeff McWherter 以及 James Bender 的 "Red, Green, Refactor" 文章（*https://oreil.ly/Hr6Me*）。

整合 React 與測試

Create React App 建構的 React 專案其實已經內建了 `jest` 套件。我們可以透過 Create React App 來建構一個名為 `testing` 的新專案來進行以下示範，或是使用已有的專案亦無不可：

```
npx create-react-app testing
```

接著，在 *src* 資料夾中建立 *functions.js* 與 *functions.test.js* 檔案來進行示範。因為 Jest 會自動被 Create React App 納入專案，因此我們可以略過設定直接開始編寫測試。

假設測試標的是一個函式，該函式接受一個數值，並回傳乘以二後的結果。在測試先行的精神中，開發者必須先編寫測試。為此，我們要使用 Jest 提供的 `test` 函式：

```
// functions.test.js

test("Multiplies by two", () => {
  expect();
});
```

在以上程式碼中，第一個引數 `Multiplies by two` 是測試的名稱；第二個引數則為包含了測試內容的函式；第三個引數則是非必要的 `timeout` 數值，預設為五秒。

接下來我們要實作 *function.js* 中的函式 `timesTwo`。在測試的術語中，該函式被稱為**受測系統**（*System under Test*，簡稱 SUT）：

```
export default function timesTwo() {...}
```

以上程式碼使用了 `export` 來匯出函式。在 *functions.test.js* 中我們便可以使用 `import` 將其匯入並編寫測試。舉例來說，當輸入 4 至函式中，預期會得到 8：

```
import { timesTwo } from "./functions";

test("Multiplies by two", () => {
  expect(timesTwo(4)).toBe(8);
});
```

在以上程式碼中，Jest 的 `expect` 函式串接了 `.toBe` 這個 matcher 函式，這意味著我們希望比對 `timesTwo(4)` 輸出的值是否和 8 相等。

接著便可透過 npm test 或是 npm run test 進行測試。Jest 會針對每一筆錯誤提供細節：

```
FAIL  src/functions.test.js
  × Multiplies by two (5ms)

  ● Multiplies by two

    expect(received).toBe(expected) // Object.is equality

    Expected: 8
    Received: undefined

      2 |
      3 | test("Multiplies by two", () => {
    > 4 |   expect(timesTwo(4)).toBe(8);
        |                       ^
      5 | });
      6 |

      at Object.<anonymous> (src/functions.test.js:4:23)

Test Suites: 1 failed, 1 total
Tests:       1 failed, 1 total
Snapshots:   0 total
Time:        1.048s
Ran all test suites related to changed files.
```

編寫測試並刻意先使其失敗可以確保一切運作正常。在測試驅動開發的精神中，這些錯誤其實就是待開發功能的清單——我們必須實作最精簡的功能來通過測試。

接著便可以回到 timesTwo 函式中，實作功能以通過測試：

```
export function timesTwo(a) {
  return a * 2;
}
```

.toBe 方法用於測試單一的數值。如果我們希望測試的回傳值是一個陣列或是物件，必須使用 .toEqual 方法。以下，我們將再次使用 *functions.js* 與 *functions.test.js* 檔案來比對物件或是陣列。

假設有一筆點菜的清單，我們要產生一個物件來確保顧客可以得到指定的餐點以及總價。其測試結構如下：

```
test("Build an order object", () => {
  expect();
});
```

接著是函式的骨架：

```
export function order(items) {
  // ...
}
```

接著，要在測試檔案中導入 order 函式，並提供預設的引數陣列：

```
import { timesTwo, order } from "./functions";

const menuItems = [
  {
    id: "1",
    name: "Tatted Up Turkey Burger",
    price: 19.5
  },
  {
    id: "2",
    name: "Lobster Lollipops",
    price: 16.5
  },
  {
    id: "3",
    name: "Motley Que Pulled Pork Sandwich",
    price: 21.5
  },
  {
    id: "4",
    name: "Trash Can Nachos",
    price: 19.5
  }
];

test("Build an order object", () => {
  expect(order(menuItems));
});
```

要注意的是，在比對物件時，必須使用 .toEqual 方法而非 .toBe——因為後者比較的是輸入與輸出的物件是否為同一個實體（而非其內容），因此必然會產生錯誤。回到原本的例子，假設我們希望的函式輸出的物件如下：

```
const result = {
  orderItems: menuItems,
  total: 77
};
```

我們將該物件加入測試並且藉此編寫斷言（Assertion）：

```
test("Build an order object", () => {
  const result = {
    orderItems: menuItems,
    total: 77
  };
  expect(order(menuItems)).toEqual(result);
});
```

有了測試作為目標後，就可以在 *function.js* 中實作功能：

```
export function order(items) {
  const total = items.reduce(
    (price, item) => price + item.price,
    0
  );
  return {
    orderItems: items,
    total
  };
}
```

如果執行 `npm test` 或是 `npm run test`，便可以發現測試順利通過了！

另一個 Jest 中常用的工具是 `describe` 函式，大部分的測試框架都具有類似的功能。`describe` 函式通常用於整合多個相關的測試，舉例來說，如果針對某個函式有多項測試，則可以使用 `describe` 如下：

```
describe("Math functions", () => {
  test("Multiplies by two", () => {
    expect(timesTwo(4)).toBe(8);
  });
  test("Adds two numbers", () => {
    expect(sum(4, 2)).toBe(6);
  });
  test("Subtracts two numbers", () => {
    expect(subtract(4, 2)).toBe(2);
  });
});
```

當我們使用 `describe`，Jest 會創建一組測試集，並印出有序的測試結果：

```
Math functions
    ✓ Multiplies by two
    ✓ Adds two numbers
    ✓ Subtracts two numbers (1ms)
```

當測試變得更多且更複雜時，使用 describe 來進行整合通常是必要的。

以上，我們演示了一個具體而微的測試驅動開發流程：開發者先撰寫測試；接著實作功能以通過測試；一旦通過，則進一步檢視程式碼並嘗試優化（最後再執行一次測試確保一切運作如常）。不論是在 JavaScript 或是其他任何語言中，測試驅動開發都會是非常優異的方法論。

測試 React 元件

我們已經掌握了測試驅動開發的精神，接著，就要將其應用至 React 之中。

React 元件提供了創建以及更新瀏覽器 DOM 的基礎。在執行測試時，我們可以針對這些元件進行渲染並檢查對應的 DOM。

我們通常會透過命令列以及 Node.js 來執行 React 測試（而非瀏覽器）。然而，Node.js 並沒有提供像是瀏覽器 DOM API 的標準函式庫。因此，我們必須將 Jest 與 js-dom 這個 npm 套件進行整合，藉此模擬瀏覽器環境。

在針對每一個元件撰寫測試時，我們必須將該元件（及其子元件）渲染至 DOM 之中。為了示範測試的流程，我們將使用之前開發的星等評價系統，也就是 *Star.js* 中的 Star 元件：

```
import { FaStar } from "react-icons/fa";

export default function Star({ selected = false }) {
  return (
    <FaStar color={selected ? "red" : "grey"} id="star" />
  );
}
```

接著，在 *index.js* 當中導入 Star 元件：

```
import Star from "./Star";

ReactDOM.render(
  <Star />,
  document.getElementById("root")
);
```

如此一來便可以著手編寫測試了。因為我們早就完成了 Star 元件的開發，因此無法完全滿足「測試先行」的理念——不過遲到總比不到好。當我們在針對 React 元件執行測試時，必須先建構名為 *Star.test.js* 的檔案（其中 Star 請替換為各別元件的名稱），並引入 React、ReactDOM 以及測試標的 Star：

```
import React from "react";
import ReactDOM from "react-dom";
import Star from "./Star";

test("renders a star", () => {
  const div = document.createElement("div");
  ReactDOM.render(<Star />, div);
});
```

接著必須補上測試的內容。test 函式的第一個引數是名稱，接著我們要在第二個引數的函式中建構一個 div 元素，並透過 ReactDOM.render 將 Star 元件渲染至此。完成後，便可以實作斷言：

```
test("renders a star", () => {
  const div = document.createElement("div");
  ReactDOM.render(<Star />, div);
  expect(div.querySelector("svg")).toBeTruthy();
});
```

以上程式碼意味著如果我們在 div 元件中選取 svg 元素，預期是要找得到目標的。在執行 npm test 之後，可以見到測試順利通過。不過，為了確保以上斷言會在必要的時候失敗，我們可以將選取的目標改為一個不存在的元素：

```
expect(
  div.querySelector("notrealthing")
).toBeTruthy();
```

js-dom 的 GitHub（*https://oreil.ly/ah7ZU*）提供了各種不同的比對方法：例如 toBeEnabled 用於檢測表單元素處於勾選狀態；或是 toBeEmpty 用於檢測元素不存在文字或是其他內容，讀者可以自行參閱文件說明並找出需要的工具。

在使用 Create React App 自動產生專案時，我們可以在 *package.json* 檔案中發現 React、React-DOM 以及許多 @testing-library 當中的函式庫。@testing-library 的專案全名為 React Testing Library，由 Kent C. Dodds 所發起，目的在於為 React 建構優良的測試慣例，並順勢拓展其中的測試工具至整個 JavaScript 生態圈中。除了 React 之外，它也被眾多生態系採納，包含 Vue、Svelte、Reason 以及 Angular 等等。

採用 React Testing Library 的一大好處在於：它提供了更高品質的錯誤訊息。使用以下錯誤為例：

```
expect(
  div.querySelector("notrealthing")
).toBeTruthy();
```

會產生錯誤訊息：

```
expect(received).toBeTruthy()

Received: null
```

我們要透過 React Testing Library 將以上程式碼進行更精確的測試。Create React App 會為我們自動安裝所有必要的套件。首先，我們要從 `@testing-library/jest-dom` 中引入 `toHaveAttribute` 這個 matcher 方法：

```
import { toHaveAttribute } from "@testing-library/jest-dom";
```

接著，為 expect 加入 `toHaveAttribute` 方法：

```
expect.extend({ toHaveAttribute });
```

如此一來，我們便可以使用 `toHaveAttribute` 取代 `toBeTruthy`，前者程式碼的測試意圖更明確、可讀性更佳，且產生的錯誤訊息更為有用：

```
test("renders a star", () => {
  const div = document.createElement("div");
  ReactDOM.render(<Star />, div);
  expect(
    div.querySelector("svg")
  ).toHaveAttribute("id", "hotdog");
});
```

在執行測試之後，可以得到以下錯誤訊息：

```
expect(element).toHaveAttribute("id", "hotdog")
// element.getAttribute("id") === "hotdog"

Expected the element to have attribute:
  id="hotdog"
Received:
  id="star"
```

顯然地，只需要輕鬆一瞥就能察覺問題所在。因為該錯誤是刻意造成的，我們必須調整測試程式碼使其恢復正常：

```
expect(div.querySelector("svg")).toHaveAttribute(
  "id",
  "star"
);
```

如果要使用更多 matcher 方法，只需依序執行 import 與 extend：

```
import {
  toHaveAttribute,
  toHaveClass
} from "@testing-library/jest-dom";

expect.extend({ toHaveAttribute, toHaveClass });

expect(you).toHaveClass("evenALittle");
```

當然，還有更快速的做法。如果發現導入的語法過於冗長，可以直接使用 extend-expect 函式庫：

```
import "@testing-library/jest-dom/extend-expect";
// 此行可移除 --> expect.extend({ toHaveAttribute, toHaveClass });
```

只要執行了以上導入，就可以自由地使用所有的 matcher 方法。事實上，Create React App 早就設想到了這一切。在專案的 *src* 資料夾中，你會見到一個預設的 *setupTests.js*，其中包含了一行導入 extend-helper 的語法，讓我們可以直接使用所有擴充的 matcher 函式：

```
// jest-dom adds custom jest matchers for asserting on DOM nodes.
// allows you to do things like:
// expect(element).toHaveTextContent(/react/i)
// learn more: https://github.com/testing-library/jest-dom
import "@testing-library/jest-dom/extend-expect";
```

這意味著我們只要使用 Create React App 創建專案，就可以免去許多 Jest 的 import 及 extend 的程序。但本書仍然希望讓讀者了解背後函式庫導入的原理，在發生錯誤或是版本衝突時才能妥善解決。

Query：選擇特定元素

Query 是 React Testing Library 的另一個功能，它讓開發者得以依照特定條件，從渲染結果中選擇特定的元素[譯註 1]。為了示範，我們將為 Star 元件新增一個標題；透過標題內的文字來選取出 h1 元素；接著針對其文字內容進行檢查，確保一切正常運作：

```
export default function Star({ selected = false }) {
  return (
    <>
      <h1>Great Star</h1>
      <FaStar
        id="star"
        color={selected ? "red" : "grey"}
      />
    </>
  );
}
```

當元件渲染完成後，我們要透過特定的文字找到 h1 元素。React Testing Library 內建了 render 函式。在測試時，我們將使用它來取代原本的 ReactDOM.render 函式來渲染元件。首先，要執行導入：

```
import { render } from "@testing-library/react";
```

React Testing Library 的 render 函式只接受特定的受測元件作為唯一的引數，它會回傳一個 Query 物件，其中包含了數十種工具函式，可用於在渲染結果當中選出特定元素。在此我們取用了 getByText 函式，它會回傳第一個符合正規表達式的元素節點，倘若沒有找到則會拋出錯誤。如果你想要取得多個符合規則的節點，可以使用 getAllBy：

```
test("renders an h1", () => {
  const { getByText } = render(<Star />);
  const h1 = getByText(/Great Star/);
  expect(h1).toHaveTextContent("Great Star");
});
```

在以上程式碼中，getByText 函式會透過正規表達式找尋到 h1 元素，接著我們可以使用 Jest 的 matcher 函式 toHaveTextCotent 來確認元素是否包含特定文字。

執行以上測試會發現一切順利。當然，如果你也可以試著傳入不存在的文字，來確保錯誤能如期發生[譯註 2]。

譯註 1　概念上類似於 jQuery 的 Selector API。

譯註 2　以上測試案例的第三句 .toHaveTextContent() 永遠為真，因此其實是多餘的。原作者的本意應在於示範測試元件的三步驟，也就是渲染 / 選擇（Query） / 測試，建議讀者只需要專注在此概念上即可。

事件測試

測試網頁應用的另一個重點在於元件中的事件。在以下範例中，我們將針對第 7 章中開發的 Checkbox 進行測試：

```
export function Checkbox() {
  const [checked, setChecked] = useReducer(
    checked => !checked,
    false
  );

  return (
    <>
      <label>
        {checked ? "checked" : "not checked"}
        <input
          type="checkbox"
          value={checked}
          onChange={setChecked}
        />
      </label>
    </>
  );
}
```

在以上程式碼中，Checkbox 元件使用了 useReducer 來切換狀態。我們的目標是建構一套自動化測試，確保 Checkbox 在觸發點擊事件後會將狀態在 false 與 true 之間來回切換。

以下為測試檔案：

```
import React from "react";

test("Selecting the checkbox should change the value of checked to true", () => {
  // .. write a test
});
```

第一步要做的便是選擇即將觸發事件的元素，也就是使用者與自動化測試應該要點擊的對象。既然 input 元件上使用了 label 標籤，我們便使用 getByLabelText 來選擇目標：

```
import { render } from "@testing-library/react";
import { Checkbox } from "./Checkbox";

test("Selecting the checkbox should change the value of checked to true", () => {
  const { getByLabelText } = render(<Checkbox />);
});
```

考量到第一次渲染時，label 元素會包含 not checked 字串，我們便可以使用正規表達式鎖定它：

```
test("Selecting the checkbox should change the value of checked to true", () => {
  const { getByLabelText } = render(<Checkbox />);
  const checkbox = getByLabelText(/not checked/);
});
```

正規表達式預設是會區分大小寫的，我們可以在末端傳入 i 旗標來切換為不區分。你可以依照測試需求切換正規表達式的旗標，同時也要小心避免寫出錯誤的測試：

```
const checkbox = getByLabelText(/not checked/i);
```

現在，我們已經選擇到目標元素了，接下來便是觸發點擊事件，並編寫斷言來確保 checked 屬性會因此改變為 true：

```
mport { render, fireEvent } from "@testing-library/react"

test("Selecting the checkbox should change the value of checked to true", () => {
  const { getByLabelText } = render(<Checkbox />);
  const checkbox = getByLabelText(/not checked/i);
  fireEvent.click(checkbox);
  expect(checkbox.checked).toEqual(true);
});
```

我們也可以再次觸發點擊事件來確保 checked 屬性會被切換回 false。為此，可以順帶賦予該測試更貼切的名稱，我們將字串中的動詞 change 改為 toggle：

```
test("Selecting the checkbox should toggle its value", () => {
  const { getByLabelText } = render(<Checkbox />);
  const checkbox = getByLabelText(/not checked/i);
  fireEvent.click(checkbox);
  expect(checkbox.checked).toEqual(true);
  fireEvent.click(checkbox);
  expect(checkbox.checked).toEqual(false);
});
```

在以上範例中，要選取 checkbox 是相當容易的，因為它帶有一個明顯的 label 標籤作為特徵——然而事情未必永遠如此單純。為此，React Testing Library 提供了一個工具，讓我們可以在元素中加上 ID，並藉由此 ID 來進行選取：

```
<input
  type="checkbox"
  value={checked}
  onChange={setChecked}
  data-testid="checkbox" // Add the data-testid= attribute
/>
```

設定好 `data-testid` 屬性後，我們就可以透過 **`getByTestId`** 函式選取元素：

```
test("Selecting the checkbox should change the value of checked to true", () => {
  const { getByTestId } = render(<Checkbox />);
  const checkbox = getByTestId("checkbox");
  fireEvent.click(checkbox);
  expect(checkbox.checked).toEqual(true);
});
```

在以上程式碼中，除了取得元素的方法不同以外，後續所執行的測試其實都是一樣的。`data-testid` 的重點在於提供了我們一個額外的手段，來選擇那些難以定位的元素。

一旦元件經過了嚴密的自動化測試，我們就可以自信地將其加入應用，並毫無負擔地進行必要的修改與重構。

測試覆蓋率

覆蓋率（*Code Coverage*）是程式碼受到測試涵蓋的比率，我們可以藉此評估專案是否已經建構了足夠的測試。

Jest 內建了 Istanbul，該套件可以用來檢視程式碼的測試狀態並提供覆蓋率報告，其中包含了敘述句、分支、檔案、資料夾、函式以及程式碼分行等等維度。

要透過 Jest 取得覆蓋率報告，可以執行以下命令：

```
npm test -- --coverage
```

以上命令會回報各個原始碼檔案（連同導入的檔案）在測試中的執行與測試覆蓋狀態。

除了命令列中的回應以外，Jest 還會產生一份更詳盡的測試報告，可以在瀏覽器中操作。在執行以上命令後，我們可以在專案的根目錄發現一個名為 *coverage* 的新資料夾。如果將其中的 */lcov-report/index.html* 檔案拖曳至瀏覽器中，就會得到一份可以互動的測試報告。

該報告會顯示整體程式碼的測試覆蓋率，以及各個資料夾（連同子資料夾內檔案）的覆蓋狀況。如果點進單一檔案內，甚至還可以見到哪幾行程式碼有確切地被檢測。

覆蓋率是一個用於衡量測試進度的絕佳工具。普遍來說，100% 這種完美的狀態並不常見，追求 85% 以上的覆蓋率會是一個較合理的目標[3]。

大部分的工程師會將測試視為額外的負擔，然而 React 已經提供了堪稱是盡善盡美的工具組合。即便你不追求高標準的覆蓋率，也還是可以考慮在關鍵的部分納入測試——這無疑地會協助你省下可觀的時間與開發成本，並建構起實戰等級的應用程式。

3 請參見 Marting Fowler 的文章 "Test-Coverage"（*https://oreil.ly/Hbb-D*）。

第十一章

React Router

在 Web 剛普及時，大部分的網站是由一系列的頁面所構成——當使用者瀏覽這些頁面時，其實也就是向伺服器請求對應的檔案。此時，瀏覽器網域後段的路徑也就代表著伺服器上資料夾的檔案結構；此外，在使用者點選「上一頁」或「下一頁」按鈕時，也會產生可預期的行為；再者，使用者也可以將網站深處的頁面儲存在瀏覽器的書籤中，並順利地再次造訪。總而言之，在這種以頁面為基本單元且採用後端渲染的的網站中，瀏覽器的各項功能往往都能如期運作。

然而，在一頁式網站中，以上提及的功能都有可能產生非預期的行為——因為所有操作其實都發生在同一個頁面中：當使用者在瀏覽網頁時，JavaScript 與 React 在背景默默地存取資料，並且改變介面中的內容。在這個狀態下，瀏覽器的歷史紀錄、書籤以及上下頁按鈕都有可能無法正常運作。React Routing 即是為此而生！*Routing* 的概念在於為用戶端的請求定義出紀錄點[1]，並透過 JavaScript 與瀏覽器的位址以及歷史紀錄 API 互動，藉此產生符合預期的行為與使用者介面。

然而，與 Angular、Ember 或是 Backbone 等競爭對手不同的是，React 並沒有內建標準的 Router 方案。為了解決這個問題，軟體工程師 Michael Jackson 與 Ryan Florence 創建了 React Router 專案[2]，並廣受社群的支持與採用——許多大型軟體公司諸如 Uber、Zendesk、Paypal 以及 Vimeo[3] 都是其愛用者。

在本章中，我們將為你介紹 React Router，並示範如何透過各項功能在用戶端建構起類似路由的行為。

1 參見 Express.js 文件 *Basic routing*（*https://oreil.ly/jD1HC*）。

2 在本書出版時，該專案在 GitHub 上得到了超過四萬個星星（*https://oreil.ly/ThNG9*）。

3 詳見文章 *Sites Using React Router*（*https://oreil.ly/staEF*）。

使用 React Router

為了示範 React Router，我們先建構了一個典型的網站首頁，其中包含了公司資訊（About）、最新活動（Events）、產品列表（Products）以及聯繫方法（Contact Us）的導覽列與四個對應的頁面。然而，儘管這個網站貌似存在四個子頁面，但它其實是個一頁式應用（Single-page Application，簡稱 SPA）（見圖 11-1）。

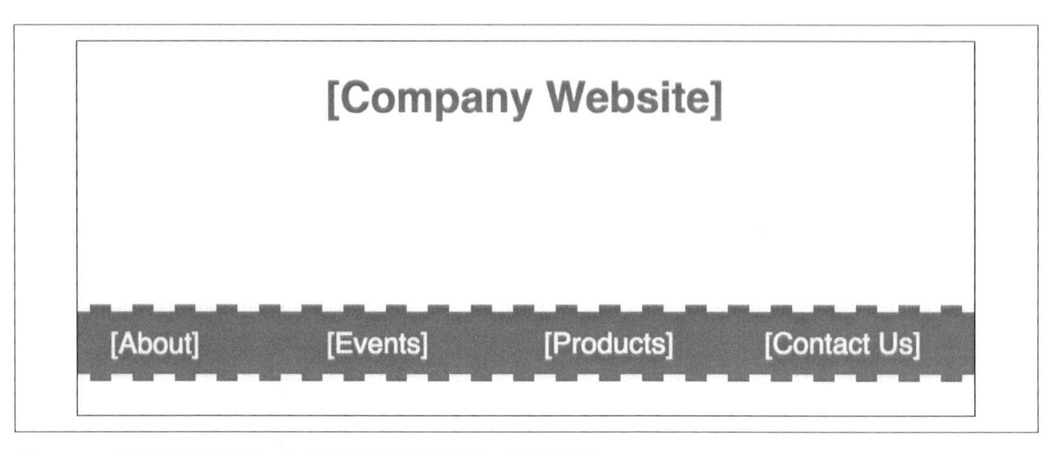

圖 11-1　範例網站具有包含首頁共五個頁面及一個導覽列

具體的網站結構如下，除了圖片中的首頁與四個子頁面外，還包含了一個 404 Not Found 的錯誤（見圖 11-2）。

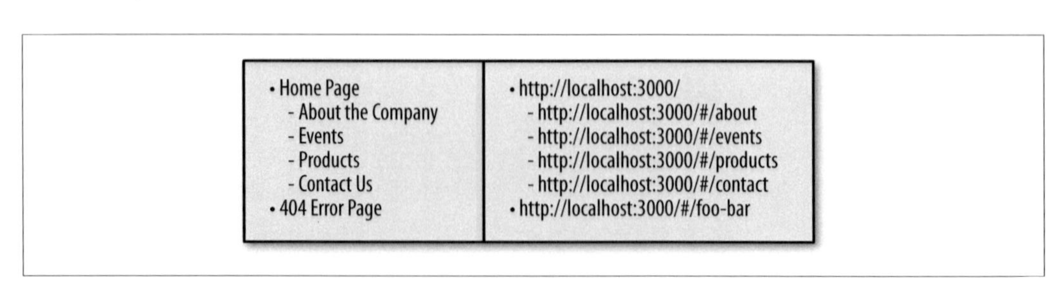

圖 11-2　網站結構圖

React Router 允許我們為頁面的每一個區塊設定 Route（路徑）。每個 *Route* 都是一個可以透過瀏覽器的網址列直接開啟的節點——當使用者對特定的 Route 發出請求時，應用就必須渲染出對應的內容。

在開始之前，我們必須安裝 React Router 以及 React Router DOM 這兩個套件。React Router DOM 是針對使用 DOM 的網頁應用而開發的（如果你的專案採用 React Native，請使用 `react-router-native`）。我們會暫時先安裝實驗的版本，因為在本書出版前 React Router 6 尚未正式推出。一旦官方釋出正式的穩定版本，你可以選擇移除以下的 `@experimental`：

```
npm install react-router@experimental react-router-dom@experimental
```

我們還會需要一些簡單的元件來代表不同頁面的內容，在以下的 *pages.js* 檔案中，我們匯出了包含首頁及四個子頁面的元件：

```
import React from "react";

export function Home() {
  return (
    <div>
      <h1>[Company Website]</h1>
    </div>
  );
}

export function About() {
  return (
    <div>
      <h1>[About]</h1>
    </div>
  );
}

export function Events() {
  return (
    <div>
      <h1>[Events]</h1>
    </div>
  );
}

export function Products() {
  return (
    <div>
      <h1>[Products]</h1>
    </div>
  );
}
```

```
export function Contact() {
  return (
    <div>
      <h1>[Contact]</h1>
    </div>
  );
}
```

完成了以上架構，接著就是調整 *index.js* 檔案的內容。此時我們會先使用 Router 元件來包覆 App 元件：它會將當前的網址資訊傳遞給巢狀結構中的子元件。理論上，Router 應該只會被使用一次，並且被放置在元件樹的頂端：

```
import React from "react";
import { render } from "react-dom";
import App from "./App";

import { BrowserRouter as Router } from "react-router-dom";

render(
  <Router>
    <App />
  </Router>,
  document.getElementById("root")
);
```

在以上程式碼中，我們導入了 BrowserRouter 並將其改名為 Router，再將 App 元件放置在其中。接著再到以下 *App.js* 檔案裡編寫 Route 設定：我們會使用 Routes 包覆多個 Route，而每一個 Route 元件都將對應到指定的頁面。除此之外，當然還必從 *pages.js* 檔案中引入所有的元件：

```
import React from "react";
import { Routes, Route } from "react-router-dom";
import {
  Home,
  About,
  Events,
  Products,
  Contact
} from "./pages";

function App() {
  return (
    <div>
      <Routes>
        <Route path="/" element={<Home />} />
```

```
        <Route
          path="/about"
          element={<About />}
        />
        <Route
          path="/events"
          element={<Events />}
        />
        <Route
          path="/products"
          element={<Products />}
        />
        <Route
          path="/contact"
          element={<Contact />}
        />
      </Routes>
    </div>
  );
}
```

完成以上設定後，我們的應用將會依照瀏覽器 Window.location 當中的路徑改變渲染結果。請注意每一個 Route 物件都具有 path 以及 element 屬性，一旦 path 符合 Window.location 的路徑，element 中的元件將會被渲染——當路徑為 / 時會渲染 Home 元件；當路徑為 /products 時則渲染 Products 元件，依此類推……

此時我們已經可以執行 npm start 來啟動應用，並在網址列中輸入路徑來檢視頁面的變化——例如使用 *http://localhost:3000/about* 來觸發 About 元件的渲染。

當然，大部分的使用者會透過導覽列而非手動輸入網址來瀏覽網站。react-router-dom 提供了 Link 元件來建構網址連結。我們可以藉此在 Home 元件中建構出頁面的導覽功能：

```
import { Link } from "react-router-dom";

export function Home() {
  return (
    <div>
      <h1>[Company Website]</h1>
      <nav>
        <Link to="about">About</Link>
        <Link to="events">Events</Link>
        <Link to="products">Products</Link>
        <Link to="contact">Contact Us</Link>
      </nav>
```

```
    </div>
  );
}
```

如此一來，我們便可以點擊首頁的導覽連結來渲染不同的頁面，瀏覽器的換頁按鈕也可以順利運作！

Router 屬性

React Router 會將屬性傳遞給渲染的元件。舉例來說，我們可以取用 `location` 物件來建構 404 錯誤頁面。首先，必須建構基礎元件：

```
export function Whoops404() {
  return (
    <div>
      <h1>Resource not found</h1>
    </div>
  );
}
```

接著，要在 *App.js* 中加入 Route 元件，並設定 `path=*`。如此一來，當用戶訪問了不存在的網址（例如 `/highway`），React 就會渲染 `Whoops404` 元件：

```
function App() {
  return (
    <div>
      <Routes>
        <Route path="/" element={<Home />} />
        <Route
          path="/about"
          element={<About />}
        />
        <Route
          path="/events"
          element={<Events />}
        />
        <Route
          path="/products"
          element={<Products />}
        />
        <Route
          path="/contact"
          element={<Contact />}
        />
```

```
        <Route path="*" element={<Whoops404 />} />
      </Routes>
    </div>
  );
}
```

此時，我們便可以修改 Whoops404 元件：透過 React Hook 及 location 物件展示出引發錯誤的網頁路徑——Hook 無處不在：

```
export function Whoops404() {
  let location = useLocation();
  console.log(location);
  return (
    <div>
      <h1>
        Resource not found at {location.pathname}
      </h1>
    </div>
  );
}
```

在以上程式碼中，我們建構了變數 location 並使用 useLoaction 這個 Hook 來取得當前的路徑物件，藉此在頁面內印出了 location 的 pathname 屬性。當然，你可以使用 console.log 來印出 location 物件以探索更多的屬性，例如 location.search 可用於取得網址參數。

在本節中，我們介紹了 React Router 最基本的應用方式：在 Routes 元件中巢狀地堆疊多個 Route，並使用 path 以及 element 屬性結合網址與渲染目標；此外，還可以使用 Link 元件來產生對應的連結。這些技巧雖然簡單卻非常實用——當然，React Router 的功能不僅於此。

巢狀的 Route

Route 可以透過頁面位址來渲染特定的元件區塊，這讓我們得以實作出類似頁面模板的的優雅架構，來提高元件的重用性。

舉例來說，在某些使用案例中，用戶會訪問網站內較深的頁面，此時我們常常會希望一部分的使用者介面可以維持不變（例如 Header 以及 Footer）。在傳統的網頁框架中，常常會透過頁面模板（Page Template）的概念來建構一個主要的網站骨幹，來達成元件的重複使用。

繼續延續公司網站的範例，我們將在 About the Company 當中再加入三個子頁面；當用戶進入這個區塊時，則預設顯示第一個子頁面。其架構大致如下

- Home Page
  - **About the Company**
    - **Company（預設）**
    - **History**
    - **Services**
    - **Location**
  - Events
  - Products
  - Contact Us
- 404 Error Page

對應的路徑如下：

- *http://localhost:3000/*
  - *http://localhost:3000/about*
    - *http://localhost:3000/about*
    - *http://localhost:3000/about/history*
    - *http://localhost:3000/about/services*
    - *http://localhost:3000/about/location*
  - *http://localhost:3000/events*
  - *http://localhost:3000/products*
  - *http://localhost:3000/contact*
- *http://localhost:3000/hot-potato*

接著，要在子頁面元件（`Company`、`History`、`Services` 以及 `Location`）中放入測試的內容。我們只提供一個簡單的範例，請讀者自行依此類推：

```
export function Services() {
  <section>
    <h2>Our Services</h2>
    <p>
      Lorem ipsum dolor sit amet, consectetur
      adipiscing elit. Integer nec odio. Praesent
      libero. Sed cursus ante dapibus diam. Sed
      nisi. Nulla quis sem at nibh elementum
```

```
        imperdiet. Duis sagittis ipsum. Praesent
        mauris. Fusce nec tellus sed augue semper
        porta. Mauris massa. Vestibulum lacinia arcu
        eget nulla. Class aptent taciti sociosqu ad
        litora torquent per conubia nostra, per
        inceptos himenaeos. Curabitur sodales ligula
        in libero.
      </p>
    </section>;
  }
```

有了以上元件後，我們可以著手在 *App.js* 檔案中建構 Route。請注意為了符合以上的頁面架構，我們需要巢狀地使用 Route 元件：

```
import {
  Home,
  About,
  Events,
  Products,
  Contact,
  Whoops404,
  Services,
  History,
  Location
} from "./pages";

function App() {
  return (
    <div>
      <Routes>
        <Route path="/" element={<Home />} />
        <Route path="about" element={<About />}>
          // 這段巢狀的 Route 暫時不會如期運作
          <Route
            path="services"
            element={<Services />}
          />

          <Route
            path="history"
            element={<History />}
          />
          <Route
            path="location"
            element={<Location />}
          />
        </Route>
```

```
        <Route
          path="events"
          element={<Events />}
        />
        <Route
          path="products"
          element={<Products />}
        />
        <Route
          path="contact"
          element={<Contact />}
        />
        <Route path="*" element={<Whoops404 />} />
      </Routes>
    </div>
  );
}
```

以上頁面看起來蠻合理的。然而此時如果訪問 *http://localhost:3000/about/history* 頁面，卻只會看到 About 的頁面標題，卻沒有我們期待的 history 元件。我們必須使用 React Router DOM 當中 Outlet 元件才能達成目的：它會渲染以上程式碼當中巢狀區塊中的子元件內容。

我們必須在 *pages.js* 檔案的 About 中使用 <Outlet />：

```
import {
  Link,
  useLocation,
  Outlet
} from "react-router-dom";

export function About() {
  return (
    <div>
      <h1>[About]</h1>
      <Outlet />
    </div>
  );
}
```

如此一來，以上的 About 元件的標題將會固定在頁面中，並依據頁面的位址渲染不同的子元件。舉例來說，當用戶訪問 http://localhost:3000/about/history 時，History 的內容將會在 About 中的 <h1> 標籤下方進行渲染。

使用 Redirect 進行轉址

在某些情境中，我們可能會希望將用戶導向不同的網址。例如如果用戶進入了錯誤或是舊版的網址 http://localhost:3000/services，我們會希望將之導向正確的頁面 http://localhost:3000/about/services。

React Router DOM 當中的 Redirect 元件可以協助我們完成這個目的：

```
import {
  Routes,
  Route,
  Redirect
} from "react-router-dom";

function App() {
  return (
    <div>
      <Routes>
        <Route path="/" element={<Home />} />
        // Other Routes
        <Redirect
          from="services"
          to="about/services"
        />
      </Routes>
    </div>
  );
}
```

以上的功能很適合用於網站改建的情境。舉例來說，用戶可能在瀏覽器書籤中存下了舊版的頁面路徑。此時為了確保他們在新的網站架構下仍能順利使用，我們便可以透過 Redirect 元件將舊的網址導向新的頁面，並讀取對應內容。

目前為止，我們透過 Route 建構起了網站的結構。如果你對這個解決方案感到滿意，可以略過這一小節的內容。然而，我們必須確保讀者有機會了解 React 提供的另一個常見的解決方案：useRoutes。

以下我們將示範如何透過 useRoutes 重構 App 元件：

```
import { useRoutes } from "react-router-dom";

function App() {
  let element = useRoutes([
    { path: "/", element: <Home /> },
```

```
        {
          path: "about",
          element: <About />,
          children: [
            {
              path: "services",
              element: <Services />
            },
            { path: "history", element: <History /> },
            {
              path: "location",
              element: <Location />
            }
          ]
        },
        { path: "events", element: <Events /> },
        { path: "products", element: <Products /> },
        { path: "contact", element: <Contact /> },
        { path: "*", element: <Whoops404 /> },
        {
          path: "services",
          redirectTo: "about/services"
        }
      ]);
      return element;
    }
```

在以上程式碼中，我們使用了 React 官方文件提供的慣例命名 `element` 來儲存 `useRoutes` 回傳值，但你可以任意使用喜歡的名稱。這樣的結構並不難理解：我們只是將 `Routes` 及 `Route` 元件換成了 `useRoutes` 和由陣列與物件構成的巢狀結構。無論哪一個解決方案都沒有顯著的優劣，你可以選擇一個最喜歡的風格。

路徑參數

React Router 還有一個很棒的功能稱為**路徑參數**（*Routing Parameter*）：它可以在 URL 內解析出特定的字串。在某些資料導向的網站中，它非常適合用來建構局部資訊的網址（例如單一商品或是某個篩選過的資料清單），藉此允許使用者與他人分享資料。

以下將透過第 6 章的顏色管理器應用進行示範。我們將使用 React Router 重構網站並增添新功能，藉此允許用戶透過點選清單中某個特定顏色來前往細節頁面，並與朋友分享。

這意味著我們要使應用可以透過 URL 解析出顏色的 ID。舉例來說，以下網址將會使頁面顯示某個特定色塊，以及其標題與十六進位色碼——因為網址中的 ID 區塊對應到某個顏色物件的 Hash 值：

```
http://localhost:3000/58d9caee-6ea6-4d7b-9984-65b145031979
```

首先，我們要在 *index.js* 檔案中導入 Router：

```
import { BrowserRouter as Router } from "react-router-dom";

render(
  <Router>
    <App />
  </Router>,
  document.getElementById("root")
);
```

請注意在以上程式碼中，我們依然使用了 Router 包覆住了 App 元件——這會使得所有 Router 的屬性都可以往下傳遞給眾多子元件。接著，我們就可以建構 Routes 及 Route 的巢狀結構——當然，你也可以使用 useRoutes 來達成一樣的目標：

這個應用將會有兩個 Route，也就是 ColorList 以及 ColorDetails。儘管還沒建構出顯示單一顏色的 ColorDetails 元件，但我們先將其導入：

```
import { Routes, Route } from "react-router-dom";
import { ColorDetails } from "./ColorDetails";

export default function App() {
  return (
    <ColorProvider>
      <AddColorForm />
      <Routes>
        <Route
          path="/"
          element={<ColorList />}
        />
        <Route
          path=":id" // <= 注意這一行
          element={<ColorDetails />}
        />
      </Routes>
    </ColorProvider>
  );
}
```

在以上程式碼中，path=:id 意味著我們可以透過 id 這個鍵來取得網址中的路徑字串。接著，我們將在 *ColorDetails.js* 檔案中建構 ColorDetails 元件，它會依據 id 來動態地展示某個特定的顏色。以下我們只先建構起基礎靜態的架構：

```
import React from "react";

export function ColorDetails() {
  return (
    <div>
      <h1>Details</h1>
    </div>
  );
}
```

有了以上程式碼後，我們可以先透過瀏覽器和 React 開發者工具來確保 ColorList 以及顏色陣列資料可以正常運作，且每個顏色物件都具有 id 的欄位。再來，我們可以將某個顏色的 id 加入網址中，例如 localhost:3000/00fdb4c5-c5bd-4087-a48f-4ff7a9d90af8。

此時，理論上已經能見到 ColorDetails 元件中的 h1 標題出現在畫面中——這代表 Route 可以正確運作。為了依據 URL 動態地展示特定顏色，我們必須在元件中使用 useParams 這個 Hook：

```
import { useParams } from "react-router-dom";

export function ColorDetails() {
  let params = useParams();
  console.log(params);
  return (
    <div>
      <h1>Details</h1>
    </div>
  );
}
```

在以上程式碼中，console.log(params) 將會印出所有可用的屬性。我們將透過物件解構來取出 id 並將之用於渲染 colors 陣列中對應的顏色，並將之傳入之前建構起的 useColors 這個 Hook 當中：

```
import { useColors } from "./";

export function ColorDetails() {
  let { id } = useParams(); // destructure id

  let { colors } = useColors();
```

```
  let foundColor = colors.find(
    color => color.id === id
  );
  console.log(foundColor);

  return (
    <div>
      <h1>Details</h1>
    </div>
  );
}
```

在以上程式碼中，我們使用了 console.log(foundColor) 來確保元件可以順利找到顏色物件。最後，只需要將其渲染成使用者介面即可：

```
export function ColorDetails() {
  let { id } = useParams();
  let { colors } = useColors();

  let foundColor = colors.find(
    color => color.id === id
  );

  return (
    <div>
      <div
        style={{
          backgroundColor: foundColor.color,
          height: 100,
          width: 100
        }}
      ></div>
      <h1>{foundColor.title}</h1>
      <h1>{foundColor.color}</h1>
    </div>
  );
}
```

最後一個要開發的功能是允許使用者在 ColorList 元件（也就是顏色列表頁面）當中點擊指定顏色，並連結至 ColorDetails 元件（也就是單一顏色頁面）。為了達成這個目的，我們要使用 useNavigate 這個 Hook 來改寫 Color 元件。

首先，必須從 react-router-dom 當中執行導入：

```
import { useNavigate } from "react-router-dom";
```

接著，我們必須呼叫 useNavigate 來取得用以導向其他頁面的函式：

```
let navigate = useNavigate();
```

最後，只要在 section 標籤上註冊 onClick 事件處理器，就可以依照 id 進行導流：

```
let navigate = useNavigate();

return (
  <section
    className="color"
    onClick={() => navigate(`/${id}`)}
  >
    // Color component
  </section>
);
```

為了節省篇幅，以上程式碼只是 Color 元件修改過的部分程式碼。如果你忘了 Color 的內容，可以參考第 110 頁附近的說明。實作完成後，只要用戶點擊 seciton 標籤，就會被導向至指定顏色的頁面。

路徑參數是一個十分優質的工具，它允許我們透過網址結構與參數來連動使用者介面的變化。舉例來說，用戶可以透過網址，將他們喜歡的顏色與朋友分享；你也可以在 ColorList 中實作一個透過網址保存多種顏色的功能；此外，用戶也因此可將特定的內容使用書籤保存在瀏覽器中。

在本章中，我們示範了幾個 React Router 最實用的功能，但這並沒有解決全部的問題。在最後一章中，我們將學習如何結合伺服器端的功能，來完成 React 應用的最後一哩路：伺服器端渲染。

第十二章

React 與伺服器

這是本書的最後一章。在此之前，我們建構了許多小型的 React 應用，它們在瀏覽器中執行各式任務。這種以前端為核心的應用模式很棒也很直覺；然而，網頁應用並無法全然自外於伺服器；而伺服器也的確存在巨大的潛力，可以協助我們完成某些用戶端無法完美執行的任務。即使你的應用全然依賴雲端服務作為基礎建設，它仍然使用了某種形式的後端建設，且必然存在網路延遲的問題。因此，作為一個前端的開發者仍然必須懷有後端的意識，並且時時思考優化的可能。

在最新的 React 發展中，開發者嘗試利用 JavaScipt **同構**與泛用的特性，同時在伺服器與用戶端執行使用者介面的渲染。這樣的概念稱為**伺服器端渲染**（Server Side Rendering，簡稱 SSR）。透過 SSR，我們可以顯著地提高應用的回應速度，並解決一些像是搜尋引擎優化的難題。

在本章中，我們將始於探討「同構」與「泛用」的概念；接著介紹何謂 React 的伺服器端渲染——以及如何透過泛用的 JavaScript 來達成這項任務；最後，我們將使用之前開發的食譜應用，來示範伺服器端渲染的實作。

同構與泛用

同構（*Isomorphic*）與**泛用**（*Universal*）意指某段程式碼可以在不同的環境中運行——例如瀏覽器與伺服器。儘管這兩個詞彙具有不同的語源及幽微的語義差異，它們仍常常被當成同義詞來使用。精準地說，「**同構**」意味著某段應用或程式碼可以被渲染至不同的平台上運作；而「**泛用**」指的是某段「完全一樣」的應用或程式碼可以在不同環境中直接執行[1]。

1 讀者可以參考 Gert Hengeveld 所寫的 Medium 文章：*Isomorphism vs Universal JavaScript*（*https://oreil.ly/i70W2*）

Node.js 的問世提供了一個契機，有了它，在瀏覽器及伺服器上運作同一段 JavaScript 成為可能。在理想的狀況下，我們有機會將網頁中運行的 JS 搬遷至伺服器上，藉此驅動命令列工具甚至是本地端應用。以下段程式碼為例：

```
const printNames = user => {
  console.log(user.name);
};
```

以上的 printNames 函式便是「泛用」的——它可以同時在瀏覽器與伺服器中運行，卻不會產生錯誤（見圖 12-1）。

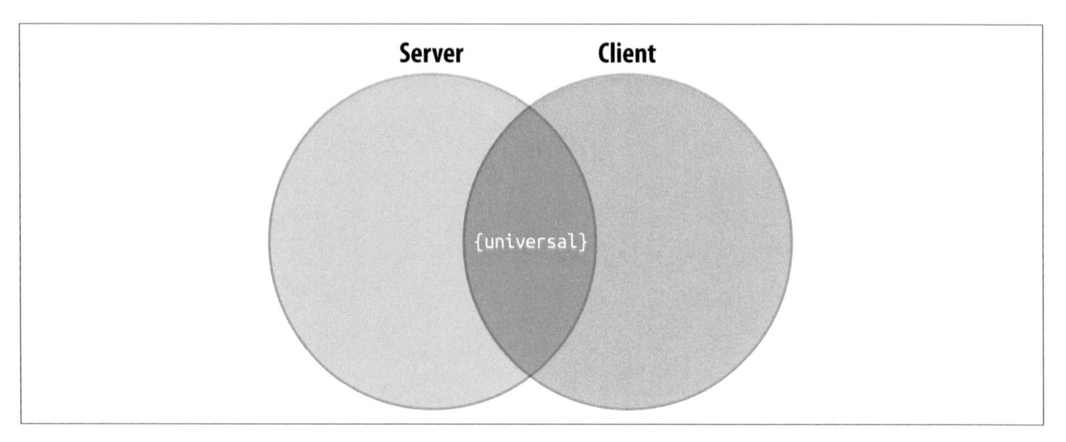

圖 12-1　泛用的程式碼可以在多個環境中順利執行

真的有可能達到「泛用」嗎？

然而，伺服器與用戶端的環境必然存在差異，因此 JavaScript 程式碼並不會理所當然地具備泛用的屬性。舉例來說，以下為瀏覽器中的 AJAX 非同步請求程式碼：

```
fetch("https://api.github.com/users/moonhighway")
  .then(res => res.json())
  .then(console.log);
```

在以上程式碼中，我們針對 GitHub 的 API 發出請求；將回應轉換成 JSON；並將結果印出至控制台中。

如果我們將以上程式碼原封不動地交由 Node.js 運行，會得到以下錯誤

```
fetch("https://api.github.com/users/moonhighway")
^

ReferenceError: fetch is not defined
```

```
at Object.<anonymous> (/Users/eveporcello/Desktop/index.js:7:1)
at Module.\_compile (internal/modules/cjs/loader.js:1063:30)
at Object.Module.\_extensions..js (internal/modules/cjs/loader.js:1103:10)
at Module.load (internal/modules/cjs/loader.js:914:32)
at Function.Module.\_load (internal/modules/cjs/loader.js:822:14)
at Function.Module.runMain (internal/modules/cjs/loader.js:1143:12)
at internal/main/run_main_module.js:16:11
```

以上程式碼的大意是 Node.js 並沒有定義 `fetch` 函式，因此拋出參照錯誤。我們可以透過 npm 安裝 `isomorphic-fetch` 或是採用內建的 `https` 模組來修正它。考量到原本的程式使用了 `fetch`，我們選擇採用結構相同的 `isomorphic-fetch`：

```
npm install isomorphic-fetch
```

接著便可導入 `isomorphic-fetch`。除此之外，其餘程式碼皆維持不變：

```
const fetch = require("isomorphic-fetch");

const userDetails = response => {
  const login = response.login;
  console.log(login);
};

fetch("https://api.github.com/users/moonhighway")
  .then(res => res.json())
  .then(userDetails);
```

在以上程式碼中，我們使用了 `require` 來導入函式並實作與 API 的資料交換。因為 `userDetails` 本身就是前後端通用的，因此可以維持不變。

此時，這段程式碼有機會符合同構的標準——如果經過妥善的編譯，它可以在伺服器端和瀏覽器端皆正常運作。然而，它暫時不能說是泛用的，因為瀏覽器並不具有 `require` 函式。

讓我們來檢視第 6 章中開發出的 `Star` 元件，它是泛用的嗎？

```
function Star({
  selected = false,
  onClick = f => f
}) {
  return (
    <div
      className={
        selected ? "star selected" : "star"
      }
      onClick={onClick}
```

```
    ></div>
  );
}
```

答案是「有機會」——只要將 JSX 編譯成 JavaScript，`Star` 元件就只是一個單純的函式：

```
function Star({
  selected = false,
  onClick = f => f
}) {
  return React.createElement("div", {
    className: selected
      ? "star selected"
      : "star",
    onClick: onClick
  });
}
```

我們可以選擇將以上泛用化的程式碼渲染成瀏覽器的 DOM，或是應用在其他不同的環境。舉例來說，`ReactDOM` 提供了 `renderToSring` 方法，可以將元件渲染成 HTML 字串。

```
// 將 html 渲染至瀏覽器
ReactDOM.render(<Star />);

// 將 html 渲染成字串
let html = ReactDOM.renderToString(<Star />);
```

討論至此，可以發現 JavaScript 具備了極佳的同構與泛用化的潛力。我們可以開發出同構的應用程式，將其渲染至各種環境中，或是將背後的 JS 程式碼編譯成泛用的形式。當然，這一切並不只是 JS 的特權——只要發展出對應的工具，我們甚至可以使用像是 Go 或是 Python 來創造出同構的應用。

伺服器端渲染

`ReactDOM` 的 `renderToString` 方法可以使我們在伺服器上渲染出 HTML 檔案。伺服器的功能完整又強大，具備許多瀏覽器沒有的功能，同時又比瀏覽器更安全。考量到以上優勢，我們可以選擇將部分的 HTML 渲染改為在伺服器上進行，接著交付給使用者 HTML 的半成品連同必要的 JavaScript，這樣的概念稱之為**伺服器端渲染**（Server Side Rendering，簡稱 SSR）。

以下我們將在伺服器上渲染第 5 章所示範的食譜應用。首先，使用 Create React App 來建構應用，並將以下程式碼加入 *index.js* 檔案中：

```
import React from "react";
import ReactDOM from "react-dom";
import "./index.css";
import { Menu } from "./Menu";

const data = [
  {
    name: "Baked Salmon",
    ingredients: [
      {
        name: "Salmon",
        amount: 1,
        measurement: "lb"
      },
      {
        name: "Pine Nuts",
        amount: 1,
        measurement: "cup"
      },
      {
        name: "Butter Lettuce",
        amount: 2,
        measurement: "cups"
      },
      {
        name: "Yellow Squash",
        amount: 1,
        measurement: "med"
      },
      {
        name: "Olive Oil",
        amount: 0.5,
        measurement: "cup"
      },
      {
        name: "Garlic",
        amount: 3,
        measurement: "cloves"
      }
    ],
    steps: [
      "Preheat the oven to 350 degrees.",
      "Spread the olive oil around a glass baking dish.",
      "Add the yellow squash and place in the oven for 30 mins.",
      "Add the salmon, garlic, and pine nuts to the dish.",
      "Bake for 15 minutes.",
      "Remove from oven. Add the lettuce and serve."
```

```
    ]
  },
  {
    name: "Fish Tacos",
    ingredients: [
      {
        name: "Whitefish",
        amount: 1,
        measurement: "l lb"
      },
      {
        name: "Cheese",
        amount: 1,
        measurement: "cup"
      },
      {
        name: "Iceberg Lettuce",
        amount: 2,
        measurement: "cups"
      },
      {
        name: "Tomatoes",
        amount: 2,
        measurement: "large"
      },
      {
        name: "Tortillas",
        amount: 3,
        measurement: "med"
      }
    ],
    steps: [
      "Cook the fish on the grill until hot.",
      "Place the fish on the 3 tortillas.",
      "Top them with lettuce, tomatoes, and cheese."
    ]
  }
];

ReactDOM.render(
  <Menu
    recipes={data}
    title="Delicious Recipes"
  />,
  document.getElementById("root")
);
```

此外，我們將元件統一放置在新的 *Menu.js* 檔案中：

```
function Recipe({ name, ingredients, steps }) {
  return (
    <section
      id={name.toLowerCase().replace(/ /g, "-")}
    >
      <h1>{name}</h1>
      <ul className="ingredients">
        {ingredients.map((ingredient, i) => (
          <li key={i}>{ingredient.name}</li>
        ))}
      </ul>
      <section className="instructions">
        <h2>Cooking Instructions</h2>
        {steps.map((step, i) => (
          <p key={i}>{step}</p>
        ))}
      </section>
    </section>
  );
}

export function Menu({ title, recipes }) {
  return (
    <article>
      <header>
        <h1>{title}</h1>
      </header>
      <div className="recipes">
        {recipes.map((recipe, i) => (
          <Recipe key={i} {...recipe} />
        ))}
      </div>
    </article>
  );
}
```

目前為止，本書中所有的渲染都發生在瀏覽器上。用戶端渲染是前端應用最核心的精神：我們使用 Create React App 建構 *build* 資料夾；透過伺服器對外開放；最後用戶下載這些 JavaScript 並在瀏覽器中渲染成 DOM，藉此取得完整的資訊與功能。

然而，如果用戶的網路不完全流暢，從下載、執行至渲染完畢的過程可能會花費不少時間。為了將體驗提升至完美，React 發展出了伺服器端渲染的技術：結合 Express Server 與 React，實作出伺服器與用戶端的複合渲染方案。

回到食譜應用的範例中，考量到 `Menu` 元件會在用戶端渲染出多個 `Recipe` 子元件，我們要做的第一個改變就是使用 `ReactDOM.hydrate` 函式取代 `ReactDOM.render`：這兩者的功能很類似，但 `ReactDOM.render` 會使用 JavaScript 從頭渲染整個 DOM；而 `ReactDOM.hydrate` 則會將動態的 JS 功能附加在（由伺服器所渲染的）靜態 HTML 上。整個流程大致如下：

1. 伺服器先將應用預渲染成靜態的 HTML。
2. 請求發送時，用戶會先取得 HTML，接著才是 JavaScript—— 在 JS 讀取完成前，用戶已經可以看到部分的畫面（因此可以得到安全感）。
3. JS 下載完畢後，才為動態區塊補上資料與功能。
4. 使用者此時才可以透過點擊等事件完整地操作應用。

在以上過程中，使用者先是下載了伺服器預先渲染的靜態 HTML 頁面，接著才透過動態的 JavaScript 在瀏覽器中進行用戶端渲染。React 將這樣的概念稱為 Hydrate（中文的概念近似於活化）。Hydrate 的目的是為了提升應用的啟動速度，使用戶持續感受到頁面正持續有進展[譯註 1]。

在以下示範中，我們會使用到 Express 這個輕量級的 Node 伺服器，你可以透過 npm 安裝：

```
npm install express
```

再來，要建構一個名為 *server* 的資料夾及其中的 *index.js* 檔案：它會設定伺服器對外供應 *build* 中動態的 JavaScript，以及預渲染的靜態 HTML：

```
import express from "express";
const app = express();

app.use(express.static("./build"));
```

以上程式碼代表著 Express 伺服器將對外供應 *build* 資料夾。為了實作伺服器端渲染，我們必須使用 `ReactDOM` 當中的 `renderToString` 函式，在伺服器上將應用預先渲染成靜態的 HTML 字串：

```
import React from "react";
import ReactDOMServer from "react-dom/server";
import { Menu } from "../src/Menu.js";
```

[譯註 1] 除了速度與體驗外，伺服器端渲染還有許多不得不然的因素。舉例來說，Facebook 的 Open Graph Meta 並不會執行 JavaScript，因此用戶在 FB 上分享一頁式網頁中的連結時會無法產生對應的圖片。此外，前端導向的應用也常常因為搜尋引擎對於 JS 支援的不完全，而處於索引上的劣勢。

```
const PORT = process.env.PORT || 4000;

app.get("/*", (req, res) => {
  const app = ReactDOMServer.renderToString(
    <Menu />
  );
});

app.listen(PORT, () =>
  console.log(
    `Server is listening on port ${PORT}`
  )
);
```

以上程式碼是 *index.js* 的中半段：我們將 Menu 元件在伺服器端預先渲染成 HTML 字串。接著，請注意 app.get 的呼叫內容，我們將要在此開啟 React 建構的 *index.html* 檔案，並將原本的 div 元素替換成包含了 HTML 字串的新 div：

```
app.get("/*", (req, res) => {
  const app = ReactDOMServer.renderToString(
    <Menu />
  );

  const indexFile = path.resolve(
    "./build/index.html"
  );

  fs.readFile(indexFile, "utf8", (err, data) => {
    return res.send(
      data.replace(
        '<div id="root"></div>',
        `<div id="root">${app}</div>`
      )
    );
  });
});
```

完成後，我們接著要針對 webpack 以及 Babel 進行設定。在之前的內容中，我們都讓 Creact React App 來負責大部分的設定工作。然而在伺服器端的專案中，我們必須使用不同的內容：

首先，先安裝幾個相依性套件——應該說是一堆相依性套件：

```
npm install @babel/core @babel/preset-env babel-loader nodemon npm-run-all
webpack webpack-cli webpack-node-externals
```

接著建構 `.babelrc` 設定檔：

```
{
  "presets": ["@babel/preset-env", "react-app"]
}
```

請注意在以上程式碼中我們加入了 `react-app`，因為本專案是透過 Create React App 建構的。

再來是為 webpack 建構伺服器端的設定檔 *webpack.server.js*：

```
const path = require("path");
const nodeExternals = require("webpack-node-externals");

module.exports = {
  entry: "./server/index.js",
  target: "node",
  externals: [nodeExternals()],
  output: {
    path: path.resolve("build-server"),
    filename: "index.js"
  },
  module: {
    rules: [
      {
        test: /\.js$/,
        use: "babel-loader"
      }
    ]
  }
};
```

在以上設定中，我們依然使用 Babel 來編譯 JavaScript 原始檔，並且使用 `nodeExternals()` 來排除 `node_modules` 中的內容——它會建構一個外部函式來告知 webpack 不要打包這些模組及其子模組。

在某些狀況下，你可能會遭遇因為使用 Create React App 而產生的套件版本衝突。為了暫時解決這個問題，我們可以在根目錄內加入一個 *.env* 檔案：

```
SKIP_PREFLIGHT_CHECK=true
```

最後，我們可以在 *package.json* 中為 `dev` 添加幾個額外的 npm 命令，以利於接下來的開發工作：

```
{
  "scripts": {
```

```
    //...
    "dev:build-server": "NODE_ENV=development webpack --config webpack.server.js
    --mode=development -w",
    "dev:start": "nodemon ./server-build/index.js",
    "dev": "npm-run-all --parallel build dev:*"
  }
}
```

以下為各指令的解說：

1. dev:build-server：設定 development 作為環境變數，並使用新的伺服器設定執行 webpack。
2. dev:start：使用 nodemon 啟動伺服器並監控伺服器設定檔，只要設定檔一有變動，就會重啟伺服器。
3. dev：平行地執行以上兩個命令。

現在，我們只要執行 npm run dev，便會執行以上前兩個程序。你會見到應用在 localhost:4000 上運行。當使用者透過瀏覽器訪問食譜應用時，會先讀取伺服器預渲染的 HTML，接著才是使用 JavaScript 的打包檔進行 Hydrate。

以上的實作可以大幅縮短用戶體感的讀取時間。在高度競爭的產業環境下，這樣的效能提升可能就是用戶的成功轉換，抑或是選擇跳脫的分界點[譯註 2]。

使用 Next.js 實作伺服器端渲染

Next.js 是實作伺服器端渲染的另一個熱門工具。它是由 Zeit（後改名為 Vercel）公司主導的開源專案，目的在於簡化伺服器端渲染的開發工作。在本節中，我們將概略地介紹其用法。

首先是創立專案：

```
mkdir project-next
cd project-next
npm init -y
npm install --save react react-dom next
mkdir pages
```

接著，在 *package.json* 中設定如下：

譯註 2 以上，作者只提供了概念上的示範。建議讀者可以訪問原書的 GitHub 專案（username 為 MoonHighway）檢視完整的檔案結構並動手操作，可以理解得更為深入。

```
{
  //...
  "scripts": {
    "dev": "next",
    "build": "next build",
    "start": "next start"
  }
}
```

然後，在 *pages* 資料夾中創建 *index.js* 檔案。我們會在此編寫元件，但這次不需要導入 React 或是 ReactDOM：

```
export default function Index() {
  return (
    <div>
      <p>Hello everyone!</p>
    </div>
  );
}
```

完成後，執行 `npm run dev`，即可訪問 `localhost:3000` 頁面，並見到渲染結果。

你會發現畫面的右下角有一個閃電圖示。如果將滑鼠移動至圖示上，會看到 `Prerender Page` 的字樣，代表該頁面是由伺服器端預渲染所產生的。點擊該圖示後，會被導引至 static-optimization-indicator 文件中，這意味著 Next.js 採用了**自動靜態最佳化**（Automatically Statically Optimized）的技術來提供內容——因為本頁面不具有任何資料請求，因此 Next 在建構期間（Build Time）就將其渲染成靜態的 HTML 頁面。這麼做的好處是可以帶來顯著的效能提升（因為伺服器不需要針對各別的請求執行客製化的渲染）；有利於搜尋引擎優化；能與 CDN 等服務完美結合；重點是，你所需執行的額外工作非常有限。

如果頁面中需要請求資料，因此無法執行靜態的預渲染呢？接下來我們將示範一個需要透過 `fetch` 向遠端 API 取得資料的應用。首先，在 *pages* 資料夾中建構一個新的 *Pets.js* 檔案：

```
export default function Pets() {
  return <h1>Pets!</h1>;
}
```

以上頁面使用了 `h1` 元件，如果訪問 `localhost:3000/pets`，即可看到該頁面。接著，我們要再建構一個簡單的頁面模板，其中包含了 `Header` 元件與多個頁面連結，允許使用者在 *index.js* 以及 *pet.js* 的內容間切換。以下為 *Header.js* 檔案：

```
import Link from "next/link";

export default function Header() {
  return (
    <div>
      <Link href="/">
        <a>Home</a>
      </Link>
      <Link href="/pets">
        <a>Pets</a>
      </Link>
    </div>
  );
}
```

在以上程式碼中，Next 的 Link 元件包覆了 a 標籤（這有沒有讓你回想起 React 的 Router 元件呢？）在此，我們將為 a 標籤加上簡單的 CSS 裝飾：

```
const linkStyle = {
  marginRight: 15,
  color: "salmon"
};

export default function Header() {
  return (
    <div>
      <Link href="/">
        <a style={linkStyle}>Home</a>
      </Link>
      <Link href="/pets">
        <a style={linkStyle}>Pets</a>
      </Link>
    </div>
  );
}
```

接著建構新的 *Layout.js* 檔案，並且導入 Header 元件。它將會依照 Link 的設定，動態地切換頁面內容：

```
import Header from "./Header";

export function Layout(props) {
  return (
    <div>
      <Header />
      {props.children}
    </div>
```

```
  );
}
```

在以上程式碼中，Layout 元件帶有屬性，並且會在 Header 元件之後展示出傳遞進來的內容。在單獨的頁面中，我們會建構各自的內容區塊，並且將其傳遞給 Layout 元件進行渲染。以 *index.js* 為例：

```
import Layout from "./Layout";

export default function Index() {
  return (
    <Layout>
      <div>
        <h1>Hello everyone!</h1>
      </div>
    </Layout>
  );
}
```

Pets.js 也是如此處理：

```
import Layout from "./Layout";

export default function Pets() {
  return (
    <Layout>
      <div>
        <h1>Hey pets!</h1>
      </div>
    </Layout>
  );
}
```

完成後執行 `npm run dev` 並訪問 `localhost:3000`，即可看到 *index.js* 提供的內容；此時點擊 Pets 連結，則會切換成 *Pets.js* 的內容。

檢視右下角的閃電按鈕會發現頁面仍是透過靜態預渲染產生的——這是 Next 對於靜態內容的標準處理程序。此時，我們要將 Pets 頁面改為動態取得資料。

首先，安裝 isomorphic-unfetch：

```
npm install isomorphic-unfetch
```

接著，在 *Pets.js* 檔案的第一行中導入 isomorphic-unfetch 函式：

```
import fetch from "isomorphic-unfetch";
```

此外，我們要在 *Pets.js* 中建構 Next 指定的 getInitialProps 方法來執行資料請求與處理：

```
Pets.getInitialProps = async function() {
  const res = await fetch(
    `http://pet-library.moonhighway.com/api/pets`
  );
  const data = await res.json();
  return {
    pets: data
  };
};
```

在取得回傳的資料後，就可以在 Pets 元件中透過 map 產生清單：

```
export
default function Pets(props) {
  return (
    <Layout>
      <div>
        <h1>Pets!</h1>
        <ul>
          {props.pets.map(pet => (
            <li key={pet.id}>{pet.name}</li>
          ))}
        </ul>
      </div>
    </Layout>
  );
}
```

一旦頁面元件中宣告了 Next 指定的 getInitialProps 方法（請注意它必須是一個 async 函式），Next 就會針對每一個請求執行伺服器端渲染（而非靜態預渲染）。這樣的做法顯然會較靜態預渲染來得慢，但仍可以解決一頁式應用的搜尋引擎優化難題。

在開發告一段落後，便可執行 npm run build 來建構應用。Next 十分注重效能，因此它會顯示所有預渲染的檔案大小——我們可以藉此檢查有無過大的檔案，藉此發現潛在的異常。

此外，在頁面清單中我們可以見到不同的圖示：λ 代表會在執行期間（Runtime）實作伺服器端渲染的頁面；○代表靜態的 HTML 預渲染頁面；●則代表該頁面雖然存在非同步的資料存取行為，但是 Next 在建構期間（Build Time）便會預先取得資料並生成靜態的 JSON 與 HTML 檔案準備提供給用戶，也就是所謂的「動態轉靜態」。

建構完成後即可進行部署。Next.js 的開發團隊 Zeit（Vercel）是一間雲端應用伺服公司，因此部署流程相當流暢且直覺。當然，你也可以選擇任何喜歡的環境進行部署。

最後，我們將重新回顧幾個重要名詞，來總結伺服器端渲染的重要概念：

用戶端渲染（*Client-side Rendering，CSR*）

在瀏覽器中執行應用並渲染 DOM，本書中大部分的 React 範例皆採用此方法。但可能存在啟動時間過長與搜尋引擎優化不良的缺陷。

預渲染（*Prerendering*）

在伺服器的建構期間（Build Time）運行預渲染，捕捉初始狀態並建構出靜態的 HTML。

伺服器端渲染（*Server-side Rendering，SSR*）

在伺服器的執行期間（Run Time）運行伺服器端渲染，再將靜態內容傳送給用戶。在追求最小啟動時間的應用情境中，我們可以選擇在伺服器端渲染一部分的靜態 HTML，並與 JavaScript 的打包檔一併回傳給用戶，完成剩餘的資料請求與渲染工作——這樣的混合模式稱為 Hydrate。

活化（*Hydrate / Hydration / Rehydration*）

承上，在用戶端啟用動態的 JavaScript 來改變伺服器端渲染的初始頁面結果。

Gatsby

除了 Next.js 之外，Gatsby 是另一個熱門的、基於 React 的後端整合框架。它在內容導向應用（Content-driven Application）的領域佔有領導地位。Gatsby 的核心精神在於：為網路效能、易用性與圖像讀取等議題上提供智慧的預設處理。

Gatsby 可用於各式專案，但特別適合內容導向的網站（以及像你這般已經熟悉 React 的開發者）——例如部落格或是靜態的展覽頁面。當然，Gatsby 的本質是動靜皆宜的，即使要執行動態的資料存取亦不是難事。

在本節中，我們將快速建構一個 Gatsby 網站，使其達成與 Next.js 範例相似的功能：

```
npm install -g gatsby-cli
gatsby new pets
```

如果系統中已經安裝了 yarn，命令列會詢問你要使用 yarn 或是 npm 來管理套件（請自行依喜好設定即可）。接著，切換至專案資料夾 *pets* 中：

```
cd pets
```

我們可以透過 `gatsby develop` 指令來快速啟動網站。此時，已經可以訪問 `localhost:8000` 見到運行中的 Gatsby 初始頁面，並隨意瀏覽內容。

如果你打開專案的原始碼資料夾 *src*，會看到以下三個子資料夾：*components*、*images* 以及 *pages*。*pages* 資料夾中會有三個檔案：*404.js* 是錯誤頁面；*index.js* 則是我們在 `localhost:8000` 上會見到的內容；*pages-2.js* 則會是初始網頁中的第二個內容頁面。*Components* 資料夾則是 Gatsby 神奇之所在。記得我們在 Next.js 範例當中建構的 `Header` 以及 `Layout` 元件嗎？ Gatsby 早已經準備好模板了！以下為一些值得特別注意的檔案：

1. *layout.js* 中包含了 `Layout` 元件，它使用 `useStaticQuery` 這個 Hook 來對網站執行 GraphQL 查詢。
2. *seo.js* 中包含了 `SEO` 元件，你可以在此實作 metadata 以及與搜尋引擎優化相關的功能。

如果你在 *pages* 資料夾中新增 JavaScript 檔案，Gatsby 會自動在網站中產生頁面。舉例來說，我們可以創建 *page-3.js* 檔案，並加入以下程式碼來搭建速成的頁面：

```
import React from "react";
import { Link } from "gatsby";

import Layout from "../components/layout";
import SEO from "../components/seo";

const ThirdPage = () => (
  <Layout>
    <SEO title="Page three" />
    <h1>Hi from the third page</h1>
    <Link to="/">Go back to the homepage</Link>
  </Layout>
);

export default ThirdPage;
```

在以上程式碼中，我們使用了 `Layout` 來包覆內容區塊。它不只展示了動態區塊的資料，當我們建構 JavaScript 檔案時，頁面也會自動產生，無需額外設定網站路徑。

以上，當然只是 Gatsby 的牛刀小試而已。礙於篇幅，本書沒有辦法一一說明各種功能，但我們提供以下幾點資訊，你可以藉此去探索這些 Gatsby 最為人稱道的功能：

靜態網站建構

如同 Next.js，Gatsby 可以將 React 應用建構成靜態檔案。如此一來，你就可以極度簡化部署時所需的伺服器設定。

CDN 整合

承上，你可以將應用的靜態部分部署至全世界的 CDN 中，並利用其快取機制來大幅提高網站的連線速度與吞吐量。

漸進圖片讀取（*Progressive Images*）

Gatsby 在處理圖片時會先展示模糊版的採樣圖片，直到使用者順利取得全圖為止。漸進圖片讀取的技術是由 Medium 所發揚光大，它可以讓用戶在取得完整的素材前先看到概略的圖片內容，大幅增進低網速下的體驗。

頁面預存取

Gatsby 可以協助開發者實作**頁面預存取**（Prefetching of linked pages）機制。當頁面閒置時，瀏覽器會預先讀取用戶可能點擊的後續內容，藉此增進接下來的瀏覽速度。

總而言之，Gatsby 會積極地為開發者預設許多優化的行為，這些功能都指向同一個目標：無延遲的瀏覽體驗。儘管未必所有功能都是被預期或需要的，但如果你非常在意速度體驗卻沒有打算研究太多技術細節，Gatsby 的確能幫上不少忙。

React 的未來

儘管 Angular、Ember 以及 Vue 仍持續發展並在 JavaScript 世界中擁有一席之地。然而無可否認的，React 仍然是目前最被廣泛使用，且最具影響力的 JS 應用函式庫。除了本身廣受歡迎外，基於 React 而衍生出的工具，諸如 Next.js 與 Gatsby 的蓬勃發展，亦是整體生態系最佳的成功見證。

本書即將進入尾聲。你或許會想問：接下來還可以往哪裡前進呢？我們誠心的建議是：動手運用這些技術去開發你自己的專案吧！接著，如果想建構行動裝置上的應用，可以去學習 React Native；如果想了解宣告式的資料存取，可以研讀 GraphQL；如果想建構一個內容導向的服務，就深入探索 Next.js 或 Gatsby 吧。

儘管未來有許多可能，但本書所傳授的 React 技巧都會長伴你左右——我們希望它已經成為你知識的基石，並能時時作為參考與指引。儘管 React 及其相關的套件肯定會持續進化，但本書已經陪伴你探究了那些最穩定的工具，以及 React 解決問題的核心精神。

透過 React 與諸如函式導向與宣告式程式設計來建構應用是充滿樂趣的過程——我們會非常、非常期待你的作品。

索引

※ 提醒您：由於翻譯書排版的關係，部份索引名詞的對應頁碼會和實際頁碼有一頁之差。

D

E

F

G

H

I

J

L

M

N

O

P

Q

R

S

T

U

V

W

Y

作者簡介

Alex Banks 和 **Eve Procello** 是軟體工程師與技術導師，同時也是 Moon Highway 的共同創辦人——這是一間位在北加州的課程製作公司。他們曾為 LinkedIn 與 egghead.io 等企業開發教材；常受邀為研討會講者；並在世界各地舉辦軟體工作坊。

出版記事

《*React* 學習手冊》的封面動物是一隻野豬與牠的寶寶們。野豬，學名 *Sus scrofa*，又常被稱作歐亞野豬，原本僅棲息於歐亞大陸、北非和大巽他群島，但因為人類的介入，使牠們成為世界上棲息範圍最廣的哺乳類動物之一。

野豬擁有瘦短的四肢和龐大的軀幹，牠們粗短的脖子連接著碩大的頭部，頭部的體積可達身體三分之一的大小。成豬的體型及體重取決於環境因素——例如攝取的飲食。此外，野豬跑步的速度可達時速 40 公里、跳躍的高度可達 140 至 150 公分。到了冬天，牠們的毛皮會長出粗糙的鬃毛並覆蓋著柔軟的棕色短毛，長且粗糙的鬃毛會分佈在背部，而最短的鬃毛則分佈在四肢及臉上。

野豬的嗅覺靈敏，德國經常使用牠們做毒品查緝的工作。此外，野豬的聽覺亦十分發達。相較之下，牠們的視力及色彩辨識力卻不太行，無法在 900 公尺的距離辨識出人類。

野豬是母系社會的群居動物，繁衍季節約在 11 月至 1 月之間。求偶時，雄豬的身體會產生許多變化，例如牠們皮下的保護層會增厚，以利在求偶的過程中對抗其他競爭者。此外，雄豬為了尋找雌豬，會經過長途拔涉並少量的攝食，而雌豬一胎平均能生產四至六隻小野豬。

O'Reilly 的書籍多使用瀕臨絕種的動物作為封面，牠們的存在對世界是非常重要的。

本書封面由 Karen Montgomery 所繪製；*Meyers Kleines Lexicon* 刻版印刷。

React 學習手冊第二版

作　　者：Alex Banks, Eve Porcello
譯　　者：李旭峰
企劃編輯：蔡彤孟
文字編輯：詹祐甯
設計裝幀：陶相騰
發 行 人：廖文良

發 行 所：碁峰資訊股份有限公司
地　　址：台北市南港區三重路 66 號 7 樓之 6
電　　話：(02)2788-2408
傳　　真：(02)8192-4433
網　　站：www.gotop.com.tw
書　　號：A635
版　　次：2021 年 05 月初版
　　　　　2024 年 08 月初版十四刷
建議售價：NT$580

國家圖書館出版品預行編目資料

React 學習手冊 / Alex Banks, Eve Porcello 原著；李旭峰譯. -- 初版. -- 臺北市：碁峰資訊, 2021.05
面； 公分
譯自：Learning React, 2nd Edition
ISBN 978-986-502-756-8(平裝)
1.系統程式 2.軟體研發 3.電腦界面
312.52　　110003108